中公新書 2788

大崎直太著

生き物の「居場所」はどう決まるか

攻める、逃げる、生き残るためのすごい知恵

中央公論新社刊

はじめに

ニッチという名の生き物の「居場所」

ニッチという言葉を聞いたことがあると思う。最近は、ビジネスの世界でよく使われており、「ニッチ市場」というと、専門的で小規模の市場や、新しい販路を開発するなどして生み出された産業など、大企業が進出していない隙間産業の意味である。宅配の弁当屋とか、訪問理学療法士とか、特殊な理学機器製造業とか、限られた人や特定のニーズに向けた産業である。語源的には、西洋の古典的建築で物を置くために作られた壁のくぼみを意味する。そこには「狭い空間の居場所」というイメージがある。

ニッチは生物学の世界でも使われており、全世界に1000万種以上いると推定されている生き物のそれぞれの種《しゅ》の「居場所」を指す言葉である。たとえば、天然ウナギのニッチといえば、河口近くのテトラポッドや石垣の隙間などで、この地球上の広い世界のほんの狭い場所に限定されている。

生き物の「居場所」がどのように決まるのか。この問題は古代から多くの人々の関心を集めてきた。昔のキリスト教世界の人々は、その「居場所」を、神の定めた「居場所」と考えていた。そして各生き物は、神の定めた「居場所」で神の作った秩序に従って生きていると信じていた。

ダーウィンの異論

神の定めた「居場所」に異論を唱えたのがイギリスのダーウィンだった。1859年のことで、生き物は己の「居場所」を競争によって獲得していると考えた。生き物が利用できる資源は限られているので資源を巡って競争があり、資源をより効率的に利用できる個体の子孫が繁栄している。これが生存競争であり自然淘汰《しぜんとうた》である。資源競争は、同じ種だけでなく、同じ資源を利用する他種との間にもあり、資源をより効率的に利用できる種が他種を排除して利用していると考えた。それを数理モデルや室内実験が鮮やかに証明した。この現象はイス取りゲームと一緒で、同じイスを2人で共有できず、1人は別のイスを探すしかない。その場合、競争が起こり、勝者がそのイスを占め、敗者は別のイスを探すか、消えていくしかない。

この当時、生き物の「居場所」はニッチと呼ばれはじめ、ニッチの厳密な定義も提案された。たとえば、ウナギのニッチなら、小魚、エビ、カニといった餌のような生物的要因や、河口の海水と淡水が混ざる汽水の塩分濃度のような化学的要因や、石垣の穴の間口の広さや奥行などの物理的要因の組み合わせで説明された。

しかし、20世紀の後半になると、野外生態学者から、実際の野外では生き物の密度は天敵や自然災害による攪乱《かくらん》などによって低く抑えられているので、餌資源や棲家《すみか》を巡っての競争は存在しないのではないかとの説が提起された。それを支持する野外の研究も示された。ならば、ニッチはどのように決まるかの新たな問題が出てきた。

現在、ニッチは天敵からの被害を最小限に抑えることのできる「天敵不在空間」であると考えられている。ウナギのニッチでいえば、サギ類やカワセミなどの魚食の鳥類から身を隠すことのできる障害物の陰である。

逃げる、隠れる、攻めるチョウたち

そう考えると、今まで競争の存在が推測しがたいチョウのような生き物のニッチも説明できるようになった。チョウは近縁種でも異なる植物を利用して産卵している。たとえば、関西にはモンシロチョウ属の近縁種が3種いて、すべてが白い翅《はね》を持ち、飛んでいる姿から識別するのはほぼ不可能だ。3種のチョウはそれぞれアブラナ科の異なる植物に産卵する。モンシロチョウはキャベツに好んで産卵するが、ヤマトスジグロシロチョウはハタザオ属のハクサンハタザオやスズシロソウに産卵するし、スジグロシロチョウは上記の2種が利用しない数種のアブラナ科植物に産卵する。それで、チョウは産卵植物を「産み分け」ている、と表現されていた。「産み分け」とは、一世を風靡《ふうび》した今西錦司《いまにしきんじ》の「棲《す》み分《わ》け」をもじった表現だが、なぜ「産み分け」しているのか、その要因を競争では説明できなかった。しかも、それぞれの種の幼虫に別種が利用している植物を与えても十分に成長してチョウになるので、「産み分け」の要因は皆目分からなかった。しかし、それぞれの種が、異なる「天敵不在空間」を利用していることが明らかになるに従い、「産み分け」の実態が理解されて来た。

モンシロチョウ属の最大の天敵は、アオムシサムライコマユバチという寄生バチで、モンシロチョウ属の幼虫の体内に産卵し、孵化《ふか》したハチの幼虫はチョウの幼虫の体内で寄生生活を送る。ハチの幼虫が十分に育つとチョウの幼虫の体内から脱出して蛹《さなぎ》になり、残されたチョウの幼虫は死んでしまう。

この天敵から逃れるために、3種のチョウは異なる天敵回避法を獲得している。モンシロチョウは新たに栽培されるキャベツを求めて移動し、コマユバチのいない世界に「逃げる」生活をしている。ヤマトスジグロシロチョウは、ハタザオ属という他の植物の下草として覆われるように生える植物を利用してコマユバチから「隠れる」生活をしている。一方、スジグロシロチョウは幼虫の体内でコマユバチの卵を殺してしまうという「攻める」生活をして、複数種の植物を利用している。

外来種と在来種の攻防

古来、日本には様々な外来種が侵入し、定着に成功した種もいれば失敗した種もいる。成功した例は大きく2つに分けられる。1つは、それまで利用されていなかった空きニッチを見つけた場合であり、もう1つは、すでに利用されているニッチの奪取に成功した場合である。後者は同じニッチを利用する在来の近縁種との競争に勝った結果である。競争がないと書いたばかりなのに、競争があるというのは矛盾しているように聞こえるだろう。実は従来考えられていた競争は、敵対する種間の密度が高くなったときに餌などを巡って起きる資源競争だった。しかし、近年、低密度で起こる「繁殖干渉」という競争が存在することが分かった。この場合、外来種が常に勝つわけではなく、迎え撃つ在来種の勝利も大いにあるだろうと推測できる。

本書では、「天敵不在空間」というニッチと、そのニッチを巡る「繁殖干渉」という新たな競争の解説を目的としている。併せて、この2つの考え方に至るまでの、競争やニッチの概念に対する様々な研究の歴史的経緯を紹介すると共に、ニッチを占める「種」とは何か、この本質について根源的な解説を試みている。

本書で描く諸々《もろもろ》のことは、天才にしか考え出せないことや、最新の研究機器類を用いることで初めて分かるようなものは何もない。分かってみれば、「まあ、そうだろう」ということばかり。しかし、分かるまでは研究者の誰も夢想だにしなかった生物界の盲点である。それが分かってみれば、数珠繫《じゅずつな》ぎに様々な盲点が見えて来た。皆さんにも、今まで見えなかった生き物の世界が、次第に見えて来るはずである。また、すでに見えていた世界でも、異なる風景に見えて来るはずである。

目次

挿　画・大崎美貴子
図版制作・関根　美有

第1章　「種」とは何か

生き物の居場所と種名

生き物が、それぞれの種《しゅ》特有の居場所を持っていることは、誰でも直感的に知っているだろう。釣り人は、四季折々に海や湖や川の狙う魚のいるポイントに釣り糸を垂らす。アジ、ヒラメ、タイなどは、浜辺の岩場である磯《いそ》に棲《す》む魚で、岸辺で釣る。イワシ、サンマ、サバは沖合に出した小さな舟で釣り、マグロやカツオは遠洋に大型漁船を出して釣る。湖沼にはコイ、フナ、ワカサギなどがおり、河川にはオイカワ、ウグイ、ナマズなどが生息している。

バード・ウォッチャーは、森や水辺のスポットで、季節によって異なる鳥の鳴き声を聞き、姿を探し出し、行動を観察する。山林やその周辺には、ヤマガラ、ホトトギス、カッコウ、キジなどがおり、湖沼、河川の水辺には、カルガモ、オシドリ、イソシギ、アオサギなどが生息している。海岸には、ウミネコ、ユリカモメ、スズガモなどが群れていて、海に流れ出る河口にできる干潟は渡り鳥の休息地で、シギ、チドリ、アジサシ類が翼を休める。都会にも多くの鳥が棲んでいる。建物のちょっとした隙間に巣を作るスズメ、繁華街の街路樹をねぐらとするムクドリ、橋の下や駅に集まるドバト、ゴミ置き場でゴミをあさるカラスなどがその例だ。

希少な植物を求め、はたまた動物の足跡をたどる野山のトレッキングも、目的とする動植物の居場所を巡っているのだ。尾瀬沼《おぜぬま》は、ミズバショウ、ザゼンソウ、リュウキンカなどの花や、ニホンジカ、カモシカ、ハッチョウトンボ、アサギマダラ（チョウ）などが観察できる。白神《しらかみ》山地は、ブナ、ミズナラ、カエデなどで構成された冷温帯落葉広葉樹林で、イヌワシ、クマゲラなどの鳥類や、カモシカ、ツキノワグマ、サルなどが生息している。

以上に挙げたのは、ほんの一例で、地球上には1000万種以上の生物が存在していると推定され、自然界にはそれぞれの種が利用している様々な居場所がある。その種の居場所がどのように決まっているのか。これは、単純なようでいて実は複雑なテーマで、紀元前の古代から21世紀の現代まで、尽きない話題を提供してきた。

多くの宗教的神話、特にヨーロッパ世界の神話では、生物の世界には、神が造り給《たも》うた調和の取れたシステムがあり、それぞれの種は、そこに配置された独自の居場所を持っているとされていた。システムとは秩序のことである。神は生き物を造る前に、生き物が配置される場所をあらかじめ造っておいたと考えられていた。

『旧約聖書』の「創世記」には、神は天地創造の3日目に地上に生える植物を造り、5日目に水の中を泳ぐ魚などの水生生物と、空を飛ぶ翼ある鳥類を造り、6日目に地を這《は》う陸棲《りくせい》の生き物と、すべての生物を支配する人間としてアダムとイブを造られたとしている。

さらに、神は自らが造られた生き物に対し、人間が名前を付けるようにと命じられた。生き物の名とは種名のことである。以来、人間は生き物に対してせっせと種名を付け、今までに200万以上の種に名を付けてきた。それでも、名付けられた種はほんのわずかで、多くの種にはまだ名前がないと推測されている。

生き物に名前を付ける

ここではまず、種と名前の話をしたい。種に名前を付けるためには、何をもって種と認定し、どのように名を付けたらよいのか。これは古代から現代に至るまで、生物学上の大きな問題であった。現在の学問的区分けでは、これを分類学という。学問の祖は紀元前4世紀のギリシャの哲学者アリストテレスとされるが、分類学もアリストテレスによって体系化された。彼の主著の『動物誌』(島崎三郎訳)はギリシャ語で書かれているが、分類の基本は、同じ特徴を持つ動物を1つにまとめてゲノスとし、ゲノスの個々のメンバーをエイドスとしている。ゲノスは類と和訳され、エイドスは種と和訳されている。

『動物誌』は、520種類の動物を、生理、生態、行動、形態、解剖的知見、など様々な角度から検討して、以下のような分類を行っている。

彼はまず、万物を鉱物界、植物界、動物界の3つに分けた。特に動物界は、有血動物と無血動物に分け、さらに共通の特徴を基に、有血動物を4つの類（ゲノス）、無血動物も4つの類に分けた。有血動物と無血動物は、2000年後に、フランスのジャン＝バティスト・ラマルクにより、ほとんどそのままの形で脊椎動物と無脊椎動物に分類しなおされている。

有血動物の4つの類とは、胎生四足類（たとえば、イヌ、ウマ、ゾウ）、卵生四足類（ワニ、トカゲ、ヘビ）、鳥類（サギ、アオゲラ、ワシ）、魚類（マグロ、タイ、カサゴ）であり、無血動物の4つの類とは、軟体類（コウイカ、ヤリイカ、タコ）、軟殻類（エビ、カニ、ザリガニ）、有節類（ハチ、クモ、サソリ）、殻皮類（ヤドカリ、ウニ、イソギンチャク）である。

有節類を例に説明すると、この類には、ハチ、クモ、サソリという種（エイドス）がいるが、これらの種はさらに細分でき、ハチなら、ミツバチ、スズメバチ、マルハナバチなどの種に分類できる。この場合、上位分類単位のハチはハチ類となる。アリストテレスの分類法は、常に分類の上位単位が類（ゲノス）で下位単位が種（エイドス）の2種類である。しかし、同じ類の中の種とされるものでも、現在とほとんど変わらない種もいれば、さらに細分できる種も混じっている。

アリストテレスは、自然界には生命のない鉱物から、生命があり繁殖するが動かない植物が存在し、動物だがイソギンチャクのように固着して動かない植物のような動物も存在し、動物はだんだんに生命と運動性を増して、最後には、知能が発達し理性的な霊魂を持つ人間に至るまで、わずかの差異を持って連続的に移り変わっていく、と指摘した。これを後世の人はアリストテレスの「自然の階段」といった。

この階層的に配列された連続的な鎖は、1800年代後半のダーウィンの時代まで、科学者を含むすべての人々に受け入れられて、中世には、人間の上に天使がおり、その上に神を頂く鎖になった。このように、地球上のすべてのものが連続的に並べられるとして「存在の大いなる連鎖」（図1―1）と呼ばれた。

アリストテレスは見かけが似通った種をグループ化して同じ類としてまとめた。その際に、彼は対象が人類にとって有用か否かを問わなかった。しかし、人類にとって医薬の原料となる、植物、動物、鉱物、の3品を知ることは重要な問題であり、そこに現代の分類学の源流があった。そこで、アリストテレス以降は、種をグループ化した類は用途や効能によって分けられた。

これは古代中国でも同様で、中国では本草学といい、日本の時代劇でも、医師がこれら3品を薬研《やげん》で粗挽《あらび》きし、すり鉢で粉末にするシーンがある。洋の東西を問わず、医師にとって本草学は必要不可欠な知識だった。

神
天使
人間
高等動物
下等動物
植虫類
高等植物
下等植物
無機物

図1―1　存在の大いなる連鎖

西洋の本草書の古典として知られているのは、紀元1世紀のローマ皇帝ネロの時代に活躍したディオスコリデスの『薬物誌』である。この本では植物名は学名ではなく、ギリシャ語の一般名が使われている。

ここには、400枚の植物図で説明された600以上の植物薬、53の動物薬、91の鉱物薬が記述してある。なお、中世の西洋ではディオスコリデスの『薬物誌』の写本が修道院を中心に広く普及していた。当時、修道院は庶民の魂の救済だけではなく、肉体の痛みをも救済する場だったので、薬草園が設置されていた。12世紀以後、各国に作られた大学の医学部にも薬草園が設置され、薬草学は中世医学教育の中心であった。

同じ薬草でも国や言葉が違えば名前も異なる。したがって、同じ薬草でも、同じ種とは認識できない事態が生じていた。これではまずい、言葉が違っていても、同じ種と分かる名前にしなくては、と考えたのがスイス・バーゼル大学の植物学者で医師でもあったギャスパール・ボアンだった。1623年に、ラテン語で書いた『植物対照図表』で、彼は約6000種の薬草の名を、アリストテレスの動物学の「類名」+「種名」を参考に、種の特徴の類似性でまとめた「1〜2語の属名」+「種の特性を説明する1〜数語の種名」の組み合わせで、ラテン語で表記した。たとえば、**Hyacinthus oblongo flore caeruleus major**（長方形のヒヤシンス、大きな青い花）、**Triticum rufum grano maximo**（赤い小麦、最も大きな穀粒）などである。

類も属も語源は「ゲノス」で、和訳をする際に、哲学者が「類」、生物学者が「属」と訳した。本書では、これ以後、「属」を用いる。ラテン語は、ローマ帝国の公用語であり、ローマ帝国滅亡後もカトリック教会の公用語としてヨーロッパ社会に残り、現在もヴァチカン市国の公用語である。以下で触れる博物学者たちの本も19世紀まで基本的にはラテン語で書かれた。

科学を通して神を知る

「種」とは何かを初めてはっきりと定義したのは、「イングランド博物学の父」とも呼ばれているジョン・レイ（図1―2）で、ラテン語のスペシオ（見ること／見えるもの）から転用して「種」を表す英語のスピーシーズを造語した。「種」の定義については1686年に出版した『植物誌』に以下のように記してあると、後述するアメリカの分類学者エルンスト・マイヤーが『生物学的思考の成長』（1982）で解説している。

同じ種子から繁殖して永続的に繰り返す際立った特徴ほど、「種」を決定する確実な基準はない。したがって、個体や「種」にどのような変異が生じたとしても、それが同じ植物の種子から生じたものであれば、それは偶然の変異であり、「種」を区別するものではない。同様に、明確に異なる動物は、その異なる「種」を永久に保存する。ある「種」が別の「種」から生まれることはなく、その逆もない。

図1―2　ジョン・レイ（1627～1705）

こう書いても、現代人には当たり前すぎてピンと来ないかもしれない。しかし、中世のヨーロッパでは、人々はそう考えなかった。春、畑に畝を立て、畝に播《ま》かれた小麦の種子は、発芽し適当な養分が根から吸収されると、それは元の小麦と同じ実を付ける。一方、小麦の種子が畝と畝の間に落ち、発芽しても人に踏みつけられ、十分な養分を得られなかった場合、それは小麦にならずに色々な種類の雑草になってしまう。このような俗信が信じられていた。これに対して、レイの種の定義は、種は変化しない、小麦はどのような形になっても小麦のままなのだ、と説いていた。

レイは、それまでの本草学を、医学から独立させて自然の秩序を探求する博物学に変えた人である。彼の分類法はそれまでの用途や効能を中心とした実用分類から、植物の見かけの特徴を中心とした人為分類に変えたことである。たとえば、花を咲かせる顕花植物と花を咲かせずに胞子で増える隠花植物を区別し、芽吹いたときの植物の葉が1枚の単子葉植物と2枚の双子葉植物を区別するなど植物の特徴に沿って分類を行った。その底流にあるのは、自然界における神の創造物を秩序正しく理解することによって、神の英知を世に知らしめる「自然神学」の実践であった。

17世紀のはじめ、ドイツの天文学者ヨハネス・ケプラーが太陽を巡る惑星の運動を明らかにし、半ばにはイギリスのアイザック・ニュートンが万有引力の法則を明らかにした。当時のフランスの思想家ルネ・デカルトは、「神は天地創造のときにこれらの法則を確立したが、その後は、世界のすべてがこれらの物理的法則に従って動いていて、神がたえず介入することはない」という機械的世界論を説いていた。このような機械的な世界に違和感を持つ人たちは、神がこの世のあらゆるものの詳細にいたるまで設計し、天地創造以来生じた変化すべてに介入してきたと考えた。このような神の作品（自然）を研究する者は、神の啓示（聖書）を研究する者と同じ神学者であるとして、自然神学が生まれた。レイは博物学における自然神学の創始者だった。この後、ダーウィンの時代まで、ヨーロッパ世界の科学者は自然神学の実践者になった。彼は、化石は今は絶滅して存在しない生き物の残骸だと主張したが、神の創造物の不滅を信じる当時の誰にも受け入れられなかった。

レイは、それまで漠然と捉えられていた「種」を定義したが、「属」については格別な論議をしていない。「種」のすぐ上の分類階級「属」の概念を明確にしたのは、「フランス植物学の父」と称されたパリ王立植物園（旧王立薬草園）の植物学者で医師でもあったジョセフ・ピトン・ド・トゥルヌフォール（図1—3）だった。それまで「属」の定義は「種」の定義以上に曖昧で、薬草としての用途や薬効など、実用の面で分類されたりしていた。しかし、彼は1694年に出版した『基礎植物学』で、植物の形質を基準にして「属」を定義し、1万種の植物を用いて「種」を698の「属」に分けた。さらに、属の上の分類階級「目」を作り、「目」の上の分類階級「綱」を作った。彼は植物を草と木に分け、花の有無、その形や数で「綱」を22に分けた。植物の「綱」というとなかなか分かりづらいが、動物

図1—3　ジョセフ・ピトン・ド・トゥルヌフォール（1656～1708）

でいえば、「昆虫綱」「哺乳綱」「鳥綱」「魚綱」「両生綱」などである。

次に紹介するリンネは「分類学の父」と称されているが、リンネの分類法は後の分類学者の直感とずれが生じ、今は使われていない。しかし、トゥルヌフォールの分類法は植物分類の基本の考え方として確立され、現代に受け継がれている。

知の巨人リンネ

「分類学の父」と称されるのが、リンネ（図1―4）である。リンネも学名を従来のようにラテン語で、属名と種名の組み合わせで表した。しかし、ややもすると2語で表されていた「属名」をラテン語の名詞1語で表現し、「種名」を種の特性を示す長い言葉ではなく、ラテン語の形容詞1語の合計2語で表現した。ラテン語は名詞を修飾する形容詞が名詞の後に付くので、たとえば、人間の学名ならば、*Homo sapiens*（人、賢い）、モンシロチョウの学名ならば *Pieris rapae*（女神、菜の花の）となる。この簡潔明瞭な学名の記載法を二名法といい、植物についでは『植物の種』（1753）で、動物については『自然の体系』第10版（1758）で用いており、現在は、生物の国際命名規約になっている。リンネの真骨頂は、この簡潔明瞭性にあった。

リンネは1707年にスウェーデンに生まれ、20歳になるまで、父と同じスウェーデン国教ルター派の牧師になるために神学校の寄宿舎で生活していた。しかし、植物学に傾倒して学校の授業に身が入らずに退学を勧告された。そこで、医師になるために地元のルンド大学に入学したがここも1年で退学し、1728年にスウェーデン最古のウプサラ大学に再入学した。ウプサラ大学でも医師を目指したが、入学後は植物学研究に没頭した。入学翌年の1729年に、リンネはパリ王立植物園助講師で医師でもあったセバスチャン・ヴァイヤンの『花の構造について』を読み、植物にも性があることを知った。

「雄しべ」と「雌しべ」は動物と同じ植物の配偶器官であることが、ドイツ・テュービンゲン大学の植物学者で医師のルドルフ・ヤーコプ・カメラリウスが1694年に明らかにしていた。彼は、花から「雄しべ」を除去すると種子ができないことで、花が生殖器官であることを説明した。しかし、カメラリウスは植物の受精の仕組みは分からなかった。1718年にヴァイヤンが「雄しべ」にある花粉が動物の精子に当たることを明らかにした。

植物に性があることを知ったリンネは、ウプサラ大学入学翌年の1729年に「植物の結婚序説」という小論文を書いた。そこでは、「雄しべ」を花婿、「雌しべ」を花嫁に見立て、それらを囲む花冠は婚礼ベッドを包むカーテンと表現していた。この小論文が学内で話題になり、学生の身ながらウプサラ大学の植物学講師に任命された。

図1—4　カール・フォン・リンネ（1707～78）

しかし、博士学位のない講師職の身分の不安定さから、すでに婚約していた医師の娘サラ・リサの父に、医学博士になることを結婚の条件とされた。リンネは医学博士学位を取得するために、当時のスウェーデンの医師たちの間で慣例になっていた、経費が少なく手続きが簡単なオランダのハルダーワイク大学に留学した。リンネはマラリアなどに見られる高熱期と正常体温が交互に繰り返される間欠熱の論文を提出し、留学後1週間で医学博士学位を取得している。しかし、帰国のための経費を使い尽くし、しばらくオランダで働かなければならなかった。このとき、リンネはオランダ語を知らず、市井の人々との会話はできなかったが、聖職者、博物学者、そして上流階級の人々との会話はラテン語で行っている。

リンネはオランダに来る際に、それまでに書き溜《た》めた植物学の原稿を持ってきていた。そこで、オランダ滞在中の1735年、28歳のときに、リンネを世に送り出した「性の体系」を含む『自然の体系』を出版した。

「性の体系」はリンネが生涯に13版まで書き足した分類学の書『自然の体系』の第1版の一部で、植物の分類を「雄しべ」と「雌しべ」という、誰でも簡単に分かる植物の形質を用いて行っている。まず、「雄しべ」の数の違いなどで植物を24綱に分類し、「雌しべ」の数の違いで「目」に分け、植物の性を人間の性になぞらえ、結婚生活にたとえて説明した。

1輪の花に「雌しべ」が複数あるというと怪訝《けげん》に思う人がいるかもしれないが、モクレン科、アケビ科、キンポウゲ科、など、多数の花に複数の「雌しべ」がある。

♂（オス）と♀（メス）の記号もリンネが考えた。といっても全くのオリジナルではなく、中世以来、占星術で用いられており、♂は火星を、♀は金星を表していた。彼は1753年発行の『植物の種』で初めてこの記号を用いている。

神が創造した万物の分類体系

「自然の体系」とは神が創造した万物の分類体系で、リンネはアリストテレスの作った体系に準拠して、この世の万物を、植物界、動物界、鉱物界の三界に分けた。さらに植物界を24綱に、動物界を６綱に、鉱物界を３綱に分類した。そして、それぞれの綱に幾つかの目を設け、目の中に幾つかの属を設け、属の中に幾つかの種を振り分けた。現代の分類体系には、目と属の間にリンネが設定しなかった「科」がある。リンネの分類体系は、標本が増えるにつれてほころびが出て、現在は受け継がれていない。

リンネが設けなかった「科」を設けたのは、フランス・ヴェルサイユ宮殿の庭園に勤めるミシェル・アダンソンだった。彼は聖職者の息子で、聖職者になる教育を受けたが20歳になると植物学者を目指した。しかし、職に恵まれず、西アフリカのセネガルにあるフランス東インド会社の簿記係になった。そのかたわら、西洋とは異なるセネガルの植物採集に努め、４年過ごした後にヴェルサイユ宮殿の庭園に職があることを知り帰国した。帰国後、セネガルで収集した植物をリンネの自然の体系に従って整理した。その結果、彼は雄しべと雌しべという限られた形質だけで分類を行ったリンネの体系は不自然だと批判し、植物のすべての形質を考慮する必要があると主張した。彼はそれまで分類されたすべての植物を調べて、属の数は１６１５あるが、それらは58群に分けられるとし、分類階級の「科」を新たに設けて58科として1763年に『植物諸科』を書いた。彼は生物の特徴全体を捉えて行う「自然分類」の創始者の1人とされている。

医師として安定した生活をする以前のリンネは貧しい苦学生だった。しかし、博物学の豊かな知識と、「植物の結婚序説」や「性の体系」のような世間受けのする論文を書くウィットに富んだ柔軟な性格から多くのパトロンを得て資金援助してもらい、オランダ滞在の3年間で『自然の体系』を含む9冊もの本を出版している。

スウェーデンに帰国後、リンネは結婚して首都のストックホルムで開業医となった。リンネは博物学の知識に加え、医師としての技量を生かして社交界に食い込み、王侯貴族の知遇を得て、帰国3年後にウプサラ大学の医学教授に推薦される。その翌年には植物学教授に転じて大学内の植物園にある官舎に移り住んだ。そして、王室侍医になり、ウプサラ大学総長を20年間務め、叙爵を受けて貴族に名を連ねた。

この時代、スウェーデンでは庶民は姓を名乗れず、名だけを持っていた。リンネも本来はカールという名だけしかなかったが、父のニルスが聖職者を目指して大学に入学したときに、リンネウスという姓を勝手に名乗った。これを息子のカールも受け継ぎ、私的にカール・リンネウスと名乗っていた。しかし、1762年、55歳のときに1757年まで遡って貴族の称号が許され、晴れてカール・フォン・リンネという二名法による姓名を正式に持つことができた。

姓の前にあるフォンとは、貴族であることの称号である。

リンネは、当時の強国スウェーデン・バルト帝国の版図全域を4度に分けて探検調査旅行をしたが、海外はオランダとその周辺のフランスやイギリスの研究者を訪れただけだった。しかし、17人の弟子たちを世界各地に派遣して、動物・植物・鉱物、三界の標本収集に努めた。リンネは地球上の三界の全種数を約1万種と考えていたので、彼自身の手で、この地球上の全自然界の「自然の体系」が完成できると信じていた。弟子たちは「リンネの使徒」と呼ばれ、その中の1人カール・ツンベルク（図1―5）が日本にもやって来た。

図1―5　カール・ツンベルク（1743～1828）

この時代、日本は鎖国中で、ヨーロッパ人は唯一オランダ人だけが長崎の出島《でじま》に滞在することを許されていた。そこで、スウェーデン人のツンベルクはオランダ人に成りすまし、長崎出島のオランダ商館医師として1775年8月から1年4ヵ月間滞在した。スウェーデンに帰国後はウプサラ大学の植物学教授、さらに学長になり、84歳で亡くなるまでウプサラ大学教授の任にあり続けた。彼の業績の中の日本に関するものとしては『日本植物誌』（1784）、『日本植物図譜』（1794）などがあり、二名法で生き物の名が記されている。滞日中は、将軍徳川家治《とくがわいえはる》に拝謁し、幕府医官桂川甫周《かつらがわほしゅう》、小浜《おばま》藩医中川淳庵《なかがわじゅんあん》と交わり、ヨーロッパの最新の医学だけでなく、植物学、物理学、地理学、経済学の知識を伝えた。

ツンベルクは『ヨーロッパ、アフリカ、アジアの旅』（１７８８〜93）という旅行記を残しているが、そのフランス語訳本（１７９６）の植物に関する訳注を、次に紹介するラマルクが行っている。

最初に進化論を唱えたのはラマルク

ジャン＝バティスト・ラマルクというと、１８０９年に出版した『動物哲学』で、現在は否定されている「用不用説」「獲得形質の遺伝説」を説いていることで有名である。これはダーウィン以前に説かれた最初の本格的な進化論として知られている。彼は同一の生物にある変異性に関心を抱き、同じ種でも棲む環境が異なれば使う器官も自《おの》ずと異なり、よく使う器官は発達し、使わない器官は退化する、と考えた。これが「用不用説」である。そのように環境の違いで生まれた生物の変異性は世代を経て受け継がれ、より環境に適した形に進化する、と考えた。これが「獲得形質の遺伝説」である。その結果、生物は環境に応じて、単純な形から次第に複雑な形へと進化していく。自然は常に単純な生物を生み出し、複雑に進化した生物は、地球上の生息できる地域にあまねく広まっていった。これがラマルクの進化論である。しかし、ラマルクは「我々の観察が進むほど、種の区別はますます困難となり複雑となり微細となって来る」と述べている。

ダーウィンも同一の生物にある変異性に関心を抱いた。彼がラマルクと違うのは、生物にはランダムに異なる変異が生まれ、そのうち環境により適した変異の個体が生き残る、と考えたことだ。これが「自然淘汰説《とうたせつ》」で、この変異と自然淘汰が世代を経て繰り返されて、より環境に適した個体が生き残る。その結果、同じ生物でも棲む環境の違いに応じて次第に異なる種へと分化したが、元をただせば共通の祖先に行きつくと考えた。ここでいう環境とは物理的環境だけではなく、種間競争という生物学的環境を彼は重視していた。しかし、ダーウィンは、変異が起こるメカニズムに全く思い至らなかった。

ラマルクの進化論は、単純な生物が次々に自然に発生し、環境に対して主体的、能動的に適応して、世代を重ねて複雑な生物になるとした。一方、ダーウィンの進化論は、共通祖先の生物が環境に対して客体的、受動的に適応し分化するとした。後に生まれたメンデル遺伝学の発展は、ダーウィンの考え方に軍配を上げている。

植物学者ラマルクが動物学に転ずる

ラマルクは、１７４４年にフランスの下級貴族の子として生まれた。最初は聖職者を目指したが、16歳のときに志望を軍人に変え、仏英間の七年戦争の最後の2年間を参戦し、計5年間軍務に服した。しかし、病気になり退役し、１７７２年、28歳のときに医学校に入った。医学は４年間学んだが、同時に学んだ植物学に惹《ひ》かれ、１７７９年に『フランス植物誌』という分類学の本を出版している。この本では「分析法」という、植物の形態の特徴を基に、名前の分からない植物の名を探し出す検索表を考案し、今でも植物分類学で用いられている。この本がパリ王立植物園園長で『博物誌』の著者のジョルジュ＝ルイ・ビュフォンの目に止まり、1781年にはパリ王立植物園に職を得た。ビュフォンの死の翌年の1789年にフランス革命が起こり、1793年に王立植物園は国立自然史博物館に改編され、ラマルクは昆虫とミミズやヒルなどの細長い蠕虫《ぜんちゅう》の研究担当となった。

植物分類学者のラマルクが50歳にして動物分類学の担当となり、その後、進化論に思い至ったのである。ラマルクは、まず、1793年に動物を「脊椎動物」と昆虫や蠕虫の「無脊椎動物」に分けた。つまり、動物界の分類単位の種・属・科・目・綱のさらに上に「門」を置き、脊椎動物門と無脊椎動物門としたのである。

ラマルクは、1802年に出版した『水理地質学』では、動物と植物を1つにまとめ、「生物」という語を作った。彼の考えでは、物質というものは元をただせば元素の集まりであり、動物も植物も生命を維持するために外界から元素でできている物質を得ている。そして、その物質を体内で新たな物質に変えて生きている。やがて生命活動を終えれば、動物も植物も分解されて元の元素に返っていく同じ生物という存在だと考えた。だからこそ、ラマルクは、生物は常に自然に単純な構造で発生すると考えた。しかし、ラマルクの進化論も、神が造り給うた生き物は不変だと信じる当時の博物学者に全く受け入れられずに終わった。

特に、1802年に自然史博物館の比較解剖学の担当となった25歳年下の同僚のジョルジュ・キュヴィエに激しく批判された。ラマルクとキュヴィエの共通の研究対象に貝類がある。ラマルクは現世の貝類を調べ、単純な構造の貝から複雑な構造の貝に進化したと考えた。キュヴィエは化石の貝類を調べ、異なる地層から掘り出される貝類は相互に異なっているが、ラマルクの主張するような構造の連続性はない、と批判した。そして、天変地異が何度か起こり多くの生物は絶滅したが、生き残った生物が、その都度、地球上に広がることを繰り返した。そしてノアの箱舟に描かれた天変地異が最後の天変地異という天変地異説を唱えた。当時の世の中の人は、キュヴィエの説く天変地異説ではすべての種が絶滅し、その都度、神が新たな種を創造したと捉えたが、キュヴィエはそこまでは言っていない。

キュヴィエの用いた比較解剖学という、生物を外形からだけでなく体内の臓器や骨格の構造も調べ比較するという分類学での新しい手法は、フランス革命の熱気の中で、革新的な手法として受け入れられた。特に、キュヴィエはフランス革命後に皇帝となったナポレオン・ボナパルトが、遠征先のエジプトで墓から掘り出して持ち帰った紀元前2000年頃の鳥や動物のミイラを調べ、現生の鳥や動物と変わりのないことを確認し、神によって作られた種は変化しないことを示した。このことは、やはり神によって作られた種は変化しないと信じていたナポレオンを喜ばせ、キュヴィエは彼の信頼を一身に集めた。

しかし、紀元前2000年というと、当時で、たかだか3700年前である。たった370

図1―6　ジャン＝バティスト・ラマルク（1744～1829）　失明したラマルクと彼に話しかける娘

0年前の動物の骨格と当時の動物の骨格にさほどの違いがないのは、今考えると当たり前だと思う。しかし、当時の人々が考えた地球の年齢は、17世紀のアイルランドの司教ジェームズ・アッシャーが旧約聖書の記述を基に計算したもので、天地創造を紀元前4004年10月22日の夕暮れとして、地球の年齢を約6000年としていた。この年齢は19世紀まで欽定《きんてい》英訳聖書の創世記の冒頭に書かれていたので、広く信じられていた。したがって、当時の人々にとり、3700年前という時間は、途方もなく長く遠い時間と捉えても仕方がなかった。1814年のナポレオン没落、ブルボン王朝の復古後には、キュヴィエはルイ・フィリップによって貴族に叙爵され、貴族院議長、内務相に取り立てられ、19世紀のフランスを代表する博物学者になった。

そのようなキュヴィエに激しく批判されたラマルクは、晩年の9年間は失明し、1829年、失意のうちに85歳で没し、その墓の所在も不明である。しかし、現在、フランス自然史博物館の植物園の前に、失明した父の目の役を担った娘がラマルクに話しかけているレリーフ像がある（図1―6）。その台座には失意の父を慰める娘の言葉が書かれている。「後世の人々が称賛してくれますよ。復讐《ふくしゅう》してくれますよ。お父さん」。いつの世にも、新たな技術革新は世の中に熱狂的に受け入れられ、取り入れられていくが、新しい思想はなかなか受け入れられずに、ときには、主張者は迫害さえ受ける傾向があるようだ。

ダーウィンは種を定義しなかった

「種」を考えるときに真っ先に思い浮かぶのは、チャールズ・ダーウィン（図1―7）が1859年に出版した『種の起源』である。この本で、ダーウィンは進化論を非常に慎重な言い回しでクドクドと述べている。私は異なる邦訳の『種の起源』を以前に読んだが、渡辺《わたなべ》政隆《まさたか》訳の『種の起源』を読んで、初めて理解した気になった。そして知ったのは、『種の起源』には種の定義が述べられていないことだった。

教科書的に『種の起源』の要点を述べると、第2章に「すべてのナチュラリストが納得するような種の定義など未だに存在しないからだ。それでもすべてのナチュラリストは、種と言うときのその意味を、漠然とではあるが心得ている」と書いてある。種とは漠然としか摑《つか》みようのないものだというのがダーウィンの指摘である。

図1―7　チャールズ・ダーウィン（1809〜82）

彼が好んで使った語彙に、「変種」というものがある。変種とは「種」よりも下位の分類階級で、「種」「亜種」「変種」「品種」という順で下がってくる。ただし、ダーウィンは「「変種」という言葉もほとんど定義不能である」と書いている。ある集団を種とした場合、種の特徴を持ちながらそれとは異なる変異を持つ別の集団を変種と言うが、そう「判断する場合には、堅実な判断力と豊富な経験を備えたナチュラリストの意見だけが唯一の判断基準である」とある。第4章で、ダーウィンは結論的に「強い独自性を示しつつも、その種の形質を何かしら備えているせいで、多くの場合について別種とすべきかどうか決着がつきそうにないような集団が変種である」と書いた。

しかし、ダーウィンは、種と変種の違いを、明瞭とはいえないが雑種形成で説明している。『種の起源』第8章で明らかに別種と分かるほど「異なっている種類間での最初の交雑は、必ずではないが一般的に不稔《ふねん》であり、雑種ができるとしてもやはり一般に不稔である」「変種とみなせるほどよく似ている種類間での最初の交雑と、それによってできた雑種には、必ずではないがだいたいは稔性がある」と述べている。

リンネの種の捉え方は、生き物は神が造り給うた創造物で、永久に不変の存在であった。しかし、ダーウィンは、生き物は常に変異を生み出し、少しずつ変化し続ける存在と考えた。『種の起源』の第4章に以下のような記述がある。「たとえわずかなものであれ、他の個体よりも有利な変異を備えた個体は、生き延びて同じ性質の子どもを残す可能性が大きいと考えられないだろうか。その一方で、少しでも不利な変異は確実に排除されることもまた、確かなような気がする。このように、有利な変異は保存され、不利な変異は排除される過程を、私は自然淘汰と呼んでいる」。

同じ種でも分布が広がれば、地域の違いによって環境条件も異なることから、何が有利で何が不利かも変わるだろう。たとえば、乾燥地帯なら乾燥に強い個体が有利になるし、湿地帯なら湿度に強い個体が有利になる。こうやって、生き物は分布範囲が広がると、地域の違いによって、次第に異なる変種に変わっていく。

ダーウィンが種の定義を明確に述べなかったことに関する象徴的な事象は枚挙にいとまがない。たとえば、モンシロチョウに姿かたちがそっくりだが、蛹の重さが4倍もあるオオモンシロチョウ（*Pieris brassicae*）というチョウがいる。ときには１０００㎞を超えて大移動する種で、ヨーロッパを主生息場所としながら世界各地に移動する。北海道にも１９９６年に侵入してきた。古典的には分類学者が種を分類するときに、体のある部分の形の違いを、種を識別する基準である標徴《ひょうちょう》として分類する。多くの場合は生殖器の形の違いだが、オオモンシロチョウの場合、翅の紋様を標徴として用いた。その結果、各地で異なる翅型模様の変種が出現し、幾つかの島嶼《とうしょ》では島の固有種だという強い主張もあり別種とされ、現在はオオモンシロチョウと同種とみなされる種だけでも、翅型模様の違いで20もの異なる学名が付けられた。このように、結局は同じ種とみなされても生息地が異なれば、別種としか思えない変種が数多く出現するのだ。

リンネとダーウィンの自然の捉え方の違いは、「種」「属」「科」「目」「綱」などの上級の分

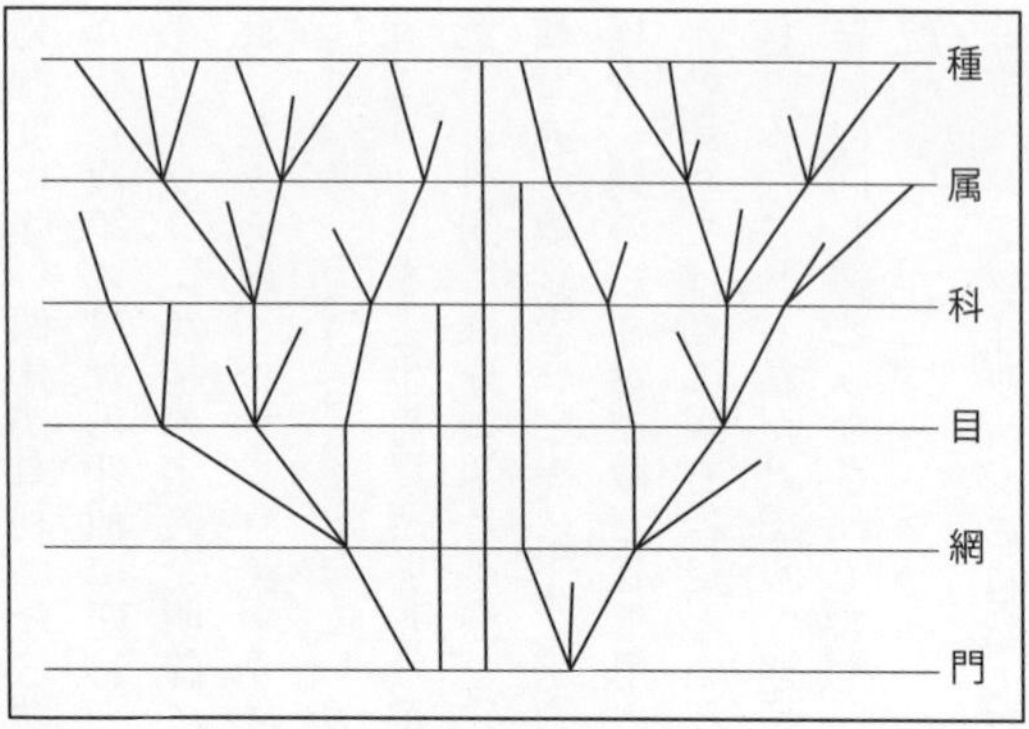

図1—8　ダーウィンの系統樹の模式図

類単位の捉え方に象徴的に表れている。リンネの分類の仕方は徹底的な人為分類で、よく似た形態を持つ生物の枠組みを上から階層化して示した。神が自然の世界をいかに整然とした秩序ある美しいものに造り給うたかを明らかにするためだった。しかし、ダーウィンは徹底的な生物分類で、同じ「属」に属する「種」のグループはかつて共通した祖先種から分かれ、同じ「科」に属する「属」のグループはかつて共通した祖先種から分かれ、同じ「目」に属する「科」のグループはかつて共通した祖先種から分かれ、同じ「綱」に属する「目」のグループはかつて共通した祖先種から分かれた、と下からの階層化で考えた（図1—8）。

遺伝学の時代を迎える

ラマルクの進化論もダーウィンの進化論も、グレゴール・ヨハン・メンデル（図1—9）が遺伝学の法則を発見する以前の説である。子が親に似るという遺伝の現象は、中世の博物学者も認識していたが、そのメカニズムは、メンデルが明らかにする1865年まで全く分かっていなかった。しかも、メンデルの存命中は注目されず、メンデル没後16年、ダーウィン没後18年の1900年に3人の研究者により別々に再発見された。

ダーウィンが『種の起源』の改訂を繰り返している1870年代に、メンデルの「植物の交雑実験」という論文が掲載されている雑誌を手にした形跡が、雑誌への彼の書き込みからうかがえるが、メンデルの論文は読まなかったようだ。ダーウィンが嫌った抽象的な数式が幾つもあったから読み飛ばしたのだろうという説がある。もし、読んでいたならば、ダーウィンの進化論も大きな影響を受けていただろうと思われる。

メンデルは小さな果樹農家の生まれで、チェコのオロモウツ大学神学部を卒業後の21歳のときに聖アウグスチノ修道会に入会し、チェコ西部のモラヴィア地方ブリュンの修道院に所属、25歳のときに修道士から司祭に叙階された。修道院には、聖職と兼業の植物学者、鉱物学者、哲学者、数学者などがいて、学術研究や教育が行われていた。メンデルも自然科学の研究に惹かれ、31歳の1853年から修道院の植物園で、メンデルの法則の発見につながるエンドウマメの交配実験を始めた。

図１―９　グレゴール・ヨハン・メンデル（1822～84）

メンデルの法則はエンドウマメを使って実験して得た現象の説明で、「優性の法則」「分離の法則」「独立の法則」の3つの法則で構成されている。彼は数年かけて草丈の必ず高くなる種子と必ず低くなる種子を作り、両者の交配実験をした。

「優性の法則」は、草丈の高い花（優性）の雌しべに低い花（劣性）の花粉を受粉し、低い花の雌しべに高い花の花粉を受粉したところ、どの組み合わせで得た種子も背丈の高い花を付けた（優性・劣性を現在では顕性・潜性ともいう）。

「分離の法則」は、優性の法則で得た草丈の高い花同士を受粉して得た種子より咲いた花は、草丈の高い花（優性）と低い花（劣性）が3：1の割合で分離した。

「独立の法則」は、草丈だけではなく、しわのある種子とない種子、黄色い種子と緑色の種子等があったので、複数の形質を持つもの同士を交配したところ、合わせ持つ形質に関係なく、それぞれの形質について「優性の法則」と「分離の法則」が成立した。これを「独立の法則」という。

現在、遺伝子情報は、生物の体を構成するすべての細胞の核の中に存在する染色体上にあることが分かっている。その染色体は、1842年にスイス・チューリッヒ大学の細胞学者、植物学者でもあり医師でもあったカール・ネーゲリが顕微鏡を用いて発見していた。この染色体の発見は1859年のダーウィンの『種の起源』の出版より17年早く、1865年のメンデルの法則より23年早かった。しかし、ネーゲリは染色体が果たす役割に何も気づかなかった。

染色体の遺伝上の役割に気づいたのは、25歳のコロンビア大学大学院生のウォルター・サットンだった。メンデルの法則が再発見された1900年の2年後に、サットンはバッタの細胞学的観察から、バッタのオスの配偶子である精子が作られるときに、精子の染色体が減数分裂を起こして半数に減少することを発見した。他の体細胞の染色体の数を2n個としたならば、精子の染色体の数はその半分のn個となった。

メスの配偶子である卵子の染色体も減数分裂を起こして半数のn個になるならば、精子と卵子の受精の結果、受精卵の染色体数は体細胞と同じ2n個となる。サットンは染色体上に遺伝子情報があるならば、メンデルの法則を説明できると考えて「染色体説」を発表した。このサットンの仮説は注目されず、彼はその後、大学院を退学して医師になった。

1910年にコロンビア大学のトマス・ハント・モーガン（図1―10）は、ショウジョウバエを暗所で何世代も飼えば、目が小さくなるのではないかと考えた。そこで暗所で49世代まで飼ったところ、ショウジョウバエの目の大きさには何の変化もなかったが、通常は赤目のハエが生まれるのに、その中に白目のオスが出現した。突然変異が起こったのだ。そこで、他の赤目のハエを詳しく調べたところ、様々な小さな突然変異が起こっていることが分かった。

図1―10　トマス・ハント・モーガン（1866〜1945）

1913年にモーガンは、ショウジョウバエの異なる突然変異個体を集め、交配実験で染色体上に現れる異なる模様を比較し、染色体上の遺伝子の位置を模式的に示した染色体地図を作製した。さらに、ショウジョウバエの巨大唾液腺染色体の模様と比較することで、染色体上にある遺伝子の位置を特定し、遺伝子が染色体上にあるというサットンの仮説を証明した。

「突然変異」という語彙を考えたのは、オランダ・アムステルダム大学のユーゴー・ド・フリース（図1—11）である。彼はオオマツヨイグサの栽培実験で、1

図1—11　ユーゴー・ド・フリース（1848～1935）

900年にメンデルの法則を再発見した。と同時に、この栽培実験の過程で、背丈が大きかったり小さかったり、葉が長かったり花の形が変わっていたり、と幾つかの変異株が生じた。そうした変異株が、その後、同じ形質の子を生じ続けることに気づいた。そこで「標準型」とは異なる「新種」が生まれたとして、これを「突然変異」と名付けた。そして、進化はこのような突然変異による新種に自然淘汰が働いて起こると考え、1901年に『突然変異論』を出版した。

この時代、自然淘汰と漸進進化、つまり種は少しずつ緩やかに進化するという説を主張するダーウィン学派に対して、突然変異で一挙に進化するという跳躍進化を主張するメンデル遺伝学派が生まれた。しかし、ショウジョウバエの研究により突然変異の理解が進むにつれて、やがて両派は集団遺伝学として統合した。1936年から1950年にかけては、古生物学者も遺伝学の成果を受け入れるようになって進化の総合学説が生まれた。

1972年にハーヴァード大学の古生物学者スティーヴン・ジェイ・グールドとアメリカ国立自然史博物館のナイルズ・エルドリッジは、進化の「断続平衡説」を提唱した。長い停滞期を挟んで急進的な進化が断続的に起こるとした説である。この約150年前に古生物学者のキュヴィエは、地層から掘り出される化石に連続的な変化が見いだせないことを理由に、ラマルクの進化論を否定した。約100年前に、ダーウィンは、漸進的進化論を説くうえで、化石に連続的な変化をなかなか見いだせないのは、それでなくとも数の少ない化石で、中間的なものが単に掘り出されていないにすぎないと推定した。これを後年の人は「ミッシングリンクの謎」と呼んだ。しかし、グールドとエルドリッジは、もともと進化は断続的に起こるので、中間的な化石が出てこないのは当然だと主張した。

2004年に、オックスフォード大学のクリントン・リチャード・ドーキンスは、ダーウィンも進化速度が一定でないことを説いているとして、断続平衡説も系統漸進説の亜流とみなし、かわりに「連続的可変説」を提唱した。進化は非常に速い状態から非常に遅い、あるいは止まっているような状態まで様々にある、という説である。

種の新たな定義

進化の総合学説の創始者の1人で、ニューギニアとソロモン諸島で鳥類の研究をしたアメリカ国立自然史博物館（後にハーヴァード大学に転出）の分類学者エルンスト・マイヤー（図1―

図１—12　エルンスト・マイヤー（1904〜2005）

12）が、１９４２年に『系統分類学と種の起源』で種の定義を述べている。

「種とは、交雑可能な自然集団で、他のそのようなグループから生殖的に隔離された集団である」。マイヤーのこの種の定義は、ダーウィンが『種の起源』に記した内容とよく似ているが、異なるのは、ダーウィンは種の明確な定義をしていないことだ。マイヤーは、１６８６年のジョン・レイ以来、初めて明確に種の定義を述べている。このマイヤーの種の定義は、現在でも多くの生物学者に受け入れられている。

彼は『系統分類学と種の起源』で、他にも以下のように述べている。「種の分布域が地理的障壁で分割され、長い時間を経て障壁が再び取り除かれた時点ですでに交雑できない遺伝的変化を遂げていることで、種は分かれる」。マイヤーのこの説は種の分岐のメカニズムについて述べており「異所的種分化説」という。その典型的な例として、ダーウィンがビーグル号の航海時に、ガラパゴス諸島の異なる3つの島で捕らえた3種の小鳥マネシツグミ（図1—13）が挙げられる。これらのマネシツグミはよく似ていたので、航海中のダーウィンはそれぞれを同じ種の変種と考えた。だが、イギリス帰国後に鳥類に詳しいジョン・グールドにその標本を見せたところ、嘴《くちばし》の形の違いを理由に、それぞれは3つの異なる固有種であると指摘された。

ガラパゴス諸島は南米エクアドルから1000km離れた大洋島で（図3―1）、南北220kmの範囲に名前の付いている島や岩礁だけで234島あり、主だった島々は大きな島が13島、小さな島が6島、最高峰は海抜1707mある。ダーウィンは4島に上陸しているが、それぞれの島は小鳥が日常的に移動交流するような距離ではなく、相互に海により隔絶されていた。しかし、3種のマネシツグミは南米のマネシツグミの一種によく似ており、それに由来することは明らかだった。

ビーグル号に乗船したとき、ダーウィンは、同じ時代の自然神学者と同じように、種の不変を信じていた。しかし、ビーグル号の航海でイギリスとは異なる様々な自然を観察するうちに、種の不変の信念が揺らぎはじめていた。そして、帰国後にガラパゴス諸島の3種のマネシツグミが異なる固有種であることを知り、種は変化するという信念に変わった。大陸から移動してきた1種のマネシツグミが、異なる島に棲みつくことで相互に交流がなくなり、次第に分岐し異なる種に進化したと考えたのだ。

図1―13　ガラパゴス諸島のマネシツグミ

分子分類学の誕生

マイヤーによる種の定義「種とは、交雑可能な自然集団で、他のそのようなグループから生殖的に隔離された集団である」を、生物学的種概念という。マイヤー以前の種の概念は、形態的種概念といい、生物の形態によって種を区分していたが、種の定義は曖昧のままであった。それがマイヤーの生物学的種概念により、種の定義が明瞭になった。しかし、生物学的種概念には、2つの問題があった。第一は、捕らえた時代も場所も異なるよく似た個体が同種か別種かを判定するのに、交雑が可能か否かの交配実験が必要となると、多くの場合、交配実験はほとんど不可能である。第二に、カビ、キノコ、菌類、サンゴ、イソギンチャクなどの無性生殖をする生物にマイヤーの種の定義を当てはめると、それぞれの個体が別種になってしまうことだ。

これらの問題を解決したのが、その後の遺伝学の大進歩だった。それまで遺伝情報は染色体を形成するタンパク質にあると考えられていたのだが、1944年にアメリカ・ロックフェラー研究所の医師オズワルド・アヴェリーが、遺伝子の化学的本体がDNAであることを明らかにした。このとき、彼はロックフェラー研究所を定年退職して5年を経ていて、すでに60代の後半だった。当時のアメリカ人男性の平均寿命が約65歳だから、昔の高い幼児死亡率を勘案しても、結構なお爺《じい》さんだった。しかし、名誉研究員として肺炎双球菌の研究を続け、現代遺伝学や分子生物学の誕生するきっかけを作った。

染色体は、細胞分裂時にDNAがヒストンというタンパク質に巻き付いて棒状のかたまりとして観察できるものだが、普段は細胞核内に分散していて、DNAは糸状の状態にある。ヒトの細胞の核には46本のDNAが存在するが、1つの核でのDNAの長さの合計は約1・8mある。DNA自体は、アヴェリーが遺伝子の化学的本体がDNAであることを明らかにする75年前の1869年に、ドイツ・テュービンゲン大学の25歳の医師フリードリッヒ・ミーシェルが、研究課題として出された人間の白血球の細胞核から抽出していた。彼はこれをヌクレイン（核酸）と名付けたが、その重要性については、当時は誰も気づかなかった。

1953年になり、アメリカ・インディアナ大学にいたジェームズ・ワトソン（図1—14左）と、かつてイギリス海軍機雷研究所にいたフランシス・クリック（図1—14右）により共同でDNAの構造が明らかにされた。ワトソンは生粋の分子生物学者だが、クリックは機雷研究の物理学者から31歳のときに生物学に転向して5年目の快挙だった。DNAは2本の鎖が互いに絡み合いながら、らせん状に伸びた形をしている二重らせん構造で、4種類の塩基の組み合わせで遺伝情報が書かれていた。しかし、すべてのDNA配列が遺伝情報を持っているわけではなく、わずかに1・5%が遺伝情報を持つ部分で、98・5%の持たない部分の役割は十分には分かっていない。遺伝情報を持っている部分を遺伝子という。

図1—14 （左）ジェームズ・ワトソン（1928〜）と（右）フランシス・クリック（1916〜2004）

ワトソンとクリックは、DNAは複製されることを予言したが、1958年に、シカゴ大学のマシュー・メセルソンと

図１―15　木村資生
（1924〜94）

ミズーリ大学のフランクリン・スタールによって、ＤＮＡは細胞分裂の核分裂の前に複製されることが証明された。つまり、遺伝情報は複製されて親から子に受け継がれていく。しかし、ＤＮＡの塩基配列は必ずしも正しく複製されるとは限らず、複製のたびに小さなミスが起こることも分かった。たとえば、ＤＮＡが途中で切れて大きな部分が欠落したり、逆に大きなＤＮＡが挿入されたり、１つの塩基が別の塩基に置き換わったり、その塩基が欠損したり、新たに挿入されたりする。塩基の並びは、人間の場合、30億もあるのだから、小さなミスが起こるのも無理はない。これらのミスが突然変異のメカニズムになっていたのだ。

大きな変異の中で生存に有利なものは世代を経るごとにその変異を持つ個体が増えて進化の原動力となる。しかし、多くの変異は有害で、そのような変異を持つ個体は死滅していく。これが、ダーウィン以来の自然淘汰である。しかし、個体にとって有益でも有害でもない小さな変異は、自然淘汰の篩《ふるい》にかからず子孫に伝わっていく。そうした変異が偶然に集団に広まって進化の要因になることがある。特に小さな集団の中のある遺伝子の頻度が元の集団の遺伝子頻度から変化した場合、これを遺伝的浮動というが、この場合に進化が起こる。これは１９６８年に日本の国立遺伝学研究所の木村資生《きむらもとお》（図１―15）により発表された「分子進化の中立説」

で、現在、ダーウィンの自然淘汰説と並んで、あるいはそれ以上に進化の大きな原動力として説明されている。

2000年代に入ると、DNAの塩基配列全体、これをゲノムというが、ゲノムの解析技術が発達し、様々な生物のゲノムが解読された。たとえば、人間のゲノムは約30億の塩基配列を持つが、ヒト同士の塩基配列は平均0・1%しか違わないという。その0・1%の違いが、目や肌や髪の毛の色の違い、鼻や背の高さの違いなど、ヒト同士の違いを引き起こしている。ヒトとの類縁関係が近いとされるチンパンジーのゲノムも約30億の塩基配列を持つが、ヒトと同じ塩基配列は約98・8%あって、わずかに1・2%が違うだけである。その違いは、両者が共通の先祖から分かれて以後、現在に至るまでの間に、どちらかの系統か双方の系統で起きた変異である。したがって、他の近縁種のサルのDNAと比べ、どのような領域のどの塩基配列で違いがあるかを調べることで、進化の道筋が分かるようになってきた。

近代の分類学は、1950年にドイツの昆虫学者ヴィリー・ヘニッヒの提唱した分岐分類学が主流で、幾つかの種に共通する形質を探し出し、それらを祖先から受け継いだ形質と仮定して系統樹を作成していた。しかし、形態データだけから正確な系統樹を作成するのは困難だったが、近年は、近縁種間で変異が見られる特定の領域におけるDNAの塩基配列データを使って、より正確な系統樹を作成することが可能となった。その系統樹上で、ある生物の異なる個体群が1つのグループとして認識できるか、もしくは2つ以上のグループに分かれるかを判別し、さらに、その分かれた複数のグループ間に明らかに別種と考えられる差異があるかどうかを判断して種を分類している。

これは、ダーウィンが『種の起源』で主張した系統学的種概念である。その結果、従来の形態分類では全く違いが分からない個体群同士でも、塩基配列が大きく異なるために別種と扱われるケースが出てきた。したがって、特定のDNAの塩基配列のどの程度の違いが同種と別種を分ける境界になるのか、という新たな問題が生まれた。私の知る分類学者の1人は、2・5%違うなら別種にしているといい、別の分類学者は3%違うなら別種にしていると教えてくれた。

マイヤーの種の定義では、「種とは、交雑可能な自然集団で、他のそのようなグループから生殖的に隔離された集団である」となる。しかし、私の生態学上の研究材料であるエゾスジグロシロチョウは、2001年に分類学者によって、ミトコンドリアDNAの違いからエゾスジグロシロチョウとヤマトスジグロシロチョウの2種に分離された。しかし、この2種を自然交配すると、子も孫もひ孫もできるとして、同種に戻すべきだという意見もある。ちょうど、ダーウィンが変種の取り扱いに苦慮して、種の定義をすることを躊躇《ちゅうちょ》した状態に似てきたのである。ダーウィンは、1856年にイギリスのキュー王立植物園の副園長で医師でもある親友のジョセフ・フッカーに宛てた手紙で、種を巡るごたごたを「もともと定義できないものを定義しようとするからこんなことになるのだ」と書いている。

第2章　生き物の居場所ニッチ

ニッチとは

第1章では、生き物の居場所を占める「種」とは何かを考えた。本章では、その居場所について考える。

多くの宗教的神話では、生き物の居場所は神があらかじめ用意した、相互に調和した場所と考えられていた。18世紀になると、分類学の祖といわれたスウェーデンのリンネが自然神学の立場から、生き物はその居場所に単に存在するのではなく、神が秩序立てた役割を持ち、過剰を排し、相互に機能的に連結連鎖した関係にあると考えた。彼はその関係は人間の経済活動によく似ているとし、「自然の経済」と名付けた。

19世紀になるとダーウィンは、リンネの「自然の経済」とマルサスの『人口論』からヒントを得て、生き物の居場所は、神の介在しない「自然の経済」の中にあり、生き物自体が自然淘汰により獲得したと考えた。20世紀になると、生き物の居場所は「ニッチ」と呼ばれるように

図2―1　ニッチ（壁龕）建築物のへこみ、隙間　サント・ドミンゴ・デ・ラ・カルサーダ大聖堂（スペイン）

なり、その定義も時代と共に変化し、様々な論議を生んでいる。

ニッチの語源は西洋の古典的建築意匠の壁龕《へきがん》で、ゴシック建築などの壁面にある装飾用のへこみのことである（図2―1）。そこには聖像や壺《つぼ》や書物を置いた。現代建築でも、壁面にへこみを作り、飾り棚として利用している。ニッチは建築物のへこみ以外に、岩のへこみや隙間などを指し、「狭い場所」という意味がある。つまり、生物の居場所は、広大な環境の中の、ある特定の狭い場所なのである。

現在、経済界でニッチ市場とか隙間市場という言葉が使われているが、これも生態学における狭い居場所と語源的には一緒で、市場全体のほんの一部を構成する特定のニーズを持つ規模の小さい市場のことをいう。

生態学で空きニッチという言葉があるが、これは利用されていないニッチのことだ。空きニッチがあるならば、侵入種はその空きニッチに入り込んで容易に定着できる。しかし、空きニッチがない場合は、定着するためにはすでにニッチを占めている先住者と戦う必要があり、不慣れなニッチへの侵入種の定着は容易でない。そういう意味で、ニッチを巡る人間の経済活動と生き物の活動はよく似ている。

リンネの「自然の経済」

分類学の祖、リンネがスウェーデンに生まれた１７０７年は、北欧、中欧、東欧の国々が、スウェーデン・バルト帝国を盟主とする国々とロシア・ツァーリ国を盟主とする反スウェーデン同盟（北方同盟）の国々とに分かれ、相互に裏切りと寝返りを出しながら、１７００年から１７２１年までの21年間戦った大北方戦争の真っただ中だった。戦争はロシア側が勝ち、勝ったロシアの指導者ピョートル１世は、スウェーデンから奪ったバルト地域の海に面した地に首都サンクトペテルブルクを建設し、初代のロシア皇帝となりロシア帝国を樹立した。負けたスウェーデンはバルト地方、フィンランドの一部、デンマークの一部などを失い、この地域の盟主の座から滑り落ちた。

名古屋市立大学の藤田菜々子《ふじたななこ》の『社会をつくった経済学者たち』（２０２２）に書かれている「スウェーデン経済学の黎明《れいめい》」によると、大北方戦争に負けた後のスウェーデンにとって重要なのは経済問題だった。その主たる目的はロシアへの報復を図るための戦費の調達で、商業と国内産業を保護する積極経済政策により、スウェーデンを富裕にすることだった。そのために、輸入を必要とせずに自立することのできる、完全に自給自足の国家としてのスウェーデンを確立することを目標とした。

しかし、経済的繁栄をもたらす源泉は、農業、鉱業、製造業、貿易の4つの産業である。たとえば、製造業のない農業や鉱業だけの国は大きな発展を望めない。貿易のない製造業も国を富裕にできない。そして、製造業のない貿易は国を赤字に導く。これら4つの産業すべてが国の経済的繁栄に貢献し、その産業の複合のあるべき姿が重要な経済政策だった。

リンネは1739年に設立されたスウェーデン王立科学アカデミーの初代会長となり、その創設時の演説で「すべての人類の幸福の基本は経済にある。経済学は、いかなる科学よりも気高く、人類にとって必要で、利益に結び付いている」と述べた。1741年、リンネがウプサラ大学の医学教授に就任したのと同年に、ウプサラ大学にスウェーデンで初めての経済学教授のポジションが設けられた。

リンネの神学的信念とスウェーデンの経済政策は、リンネに対し、神が秩序立てた生き物の世界にも経済と同じ構造があると見取らせた。彼は1749年に『自然の経済』を、1760年には『自然の政策』を発表した。つまり、自然界には神の創造した生き物のために最大の幸福を促進するための機能的な連鎖が形成されており、その生き物相互の構造的関係が「人間の経済」に対する「神の経済」であり、リンネの考えた「自然の経済」だった。

『自然の政策』によると、「よく規制された国家では、すべての個人が適切な雇用と生計を立て、あらゆる有害な過剰を是正し抑制するために、適切な階層の役職と役人が任命されている。自然界は、この状態に似ている」としている。その結果、すべての生き物は、物事のより広いバランスの中で適切な居場所に保たれており、これは十分に規制された経済状態に似ている。『自然の経済』では、「この地球上の生き物に正しく注意を向ける人は誰でも、必然的に、生き物が相互に連結しており、連鎖しているため、すべてが同じ目的を目指しており、この目的のために、膨大な数の中間の生き物が従順に従っていることに気づくだろう。このように、神は自然に対し完全な経済秩序を刻印し、その秩序は完全に自主規制されている」とリンネは考えた（原文はリンネの弟子たちが聞き取って書いたラテン語だが、ここではダーウィンが読んだ英訳を引用した）。

このリンネの「自然の経済」は、ダーウィンの進化論に大きな影響を与え、『種の起源』の中には「自然の経済」という語彙が頻繁に出てくる。

ダーウィンの「自然の経済」

ダーウィンは、『種の起源』の出版の前年１８５８年に、親友で植物学者のジョセフ・フッカーに宛てた手紙の中で、「分岐の原理」と「自然淘汰」が、彼がそのときに書いている本の要である、と書いた。「分岐の原理」とは、祖先種の分布が広がり、異なる環境に棲むようになったグループがやがて幾つかの変種になり、同じ食糧、資源、空間などを求めて競争し続けた結果、別種として多様化し、居場所を細分化して利用するようになることである。その際に働くのが「自然淘汰」である。この考えに至るヒントとなったのがリンネの「自然の経済」だ

図2—2　トマス・ロバート・マルサス
（1766〜1834）

った。

ダーウィンがビーグル号での5年間の航海を終え、イギリスに戻ったのは1836年10月だった。彼の死後に『ビーグル号航海記』と改題された『地質学と自然史学の研究日誌』を出版したのが1839年で、リンネの『自然の政策』を読んだのは1840年5月8日、『自然の経済』を読んだのは1841年5月13日だった。ダーウィンは『自然の経済』の「経済秩序」に着目したが、リンネはそれを神が定めた秩序と考えた。しかし、ダーウィンは神の定めた秩序を否定し、生き物相互の関係から生まれる秩序と考えた。

ダーウィンは、その2年ほど前の1838年11月に、自然淘汰についてのメモを残していた。その中に、1798年に出版されたイギリスのトマス・ロバート・マルサス（図2—2）の『人口論』についての言及があった。マルサスは「男女間に性欲のある限り、人口は等比級数的に増加する可能性がある。一方、食糧に代表される生活物質は等差級数的にしか増加しない」と述べている（図2—3）。つまり、人口は倍々ゲーム的に増加する可能性を秘めているが、食糧に代表される生活物質は、いくら努力しても一挙に増やすことには無理がある。

それに対してマルサスが出した結論は、人口と食糧は伸び率が異なっても結果的にバランスが取れるに違いない、というものだった。どういうことかというと、貧困や飢餓という生存の困難が人口の増加をたえず強力に抑制する。この困難は人類のある部分にふりかからざるをえない。人類のある部分とは、社会的弱者のことである。この結論は、当時のイギリス社会に衝撃を与えた。

さらにマルサスは続けた。動植物も命を育むのに空間や養分が必要である。しかし、それも限りある。必然的に、厳然と全体を支配する神が定めた自然の法則が、生命の数をあらかじめ定められた範囲内に制限するのである。すべての生き物を支配するこの神の定めた法則の重圧から、どうすれば人間は逃れられるのか、「私は知らない」とマルサスは結んでいる。

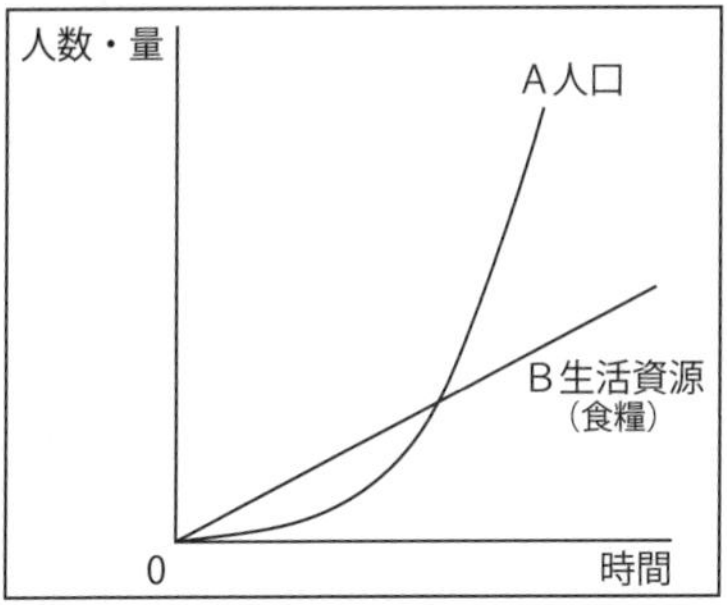

図2—3　マルサスの人口論　(A)人口は等比級数的に増加する、(B)生活資源（食糧）は等差級数的にしか増加しない（Malthus 1798より）

このことが、ダーウィンの『種の起源』の2つの要の1つ、「自然淘汰」の考えに結び付いた。さらにリンネの「自然の経済」から、自然淘汰は生き物の居場所を巡って起こるとして、生存競争の考えが浮かんだ。『種の起源』のもう一方の要の「分岐の原理」も、同じ祖先種を持つ変種に「自然淘汰」が働き、居場所の細分化、多様化を促した、と考えさせた。

マルサスはケンブリッジ大学神学部を卒業したプロテスタントの牧師で、32歳のときに『人口論』を発表した。彼は植民地経営会社の幹部社員を育てるために

図2―4　アルフレッド・ラッセル・ウォーレス（1823〜1913）

設立された東インド会社大学の経済学教授に39歳のときに就任した。このポジションはイギリスにおける最初の経済学教授だった。

『種の起源』の出版

ダーウィンが進化論を説く『種の起源』の要となる「分岐の原理」と「自然淘汰」を考え付いたのがビーグル号の航海から戻って3～4年後の1840年前後とすると、1859年の『種の起源』の出版までに約20年の時差がある。その間、ダーウィンは、進化論の構想を温めるだけで、公表を躊躇していた。当時の人々は、世の中の秩序はすべて神が創造したと信じていた。科学者でさえ自然神学者を自認して、神の創造した秩序の美しさを世に示そうと努めていた。そのような風潮の中で、神の介在しない「進化論」を公表することは「殺人の告白をするようなもの」とダーウィンは考えていた。

そんなダーウィンの考えを翻したのが、マレー群島を一人旅する30代のアルフレッド・ラッセル・ウォーレス（図2―4）から受け取った2通の封書だった。ウォーレスは1855年にボルネオ島の北西部のサラワク、現在のマレーシア領サラワク州（図2―5A）で、後にサラワク論文として知られた「生物の新種を支配する法則について」という論文と手紙を書き、ダーウィンに送った。これは、ダーウィンがビーグル号上で読《よ》み耽《ふけ》ったチャールズ・ライエル

（図2—6）の『地質学原理』の影響を受けた論文で、ダーウィンがガラパゴス諸島で発見した小鳥のマネシツグミの異所的種分化の話によく似ていた。

　ウォーレス論文の概要は「大陸は沈下と隆起を繰り返す。その結果、もともと交流可能な地域に棲んでいた同一の生物も、大陸の沈下が原因でいったんは相互に分離隔離され別の進化の道を歩む。その後、隆起が原因で再び同じ地域に棲むようになった。生物に見られる大きな変異が生じた原因の1つは、この大陸の沈下と隆起によると考えられる」という内容で、この論文をダーウィンは彼の後塵《こうじん》を拝した論文程度に受け止め、ウォーレスに励ましの手紙を書いている。

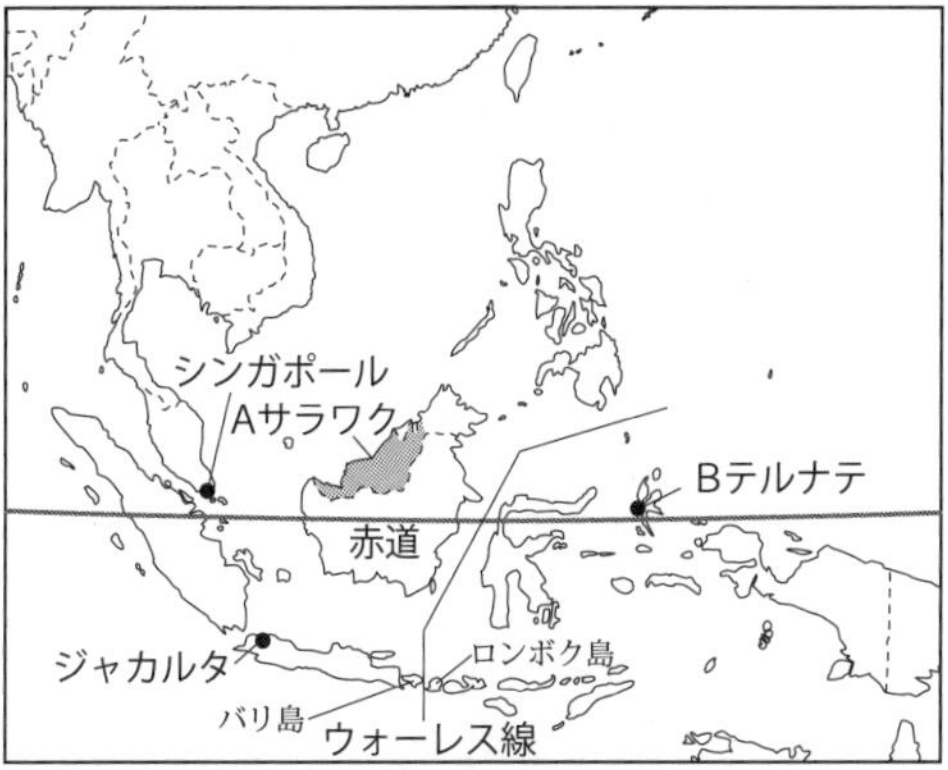

図2—5　(A)サラワクと(B)テルナテ　ウォーレスがダーウィンにサラワク論文（1855）を送った地とテルナテ論文（1858）を投稿した島

　しかし、この論文は、ダーウィンの帰国後に親友となっていたライエルの目に止まり、彼はダーウィンにサラワク論文の印象を語った。このとき、ダーウィンは初めて彼が構想を温めていた進化論についてライエルに話した。ライエルは進化論自体には賛成しなかったが、ダーウィンの理論とウォーレスの理論の類似性を知り、進化論に対するダーウィンの優先権を保つために早く本を書くことを勧めた。それでもはじめのうちは躊躇していたダーウィンも、重い腰を上げて進化論の大著を書き出した。

その3年後の1858年に、ダーウィンはウォーレスからの2度目の封書を受け取った。今度は、インドネシアのモルッカ諸島にある小さな火山島のテルナテ島（図2－5B）から投稿し、後に「テルナテ論文」として知られるようになった「変種が元の型から限りなく遠ざかる傾向について」という論文で、マルサスの『人口論』にヒントを得ていた。その主張は、人間だけでなく生物一般も、生き残れる以上の子供を残し、生存のためにわずかでも有利な変異が起こったなら、その個体はそれだけ生き残る可能性が高く、子孫を残すために、有利な形質が淘汰され進化するとしていた。テルナテ論文は、ダーウィンがビーグル号帰港後の二十数年間、心の中に温めてきた進化論そのものだった。ウォーレスが添えた手紙には、もしこの論文に見込みがあるなら、ライエルに論文を送って意見を聞いてほしいと書いてあった。

テルナテ論文はダーウィンを驚愕《きょうがく》させた。このテルナテ論文が世に出てしまったなら、それまで温めてきた進化論の優先権はウォーレスのものになるとダーウィンは考えた。悩んだ末に、ライエルと前述したフッカーに相談した。2人の親友は、リンネ協会の直近の会議で、ダ

図2－6　チャールズ・ライエル（1797～1875）

ーウィンの進化論の概要とテルナテ論文を同時に紹介することをダーヴィンに勧めた。1858年7月1日の会議では、ライエルとフッカーの2人の責任の下で、2つの論文が彼らによって読み上げられた。その後、出版された講演の紀要は、ダーウィンとウォーレスの共著という形になった。

　共著論文の題は「変異の永続性と種の分化に果たす自然淘汰の役割」といい、3部に分かれていた。第1部はダーウィンの進化論の試論。第2部はダーウィンがアメリカ・ハーヴァード大学の植物分類学者エイサ・グレイに宛てた私信である。ダーウィンは、テルナテ論文を受け取る前年の1857年に、グレイに対して進化論に関する手紙を書いていた。この手紙はダーウィンがウォーレスのアイディアを盗んだのではないことを証明するために挿入された。第3部は、ウォーレスが1858年2月にダーウィンに送ったテルナテ論文である。

　ダーウィンは執筆中の自然淘汰に関する大著（未完に終わる）を中断して、急遽《きゅうきょ》短い『種の起源』を書いて1859年に刊行した。彼はこのドタバタ劇がウォーレスを出し抜いたのではないかと気にしていたという。もしダーウィンがテルナテ論文を知らなかったなら、進化論の優先権はウォーレスにあったかもしれない。共著論文の第一著者もダーウィンである。しかし、進化論をダーウィンと名付けたのはウォーレスである。彼はダーウィンの没後7年目の1889年に『ダーウィニズム』という表題の本を出版して進化論の解説をしている。

　ただし、2人の進化論には微妙な違いがあった。ウォーレスは、何事も適応で説明する適応万能主義者で、自然淘汰の結果、生物は適応進化すると考えた。一方、ダーウィンは必ずしも適応的でない形質、たとえば、人間の尾骨や盲腸の虫垂のような痕跡器官のような形質も、自然淘汰で付随的に進化すると考えた。しかし、ウォーレスは、ダーウィニズムの名のもとに自説を推し広めた。

2人の学術探検家

ウォーレスは、職工学校を卒業して兄の測量店で働く見習い測量技師だった。兄の死後、測量店も潰れ、ウォーレスは中学の教師に転じた。1848年の25歳のときに、地元イングランド中部の町レスターの図書館で知り合った昆虫採集の同好の士、23歳のビール工場事務員のヘンリー・ウォルター・ベイツ（図2―7）と計らいアマゾンへ学術探検に出かけた。彼らは採集した動植物の標本を大英博物館や金持ちの愛好家に売る標本業者になり、随時、標本をイギリスに送ることで生計を立てた。4年後に、ウォーレスはマラリアにかかり帰国した。その途上、ウォーレスの乗ったヘレナ号は貨物から出火して沈没し、ウォーレスは救命ボートで洋上を10日間漂流して他の帆船に救助された。そのとき、彼がアマゾンから携行したすべての採集品は失われたが、採集品には保険がかけられてあったので、その保険金で18ヵ月間の闘病生活を送っている。

ウォーレスは、2年後の1854年にマラリアから回復して、今度は1人でマレー群島に向かい、1862年まで滞在している。彼はインドネシアのバリ島とロンボク島を分けるロンボク海峡の東と西で生物相が異なることを知り、東をオーストラリア区、西を東洋区とした。この生物区を分ける線は後にウォーレス線と名付けられた。

一方のベイツは、捕食者である鳥にとって味の良いチョウが味の悪いチョウに擬態する、ベイツ型擬態の発見者として名を残している。彼はアマゾンに11年間滞在し、ダーウィンが『種の起源』を出版した1859年に帰国している。ベイツは帰国後に読んだ『種の起源』に触発されて、彼がアマゾンで採集したチョウの標本を子細に調べた。その結果、ダーウィンの進化論を検証する2つの事実に気づいた。

擬態する種を擬態種、擬態される種をモデルというが、ベイツ型擬態のモデルになったのは現在は〝タテハチョウ科ヘリコニウス亜科〟とされているヘリコニウス科のチョウで、味のまずい毒チョウだった。このチョウはベイツの行く先々のアマゾン川に沿って分布していた。しかも、地域によって連続的に少しずつ異なる翅の模様を持つ変種として存在していた。したがって、遠く離れた2つの地域の全く異なる別種のように見えた種も、変種を通して同じ種が次第に変化したことがうかがえた。

さらに、ヘリコニウス科の同種とみなして整理したチョウの中に、どの地域においてもモデルとは類縁関係の全くない、

図2—7　ヘンリー・ウォルター・ベイツ
(1825～92)

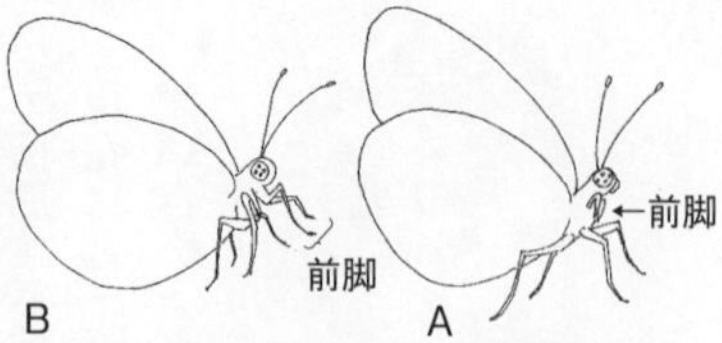

図2―8　(A)モデルのヘリコニウス科は3対6本の脚のうち前脚は短いが、(B)擬態種シロチョウ科は3対6本が同じ長さ

味のまずくない無毒のシロチョウ科のチョウが混ざっていることに気づいた。ヘリコニウス科のチョウは3対6本の脚のうち、前脚の2本が短いが、シロチョウ科は3対6本すべてが同じような長さである（図2―8）。シロチョウ科のチョウは擬態種だった。擬態種もモデルと並行して地域によって連続的に少しずつ異なる模様の翅を持つ変種として存在していた。一説には、ベイツは擬態種の存在をアマゾン滞在中の11年間全く気づかずに、帰国後のロンドンで初めて気づいたという。いや、帰国の直前には気づいていた、という説もある。

創造論に従えば、擬態は自然淘汰の結果ではなく、神が創造した2つの種がたまたま似たにすぎないとなる。ダーウィンの進化論の要の1つは自然淘汰である。ダーウィンは自然淘汰で種が進化することを実証的に示すことができなかった。しかしベイツは、シロチョウ科のチョウのうち、味のまずいヘリコニウス科のチョウに少しでも似た個体が鳥の捕食を免れることで自然淘汰が働き、異なるどの地域でもモデルとなるヘリコニウス科のチョウに似たと考えた。これを自然淘汰により種が進化した証拠であると主張した。ベイツは『種の起源』が出版された2年後の1861年に、ロンドンのリンネ協会で、種は自然淘汰で進化するというアマゾンでの成果を「アマゾン流域の昆虫相への寄与、鱗翅目《りんしもく》：ヘリコニウス科」として発表し、翌1

862年に同名の論文として出版した。この成果をダーウィンは絶賛している。帰国後のウォーレスとベイツは旺盛な講演活動や執筆活動で理論科学者としての名声を確立した。しかし、希望した博物館などの正規の研究職のポジションは一生得られなかった。彼らの名声が、権威付けられたコースを歩む人々の嫉妬を呼んだといわれている。洋の東西や時代を問わず、同じような現象は繰り返されているようだ。

埋もれていたゲームチェンジャー

ダーウィンとウォーレスの自然淘汰学説に影響を与えたマルサスの『人口論』は、人口は等比級数的に増加するが食糧は等差級数的にしか増加しない。しかし、人口と食糧は伸び率が異なっても結果的にバランスが取れるに違いない、というものだった。同種の生物はその居場所を巡って争い、よりよい形質を持つ個体が自然淘汰の結果、より多くの子孫を残し、種は進化する。

図2―9　ピエール＝フランソワ・フェルフルスト（1804〜49）

このことを、簡単な数理モデルで示したのが、ベルギー陸軍大学の数学教師ピエール＝フランソワ・フェルフルスト（図2―9）だった。彼は人口増加のモデルを研究していて、ダーウィンが『人口論』を読んだのと同じ1838年にモデルを発案した。彼のモデルはマルサスの主張する人口の増加

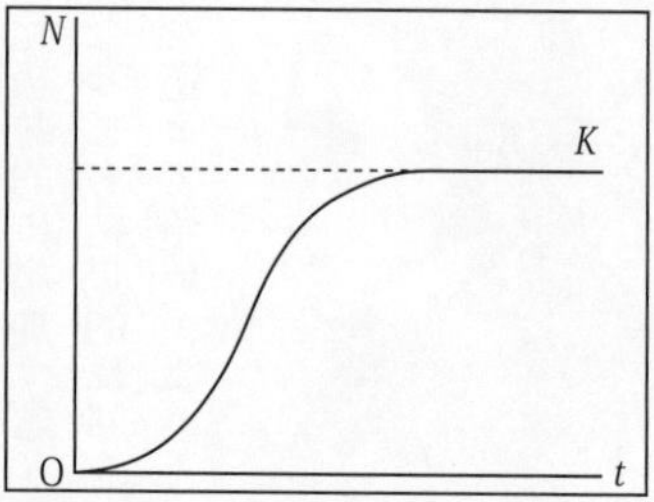

図2—10　ロジスティック曲線　上限値 K を「環境収容力」という
(Verhulst 1838)

過程をもっと自然な曲線で示していた。曲線は、はじめは徐々に増加するが次第に急激な増加に転じ、その後、増加率が漸減して上限に達し、飽和状態になる（図2—10）。

この曲線はロジスティック曲線と呼ばれるが、ロジスティック方程式とも呼ばれており、具体的には $dN/dt = rN(1-N/K)$ という微分方程式で表される。N は個体数、t は時間、dN/dt が時間 t における個体数の増加率を意味する。r は自然増加率、K は環境収容力と呼ばれている定数である。個体数が増えて環境収容力に近づくほど、個体数の増加率は減少して頭打ちになるというモデルである。

ロジスティック方程式は発案者のフェルフルストが名付けたが、なぜロジスティック方程式という名になったのかは不明である。彼が陸軍大学の教師だったので、軍にちなんだ兵站《へいたん》のロジスティックと名付けた、という説がある。しかし、彼の母国語のフランス語では、ロジ（logis）は住居や住まいを意味するので、居場所と関連があるのでは、という説もある。

ロジスティック方程式は、現代生態学で最も頻繁に使われ、r と K は最も有名な定数である。しかし、この式が、現代生態学のゲームチェンジャーになることを、フェルフルストも、そしてダーウィンも知らず、フェルフルストは1849年に44歳で没した。ロジスティック方程式が再発見されたのは、式が提案された83年後、フェルフルスト没後72年、ダーウィン没後39年の1921年だった。

再発見したのはアメリカのジョンズ・ホプキンス大学公衆衛生学大学院のレイモンド・パール（図2―11）である。彼はダートマス大学で生物学を学び、ミシガン大学の大学院でミミズの研究で学位を取得し、後にジョンズ・ホプキンス大学に実験統計学の講座を開き、人口学を手掛けた。

そんなパールがジョンズ・ホプキンス大学の同僚で後に学長となったローウェル・リードと人間の寿命と出生率に関する研究を始めて、その解析のために1920年に独自に考えたのが、ロジスティック方程式だった。41歳のときだった。しかし、翌1921年に、ロジスティック方程式は83年前にすでにフェルフルストによって発案されていたことを知った。

図2―11　レイモンド・パール（1879～1940）

密度依存要因

1927年にパールが発表した論文に、このロジスティック方程式が実際の生き物に適合するのかを調べた結果が掲載されている。パールはキイロショウジョウバエを用いて実験した。実験器具として牛乳瓶を用い、内部にバナナを磨《す》り潰《つぶ》して寒天で固めたものを入

図２—12　内田俊郎
（1913〜2005）

れ、バナナを発酵させるために少量のイーストを振り掛けて、キイロショウジョウバエを入れた。それをそのまま放置すると、いったんは増えたハエは餌を食い尽くして絶滅した。しかし、常に餌量を一定に保てば、美しいロジスティック曲線を描いて個体数は一定に保たれた。

この個体数が一定になる環境状態を環境収容力（*K*値）というが、マルサスの人口論やダーウィンの自然淘汰、生存競争理論に従えば、その環境に適応した個体とその子孫が勝ち残り、適応できない個体が死に絶えることになる。しかし、キイロショウジョウバエの場合、個体数が一定になる最大の要因は、１メス当たりの産卵数が減ることだった。この、高密度になると産卵数が減る、という現象は、その後、ゴミムシダマシ科の小さな甲虫のコクヌストモドキ、ミジンコ、そして、京都大学農学部の内田《うちだ》俊郎《しゅんろう》（図２—12）によるアズキゾウムシ（図２—13）の研究（１９４１）などで相次いで確認された。この過密を避けるメカニズムを密度依存要因という。

内田俊郎は、密度効果と呼び、１９４８年に35歳で京都大学農学部昆虫学研究室の教授になり、退職までの約30年間、研究室全員の研究を密度依存要因の関与する様々な研究に傾けた。その数々の業績の結果、退職後の１９９２年には、イギリス生態学会とアメリカ生態学会の名誉会員に推挙されている。彼と彼の学生たちが行った研究は、ほとんど

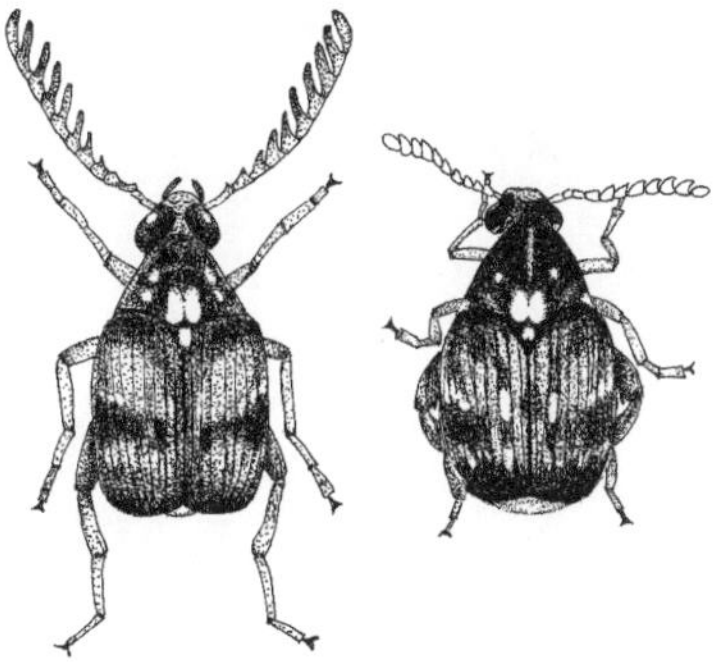

図2―13　アズキゾウムシ（左がオス）

が屋内の実験容器の中での飼育実験だった。

しかし、彼の最晩年期の学生の大串隆之《おおぐしたかゆき》（1985）は、大学院生時代に、テントウムシの一種で滋賀県朽木村《くつきむら》（現在、高島《たかしま》市）の山奥にひっそりと生息し、アザミ類の葉を食べて育つヤマトアザミテントウを5年間調べ、高密度になると産卵数が減少し、低密度になると産卵数が増えて、密度を一定に調節していることを明らかにした。産卵数の減少は、メスが卵巣内にいったんできた卵を再吸収することで実現しており、大串は、メスは悪い条件を卵吸収でやり過ごし、良い条件のときに産卵を行うと考えている。

密度が高くなると個体当たりの産卵数が減るといっても、上記の一連の研究は個体当たりの平均値であり、実際には適応した個体は多くの子孫を残し、適応できない個体が産卵数を極端に減らしている可能性がある。しかし、その可能性を否定的に示唆する現象が、次に紹介する相変異である。

密度依存要因は、産卵数減少という現象だけでなく、相変異という興味深い現象を起こしていた。それを最初に発見したのはイギリス王立昆虫学研究所のロシア人研究員ボリス・ウヴァロフ（図2―14）で、1921年のことだった。彼はサバクトビバッタの駆除の研究をしていた。サバ

図2―14　ボリス・ウヴァロフ（1889〜1970）

クトビバッタは西アフリカのモーリタニアから中東、インドにかけての大英帝国の植民地で群れをなして大移動し、行く先々で農作物を食い尽くすので、バッタ対策は植民地経営上の大問題だった。

　サバクトビバッタの体色は黒とオレンジ色のまだらで翅が長かった。ウヴァロフが研究を始めてすぐに、サバクトビバッタは、普段は数が少なくて見つけるのも大変な、緑色の短い翅の定住的なバッタであることが分かった。ウヴァロフは、翅の長い前者を群生相、翅の短い後者を孤独相と呼び、単に生息密度の違いで相が転換することを示した（図2―15）。低密度のときの緑色の体色は、周囲の環境に溶け込む隠蔽色の効果があり適応的だが、高密度のときの黒とオレンジのまだらの体色の適応的意味に対する定説はまだない。

　この密度の違いで一斉に相変異が現れることを、1932年に南アフリカ共和国プレトリア大学のヤコブス・フォーレが実験的に初めて確認した。京都大学農学部の巌俊一《いわおしゅんいち》は、相変異についてまとめた一覧表（1972）を作っている。それによると、バッタが孤独相から群生相になるためには、一挙に変わるのではなく、2〜3世代の移行期がある。

　日本のトノサマバッタもサバクトビバッタと同じトビバッタ類で、密度の変化でサバクトビバッタと全く同じ相変異を起こす。1986年秋、種子島《たねがしま》北西にある無人島の馬毛島《まげしま》で、数年前の山火事後に島中に繁茂したススキを餌にして、数千万匹と推定されるトノサマバッタが発生した。その姿は黒とオレンジ色の典型的な群生相だった。しかし、その翌年、バッタにカビによる流行病が発生し、トノサマバッタは忽然《こつぜん》と姿を消してしまった。
パール・バックの長編小説『大地』（1931）には、中国安徽《あんき》省のある村にサバクトビバッタが来襲し、イネ科植物を食い荒らして、次の緑地に向かって去っていくことが描かれている。つまり、翅の短い孤独相のバッタが増えて高密度になり、居場所の密度が環境収容力に近くなれば、バッタは翅の長い群生相に変貌し、その窮屈な居場所を飛び出し長距離移動して新たな居場所に移動していくのである。

　このように相変異を起こす昆虫は、アブラムシ、アメンボ、カメムシ、マメゾウムシなど、様々な種で確認されている。日本でもイネの害虫トビイロウンカとセジロウンカは群生相が中国南部やヴェトナム北部で発生し、低気圧に伴う強風に乗り日本の田圃《たんぼ》に飛び込んで来ることを、1965年に京都大学農学部の岸本良一《きしもとりょういち》が明らかにしている。

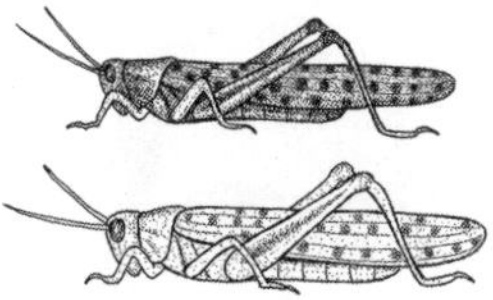

図2—15　サバクトビバッタの相変異
（上）群生相、（下）孤独相

　ウヴァロフはロシア帝国統治下のカザフスタンで生まれ、首都のサンクトペテルブルクにある州立大学で生物学を学び、黒海近くの地方都市スタグトポリにある昆虫局でバッタの移動の研究を始めた。1917年にロシア革命が起こり偶然に知りあったイギリス陸軍の医療昆虫学者との縁で、1920年にイギリス王立昆虫学研究所のバッタの研究員として招かれ家族と共にイギリスに渡った。1961年に、彼はバッタ研究の功績で、イギリス政府からナイトの称号を授与され、サー・ボリス・ウヴァロフとなった。

図2―16　ジョセフ・グリンネル（1877～1939）

グリンネルのニッチ概念

生き物の居場所を、リンネは秩序立てられた相互の連結の中で神が定めた場所、と考えた。ダーウィンは神の介在しない生き物相互の関係で決まるとした。さらにダーウィンは、マルサスに従い、自然界の経済秩序の中で占められるべき居場所には限りがあるので、居場所を巡って同じ種内や異種間で激しい闘争があり、たとえわずかでも他の個体より有利な変異を持つ個体が生き延びて同じ形質を持つ子供を残す可能性が高く、不利な変異は排除されるとした。これをダーウィンは自然淘汰と呼んだ。

この生き物の居場所を具体的に科学的に調べ、定義付けた最初の人がカリフォルニア大学バークレー校の脊椎動物博物館の初代館長ジョセフ・グリンネル（図2―16）で、1917年のことだった。彼はスループ工科大学（現在のカリフォルニア工科大学）の学生時代とスタンフォード大学大学院の修士課程時代にアラスカに出かけ鳥類の研究をしているが、スタンフォードの博士課程時代にカリフォルニアの鳥類リストを作る計画を立て、その後の38年間の人生を、このプロジェクトに費やした。

彼はカリフォルニアとメキシコ北部にのみ生息する、カリフォルニア・スラッシャー（図2—17）と呼ばれる半地上徘徊性《はいかいせい》の鳥の3つの亜種の分布（図2—18）とその生息環境を調べた。カリフォルニア・スラッシャーの和名はオオムジツグミモドキで、ハトほどの体長で、深く湾曲した嘴と長い尾、そしてよく発達した脚と貧弱な翼が特徴である。

　カリフォルニアは太平洋に面しており、最高峰4418mのシエラネバダ山脈、氷河が削ったヨセミテ渓谷、乾燥したモハーヴェ砂漠、そしてアメリカで最も暑いデスヴァレーなど変化に富んだ環境がある。カリフォルニア・スラッシャーの3つの亜種は、カリフォルニアの暑く乾燥した夏と冷たく湿った冬に適応したマツ科やツツジ科やクロウメモドキ科の常緑の低木で形成されたチャパラルと呼ばれる繁《しげ》みにのみ生息しており、長い嘴で林床の落ち葉を掻《か》き分《わ》けてアリやゴミムシなどの昆虫を探し、植物の種子を食べ、ときには木の枝に跳び乗り、木の実を食べていた。このように、何でも食べる雑食性で、利用している餌の種類や採餌法から見ると、森や草原でも十分に棲むことは可能で、灌木《かんぼく》のチャパラルに棲まねばならない特別の理由は見当たらない。

図2—17　カリフォルニア・スラッシャー

　チャパラルの特徴は、カリフォルニア・スラッシャーが地上を自由に走り回れる空間があり、そのすぐ上をチャパラルが覆っていたことである。3つの亜種は、同じようなチャパラルに棲んでいるのに分布の重なりはなく、明らかに居場所は別だった。利用している標高の違

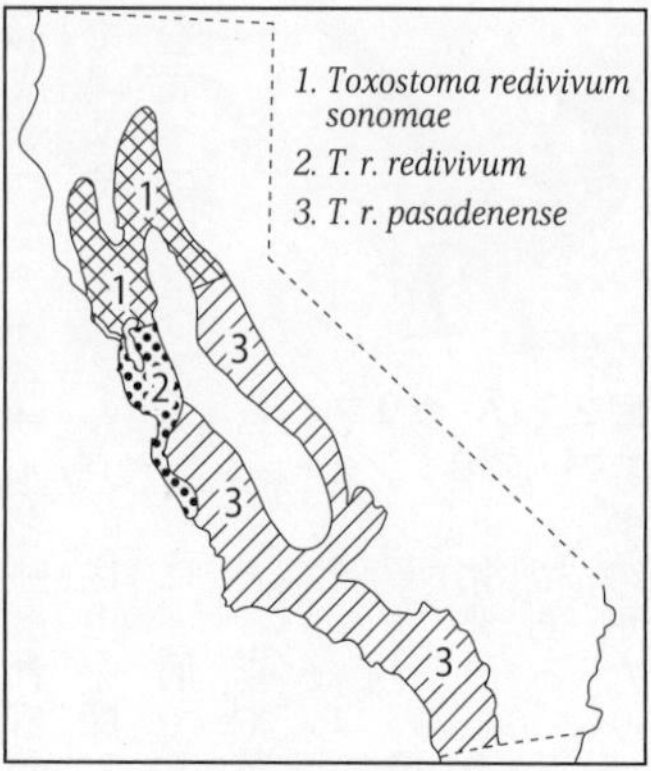

図2―18　カリフォルニア・スラッシャー3亜種の分布図（Grinnell 1917より）

いや地形の違いから、居場所を異にする要因として温度や湿度や降水量の違いが考えられたが、カリフォルニア・スラッシャーの3つの亜種間で競争している可能性があり、これがダーウィンが『種の起源』で主張した、新種の生まれる分岐の原理や、居場所の細分化を示唆しているとグリンネルは考えた。

グリンネルは、カリフォルニア・スラッシャーの3つの亜種の異なる居場所を、それぞれの「ニッチ」と表現した。それぞれのニッチは、チャパラルで構成されている社会の中で獲得された非常に狭い範囲で、2種以上が同じニッチを持つことはない。

生態学の世界では、「ニッチ」は1917年にグリンネルがカリフォルニア・スラッシャーの論文で初めて本格的に使ったことになっている。

グリンネルはニッチを「生息場所」という程度の意味で使っているが、後の研究者によってニッチの定義はより厳密になり、それと共に様々な論議を生んでいった。

エルトンのニッチ概念

1927年に27歳のチャールズ・エルトン（図2—19）が『動物の生態学』という本を出版した。それは、彼がオックスフォード大学の学生時代に初めて参加した北極調査探検プロジェクトの3度目の調査を終えた直後で、最後となる4度目の直前だった。それまで「博物学」と呼ばれていた動物と環境の相互作用の研究に、彼は科学的手法を導入して「生態学」という近代科学に変えるべく、この本を出版した。

「生態学（エコロジー）」という語彙自体は、1866年にドイツの比較解剖学者のエルンスト・ヘッケルが造語し、1895年に東京帝国大学の植物学者三好学《みよしまなぶ》が「生態学」と和訳していた。内容も、生物と生物の関係、生物と無機的環境との関係を明らかにする研究分野だった。

エルトンは『動物の生態学』の冒頭に、動物がどのように見えるかだけでなく、その動物が何をしているのかを示すために、動物群集内での状態を説明する術語を用意する必要を感じ、その使用される術語は「ニッチ」である、と書いている。

図2—19　チャールズ・エルトン（1900〜91）

たとえば、「アナグマが出没した」というとき、ちょうど「教会の牧師が歩いてきた」というときに（黒の祭服に十字架を付けた）牧師のイメージが浮かぶのと同じように、アナグマが属している動物の共同体におけるアナグマの位置について、明確なイメージを頭の中に浮かべる必要があるが、それを説明するのがニッチである、とエルトンは述べている。このように、エルトンは群集（コミュニティ）の考えを関心の焦点として取り入れ、動物群集を独自の構造を持つ独特のシステムとして特徴付けようとした。エルトンのニッチの概念がその効果的な意味を持つのは群集の文脈においてであり、グリンネルのニッチが種の単独の生息場所を示しているのとは対照的である。

エルトンは、そのニッチの例として、北極地方のホッキョクギツネと熱帯アフリカのブチハイエナとの類似性を挙げている。北極地方ではホッキョクギツネがウミガラスの卵を吸い取ると共に、シロクマが食べ残したアザラシの残骸を食べている。熱帯アフリカではブチハイエナがダチョウの卵を吸い取ると共に、ライオンが食べ残したシマウマの残骸を食べている。したがって、ホッキョクギツネとブチハイエナは生息する地方は異なるが、それぞれ同じニッチを占めている、といえる。

たとえば、アフリカのウシツツキという鳥は、ゾウ、キリン、シマウマ、サイのようなひづめのある有蹄類《ゆうているい》の動物の皮膚に巣食うマダニを食べており、イギリスではムクドリがヒツジとシカのために同じ仕事をしており、ガラパゴス諸島では陸棲《りくせい》のアカガニがオオトカゲの皮膚からマダニを摘み取っている。これらの鳥やカニは同じニッチを占めている。

このように、動物の実際の種は地方によって異なるが、すべての動物群集には、同じように役割の異なる肉食性動物がいて、役割の異なる植食性動物もいて、役割の異なる腐食性動物も

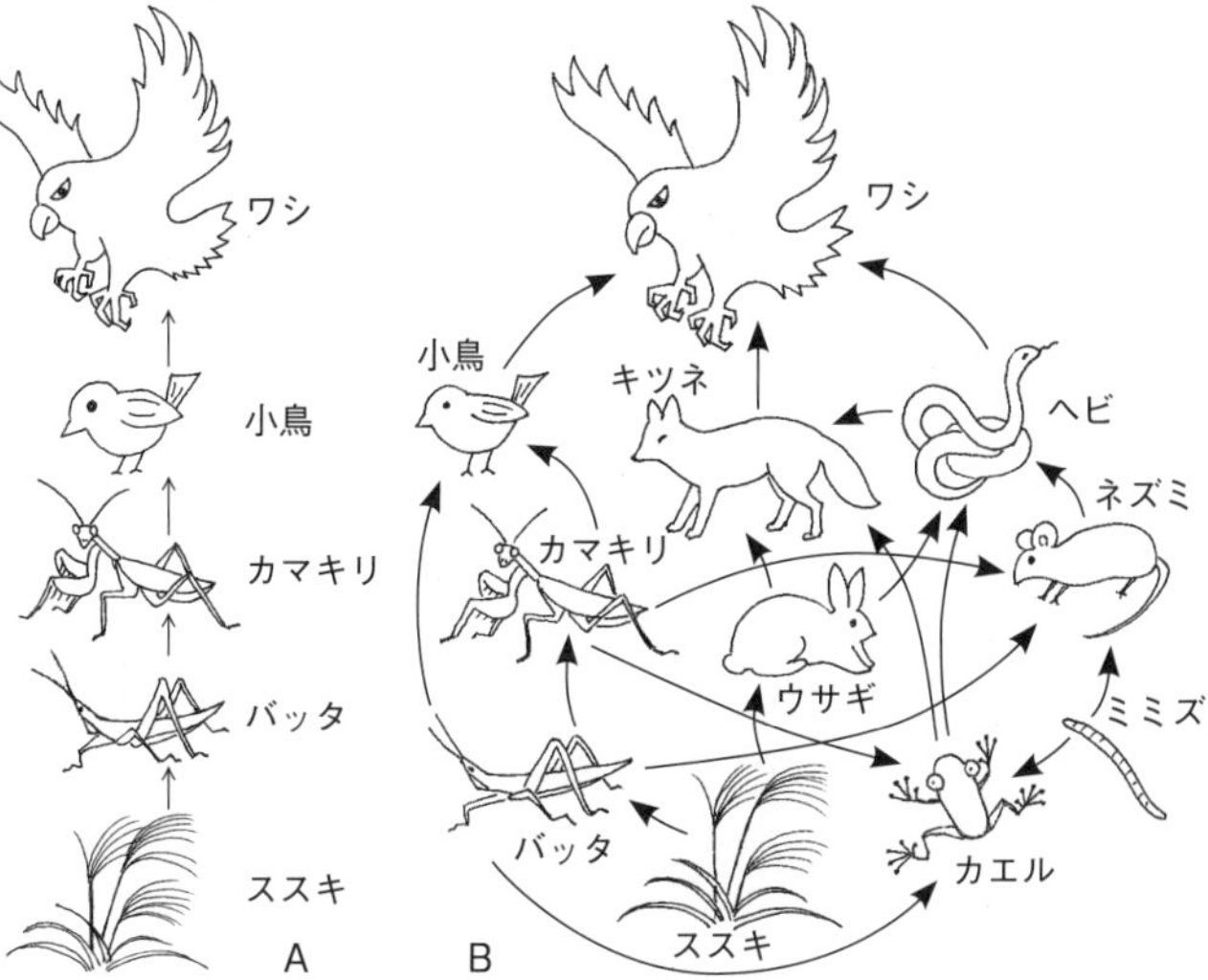

図2―20　(A)食物連鎖と(B)食物網

いる。エルトンは、このように、リンネやダーウィンが言及した生き物相互の関係や役割の例を多く示し、ニッチという語彙によって、表面的には非常に異なるように見える多くの動物相の間に基本的な類似性があることを説明できるとした。

彼は、動物相互の関係を延長して「食物連鎖」（図2―20A）として示した。たとえば、野原のススキの葉をバッタが食べ、バッタをカマキリが食べ、カマキリを小鳥が食べ、小鳥をワシが食べる。林床にいるミミズをネズミが食べ、ネズミをヘビが食べ、ヘビをワシが食べる。海中でも、植物プランクトンを動物プランクトンが食べ、動物プランクトンをイワシが食べ、イワシをイカが食べ、イカをアザラシが食べ、アザラシをシャチが食べる。このように、食う者と食われる者の関係をた

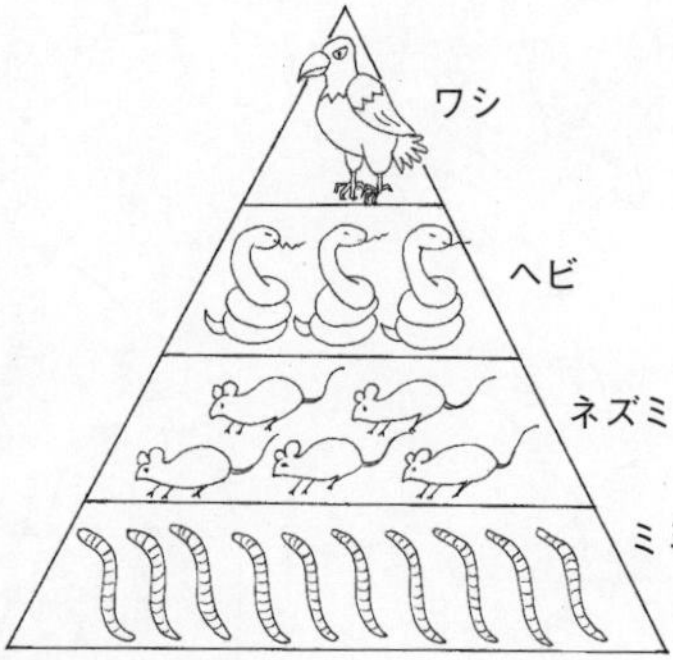

図2―21　生態ピラミッド（エルトンのピラミッド）　食物網の上位消費者ほど生物量が少なく下位消費者ほど生物量が多い

どっていけば、リンネやダーウィンが述べたように、ある一定の場所の生き物の間に鎖状の関係がある。

通常、食物連鎖では、植物を除けば、下位の者ほど体が小さく、上位の者ほど体が大きい。一方、下位の者ほど生物量は多く、上位の者ほど生物量は少ない。これを「生態ピラミッド」あるいは、指摘したエルトンにちなみ「エルトンのピラミッド」という（図2―21）。しかし、現実には餌は1種だけではなく、複数種いるのが普通である。それらを考慮して食う者と食われる者の関係を描くと、1本の鎖ではなく複雑な網目が描ける。これを「食物網」という。したがって、現在では「食物連鎖」は歴史的術語となり、「食物網」が現実的な術語となっている（図2―20B）。

2人の数学者

グリンネルは、2種以上の生き物が同じニッチを持つことはない、と述べている。エルトンも、ニッチは種固有のものと考えた。ならば、同じ群集内で同じニッチを持つ複数の種類の生き物は本当にいないのだろうか。偶然にいる可能性はないのだろうか。マルサスは1798年に『人口論』で、「正しい理論は必ず実験によって確かめられる、というのは学問における公認の真理である」と書いている。

1931年に、ローマ大学の数学者ヴィト・ヴォルテラ（図2―22）が、ジョンズ・ホプキンス大学の人口学者パールが再発見した種の個体数の成長モデルを示すロジスティック方程式を用いて、2種が同じニッチを持てるか持てないかを数理的に確かめた。彼は種1と種2のそれぞれのロジスティック方程式に競争の強さを示す競争係数を加え、2つのロジスティック方程式の連立方程式を立てた。といっても、この連立方程式は直接には解けず、アイソクライン法という手法を用いて数値を入れ、グラフを描いて検討している。

大雑把《おおざっぱ》にいえば、2つの種の環境収容力（K_1、K_2）の大小を変え、競争係数（a_1、a_2）の強弱を変えた場合、4つの組み合わせができる。そのそれぞれの場合に数値を入れてグラフを書き検討した。その結果は、3つのケースは全く共存できずに一方を排除した。しかし、残りの1つのケースで局所的に共存した。本書では数式について具体的に言及しないが、これらのことは、多くの場合に共存は不可能なことを示唆している。翌1932年に、ニューヨーク市のメトロポリタン生命保険会社の統計学者アルフレッド・ロトカが、全く独自に同じ式を発案した。そこで、この式の名は、ロトカ-ヴォルテラ競争方

図2―22　ヴィト・ヴォルテラ（1860～1940）

程式と呼ばれている。

これに先立って、2人はこれも全く偶然に、生態学の発展に深く寄与したロトカ-ヴォルテラ方程式という、競争方程式と非常に紛らわしい名前の方程式を発案している。この式は、ロトカが1925年に、ヴォルテラが1926年に独自に発表したもので、捕食者と被捕食者の2つの種が、相互作用によって個体数が時間と共にどのように変化するかを2つの微分方程式で示した。このロトカ-ヴォルテラ方程式は、ロトカ-ヴォルテラ競争方程式よりも著名である。

ヴォルテラは微分積分など解析学の世界で著名な数学者で、ローマ大学数理物理学の教授だったが、娘婿の魚類学者の魚の個体数変化のデータを見て、生物数学に興味を持った。

ロトカは、オーストリア-ハンガリー帝国のルヴフ（現在はウクライナ領）でポーランド系アメリカ人の両親のもとで生まれ、イギリスのバーミンガム大学を卒業し、1902年に渡米して、短期の仕事をしながら物理生物学の多様な論文を書いている。彼は1909年にコーネル大学で修士学位を取得し、さらに1912年にバーミンガム大学で博士学位を取得したのち、アメリカのゼネラル・ケミカル会社のアシスタント化学者となった。そのような時代に書いた論文が、1920年にジョンズ・ホプキンス大学のパールの目に止まり、パールからジョンズ・ホプキンス大学の研究員として招待され1922年から1924年まで在籍している。その間の成果が1925年に発表したロトカ-ヴォルテラ方程式である。

ガウゼの競争排除則

グリンネルやエルトンは、2種以上の生き物が同じニッチを持つことはない、と指摘した。そのことをロトカとヴォルテラが、ロジスティック方程式を基にした競争方程式で数理的に検証した。2種の生物が同じニッチを利用した場合、一方の種が絶滅し、勝ち残った種の個体数は、ロジスティック方程式の示す環境収容力で平衡状態になる。

これらのことを、実際の生き物を用いて実験的に検証したのがモスクワ大学動物学研究所のゲオルギー・ガウゼ（図2―23）である。1927年、ガウゼのモスクワ大学入学時の指導教授は動物学のウラジミール・アルパトフだった。しかし、ガウゼの在学中に、アルパトフはジョンズ・ホプキンス大学の人口学者パールの下に留学してしまった。そこで、ガウゼもパールに連絡を取り、パールの下に留学するためロックフェラー財団に奨学金の申請をしたが、拒否されている。アルパトフ帰国後の1931年に、ガウゼは21歳でモスクワ大学を卒業し、アルパトフのいる動物学研究所に就職した。

図2―23　ゲオルギー・ガウゼ（1910〜86）

ガウゼは就職直後から、アルパトフがパールの下から持ち帰った新知識を駆使して、2種以上の生き物が同じニッチを持つことができないことを検証しようとした。

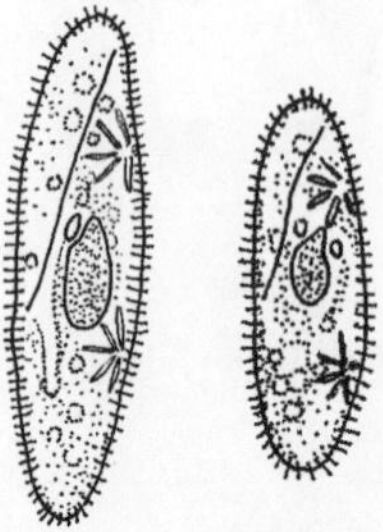

図2—24　（左）ゾウリムシと（右）ヒメゾウリムシ
ヒメゾウリムシの体積はゾウリムシの39％

実験器具として試験管を用い、最初は2種の酵母菌を培養して日数の経過と共に変化する酵母菌の体細胞数を数えた。しかし、後に対象を、数を数えやすい原生動物のゾウリムシに変えた。実験で最も重要なことは、餌の入った培養液の量を毎日一定に保つことだった。酵母菌の場合は砂糖液、ゾウリムシの場合はバクテリア（細菌）だけを入れた生理食塩水だった。

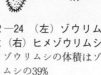

後に「ガウゼの競争排除則」と呼ばれるようになった論文を発表したのは1934年、ガウゼ24歳のときである。実験は大型（0・17〜0・29㎜）のゾウリムシ（図2—24左）と小型のヒメゾウリムシを用いた（図2—24右）。両種の体積は回転楕円球《だえんきゅう》の相同形と仮定して計算し、ゾウリムシの体積を1として、ヒメゾウリムシの体積の比をその0・39と推定している。それぞれの種は単独で飼育したときは、美しいロジスティック曲線を描いて環境収容力に達し、平衡状態になった（図2—25、I）。ただし、個体数は小型のヒメゾウリムシのほうが2・56倍多い。それぞれの2種の個体数に体積の比を掛けてバイオマスの量で表すと、同じようなロジスティック曲線を示す。

この2種を同時に混ぜて飼育し、そのバイオマスの量の変化を示すと、小型のヒメゾウリムシは単独で飼育したときよりやや低い量でロジスティック曲線を描いて平衡状態になった。一方の、大型のゾウリムシは最初のうちは増殖したが、やがて減少に転じ、結局絶滅した（図2―25、Ⅱ）。このように、ガウゼはロトカ－ヴォルテラ競争方程式の示したように、2種の生き物が同じニッチを利用した場合、一方の種は絶滅し、他方の種だけが勝ち残ることを検証した。これを、「ガウゼの競争排除則」という。

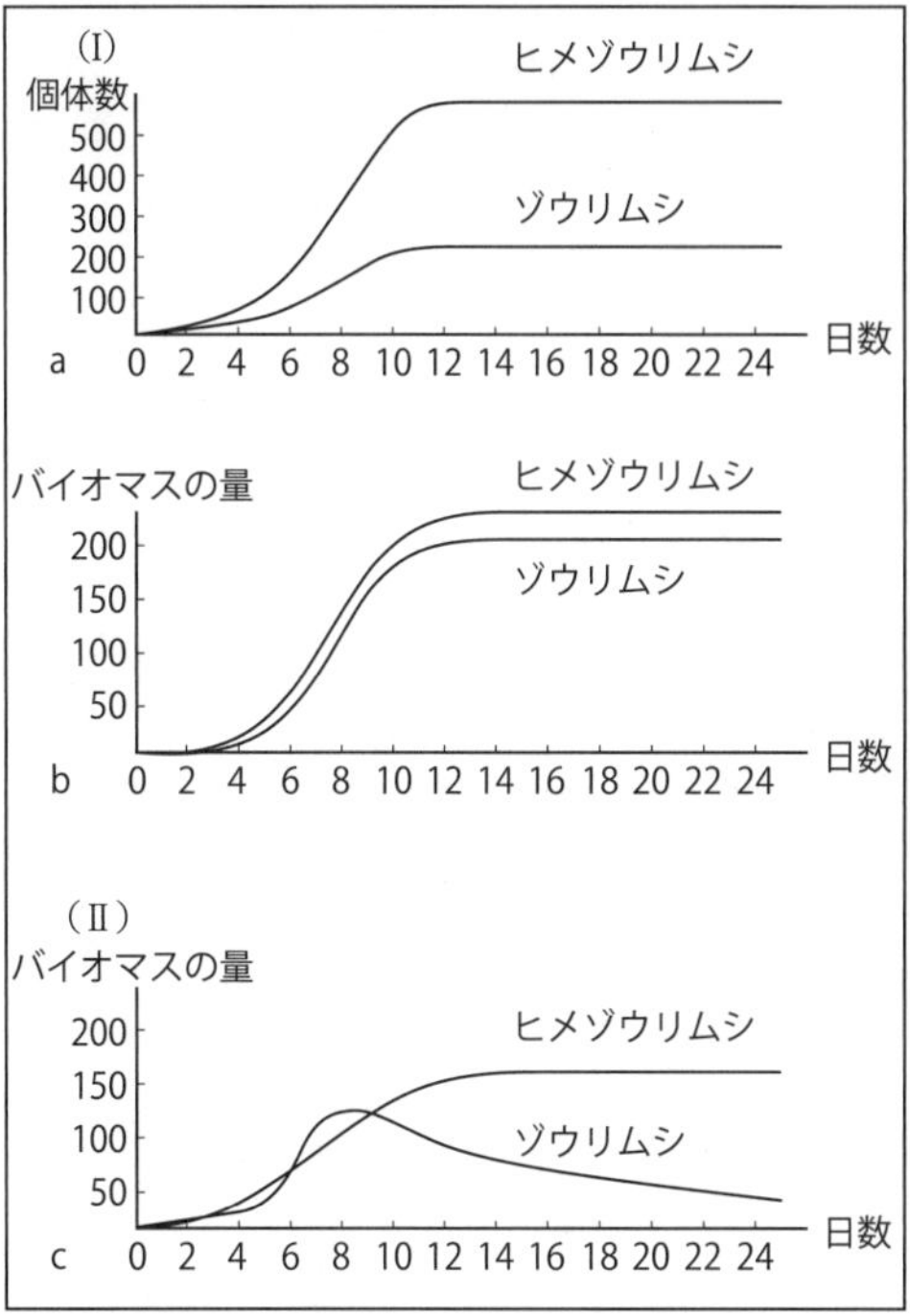

図2―25　ゾウリムシとヒメゾウリムシの増殖曲線
Ⅰ(a)(b)は、両種の単独飼育の場合で、それぞれが環境収容力に達した。Ⅱ(c)は、両種を同時に飼育した場合で、ゾウリムシは絶滅し、ヒメゾウリムシは環境収容力に達した（Gause 1934より）

ガウゼはこの結果を得るまで、かなりの試行錯誤を繰り返している。問題は、ゾウリムシのニッチの対象となった培養液だった。たとえば、ビール酵母菌と5％の砂糖水で作った培養液でゾウリムシと体積がその半分のミドリゾウリムシ（ヒメゾウリムシではない）を混ぜて飼育した実験では、両種は共存した。ゾウリムシは試験管の上層の培地に自然に混濁して浮揚する大腸菌などの細菌も食べ、ミドリゾウリムシは底部に分布した酵母菌を食べた。同じ試験管内に異なる2つのニッチができて、両種は異なるニッチを利用して試験管内で共存したのだ。そこで、ガウゼは、ニッチとなる対象を酵母菌を用いずに病原性細菌の緑膿菌《りょくのうきん》だけにして、競争排除則を導き出した。

ガウゼの競争排除則はその後、何人かの研究者により幾つかの生き物の組み合わせで実験的に検証された。中でも欧米の研究者によってよく引用される論文が、京都大学農学部の内田俊郎が1953年にアメリカの生態学誌『エコロジー』に発表した論文である。彼は、シャーレの中で、アズキゾウムシとヨツモンマメゾウムシという2種のマメゾウムシを用いてアズキを餌にして一緒に飼育した。両種の体長はあまり変わらず2～3㎜だが、アズキゾウムシは1個体が約50個の卵を産み、ヨツモンマメゾウムシは約90個の卵を産む。

飼育実験の結果は、ガウゼがゾウリムシとヒメゾウリムシで示したのと全く同様に、両種の個体数が少ないときには繁殖力の弱いアズキゾウムシも増加したが、すぐに減少に転じて絶滅した。一方の、繁殖力の旺盛なヨツモンマメゾウムシは美しいロジスティック曲線を描いて環境収容力に達し、平衡状態を保った。2種のマメゾウムシは同じニッチに共存できなかった。

ハッチンソンの超多角体ニッチ

グリンネルとエルトンのニッチは、生き物はどのような環境に棲んでいるのか、という環境の属性から説明されている。しかし、1957年に、イェール大学のジョージ・ハッチンソン（図2―26）が、生き物はどのような環境に棲めるのか、という生き物の属性からニッチを説明した。彼は、生き物は競争にさらされており、その結果が現在棲んでいるニッチと考えた。それを「実現ニッチ」と名付けた。そして、もし競争がないならば、どこまで環境を利用できるのかという制限のない状態のニッチを考えた。それを「基本ニッチ」と名付けた。

「基本ニッチ」を構成する要素は、食物、周囲の植物、競争者、捕食者などの生物的要素、温度、湿度、輻射熱《ふくしゃねつ》、風力などの物理的要素、岩場や砂地などの地学的要素、水や土壌の含有成分や酸性度などの化学的要素など様々な要素がある。それらの要素のうち、生き物が利用できる要素で多次元的に構成したのが仮想的な***n***次元の超多角体の「基本ニッチ」である（図2―27A）。しかし、ニッチが近いもの同士を比較した場合、実際に争う要素を絞り込むのは容易で、生き物は何を争って「実現ニッチ」（図2―27B）を

図2―26　ジョージ・ハッチンソン（1903～91）

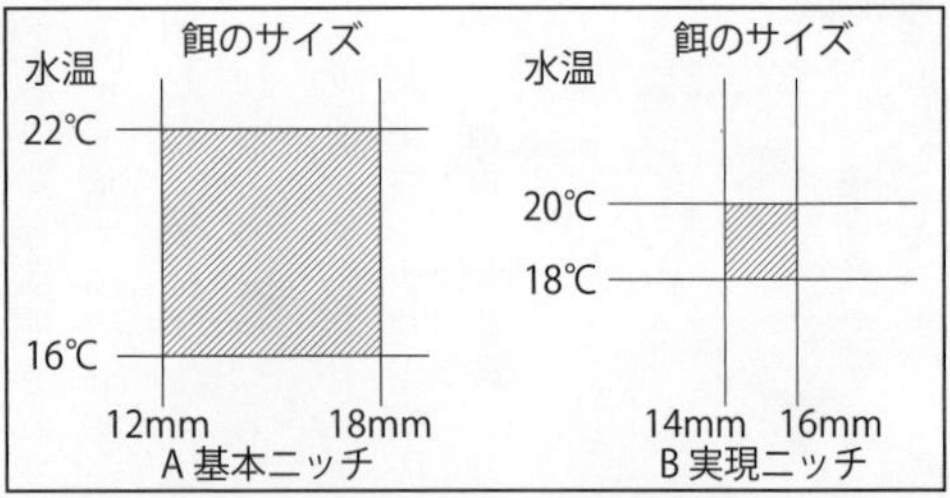

図2—27　餌の大きさと水温の2次元で示したハッチンソンのニッチ　(A)基本ニッチ：ある種が最大限資源を使って得たニッチ、(B)実現ニッチ：同じ資源を巡る種間競争によって落ち着いたニッチ

獲得しているのかが分かると考えた。

ハッチンソンの専門は陸水学である。陸水学とは湖や沼や川など、陸地にある水辺の生物とその環境を調べる科学である。彼は最初に湖に含まれるリンの濃度を測り、化学と生物の関係を調べた。このことが、超多角体ニッチの発想の基になったのではないかと思われる。

超多角体ニッチ発表の2年後の1959年、ハッチンソンはイタリアのシチリア島を訪れ、偶然に、聖ロザリア聖堂という教会のそばの石灰岩の洞窟に作られた小さな池を見つけた。その池では16世紀に、十字架と12個のビーズのついた鍾乳石《しょうにゅうせき》に覆われた骸骨が見つかっていた。その骸骨は、その地域で12世紀に活躍した聖ロザリアといい伝えられている。その池の中に、体長1cmにも満たない藻類を食べる沢山のミズムシがいた（図2—28）。しかし、よく観察してみると、やや小型なものとその1・46倍程度のやや大型の2種のミズムシしかいなかった。小型の種はオスとメスがほぼ同数いて繁殖期が始まったばかりだった。しかし、大型の種はメスしかいなくて繁殖期は終わっていた。彼はその後、文献を調べて、この2種のミズムシは、地中海の島の特別な種ではなく、ヨーロッパ各地に普通に分布していて、どこでも大型の種のほうの繁殖期が早いことを知った。

なぜその小さな池にはミズムシはその2種しかいないのか。20種でも200種でもないことにハッチンソンは疑問を抱いた。彼が出した結論は、2種の体のサイズが違うことと、2種の繁殖期が違うことが、この2種の共存を許しているのであって、2種のミズムシは異なる実現ニッチを持っているということだった。その他の種は、この2種のいずれかとニッチが重なっていて、共存できないのだろう。

この石灰岩の貧弱で単純な環境の小さな池での観察で、ハッチンソンは日頃抱いていた、この世に何でこれほどまでに多種多様な生物が存在しているかのヒントを得た。もっと広く複雑なモザイク状の環境では、長い鎖の食物網が幾つも形成されるだろう。そして、同じようなニッチを占める生物間に、餌の大きさを異にする体のサイズの違いと、多くの餌を必要とする繁殖期の違いがあるならば、もっと多くの種の共存が可能となる。このことを、生態学誌『アメリカン・ナチュラリスト』に「聖ロザリアへのオマージュないし動物の種類はなぜこれほど多いのか」と題した論文として記した。オマージュとは敬意を込めて、という意味で、ヒントを与えてくれた聖ロザリアへの感謝を込めている。

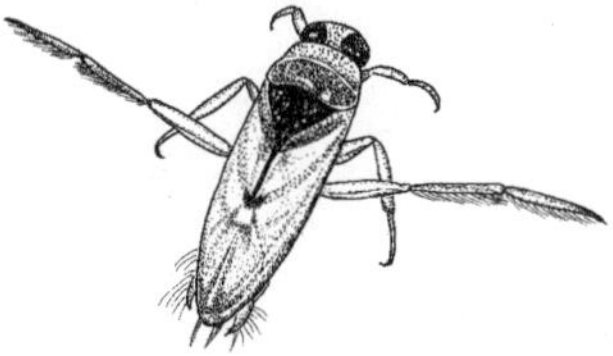

図2—28　ミズムシ　体長は1cmに満たない水生昆虫で藻類を食べる

ハッチンソンがこの結論を出すために、ニッチの近い鳥の体長や、ニッチの近い動物の頭骨の長さを測って共存の有無を調べると、共存している近縁種のサイズは異なり、そのサイズの比の平均は1・3（正確には1・28）だった。どういうことかというと、同じ池の中で水生昆虫を食べているニッチの近い2種の魚がいるとする。もし魚の口のサイズが等しいなら、同じサイズの水生昆虫を巡って競争が起きる。しかし、口のサイズが異なり、相互に大きさの異なるサイズの水生昆虫を餌として利用しているなら、競争は緩和され共存も可能となる。このサイズの比が1・3開いたなら、共存が可能なのだ。聖ロザリアのミズムシの比は1・46だった。1・3という比はまもなく「ハッチンソンの比」として知られるようになり、その後の群集生態学における多様性の原因と結果に関する活発な研究への道を開いた。

第3章　ニッチと種間競争

島の生態学

第2章で、生き物の居場所をニッチと規定し、同じニッチを巡る同種内の競争や、近縁の2種間の競争の話をした。ニッチが受け入れられる生き物の数には限度がある。その限度を環境収容力という。同じ種の生き物が増殖して、環境収容力に達すると競争が起こり、より環境に適した個体が勝ち残り、その子孫が繁栄する。環境に順応できなかった個体は死に絶え、子孫を残せない。この競争を生存競争と呼び、その結果引き起こされる現象が自然淘汰で、進化の最大の要因とダーウィンは考えた。

しかし、生き物の反応はそのような単純なものではなかった。生き物は高密度になると産卵数を減らして密度調節をする。さらに相変異といって、低密度のときには短い翅を持って定住的だった昆虫が高密度になると長い翅を持ち、窮屈なニッチから飛び出して別の居場所に移っていった。

同じニッチを異種間で利用しあうとき、両種の密度が低いときには共存は可能だが、密度が高くなると一方の種だけが勝ち残り環境収容力に達する。負けた種は絶滅する。この競争を種間競争といい、一方の種だけが勝ち残ることを、競争排除という。しかし、同じニッチを利用する両種のサイズの比が1・3違うと、共存は可能となる。共存を可能とする要因はそれだけではない。では、どのような要因が他にあるのかを、本章で考えていく。

生物群集は、普通、鳥類群集、樹木群集、潮干帯の生物群集、というように類縁関係の近い生物のグループを単位として扱われている。一口に生物群集といっても、ある群集と別の群集の境界をどう線引きするかは難しく、また、群集構成は大変に複雑で、なかなか扱いにくい研究対象だった。そこで、群集研究は、境界がはっきりとし、かつ、構成する種の数も比較的少ないと思われた、島から始まった。

陸地の中にも島的な場所は存在する。平野の中の山や市街地の中の森や畑地など、周囲の植生とは大きく異なる植生を持つ場所は、島とみなすことができる。島の生態学の成果は、自然保護、環境保全、景観生態学に大きな影響を与えた。特に、保護区の設定で、単一でも大きな保護区を設定するのがよいのか、小さな保護区を複数設定するのがよいかの論争を呼び起こした。

ダーウィン・フィンチの島

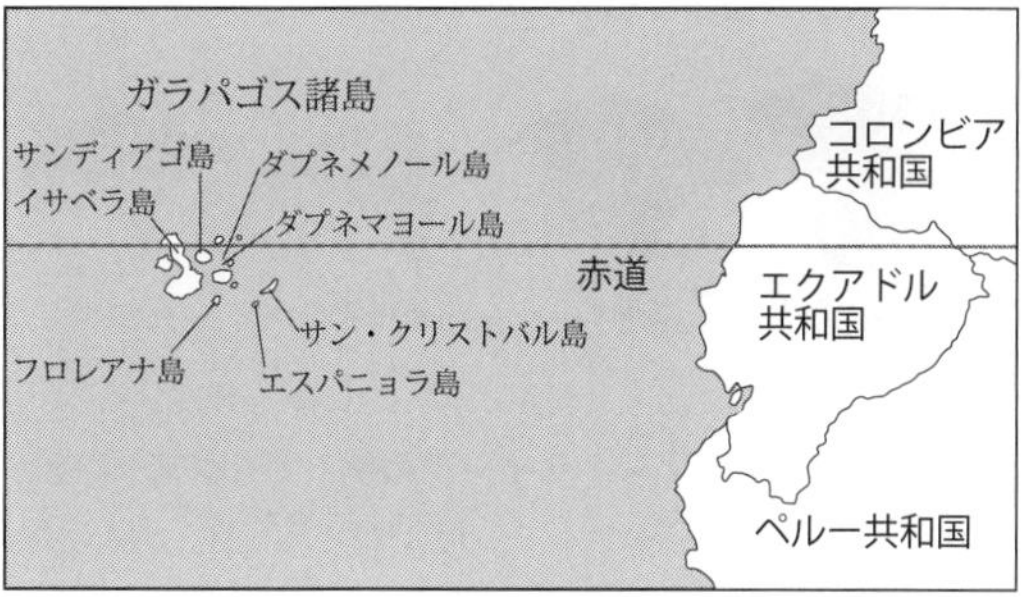

図3―1　ガラパゴス諸島　本土エクアドルから約1000km離れた赤道直下の234の島・岩礁から構成されている

ダーウィンの乗るビーグル号が、ガラパゴス諸島のサン・クリストバル島に着いたのは1835年9月のことで、ビーグル号はガラパゴス海域に36日間滞在した。この間、ダーウィンは4つの島に上陸している。ガラパゴス諸島は、地質学的には新しい火山諸島で、最も古い島でも600万年前の海底火山の噴火で出現し、最も大きなイサベラ島は70万～100万年前に形成されたものと推定されている。イサベラ島は京都府や山梨県ほどの広さで、標高1707mのウォルフ火山をはじめ、6つの火山からなる。1535年にインカ帝国へキリスト教の伝道に向かうスペイン人宣教師によって偶然に発見された。当時は無人島で、その後、海賊船の根拠地、捕鯨船の補給基地として利用され、ダーウィンが来る3年前に、島から1000km離れた南米大陸のエクアドルが領有宣言をして、囚人の流刑地として利用されはじめていた（図3―1）。21世紀の現在、人の住む島は4島で、総人口は約2万5000人である。

　ガラパゴス諸島というと、ダーウィン・フィンチの名がまず思い浮かぶ人は多いと思う。スズメほどの大きさのフウキンチョウ科の鳥の総称で、アトリ科のフィンチに似ているのでこの名になったが、フィンチとの類縁性は薄いという。南北アメリカの熱帯に生息し、ガラパゴス諸島には14種いる。しかし、分類はいまだに揺れ動いている。

ダーウィン・フィンチの餌は種により特化していて、各島に地上で植物の種子だけを食べる種、ウチワサボテンを食べる種、樹上で植物の芽・葉・木の実を食べる種、昆虫だけを食べる種が共存していた。そして、その餌を食べやすいような形の嘴がそれぞれの種に発達していた（図3―2）。

図3―2　ダーウィン・フィンチの嘴　利用する餌の種類の違いで形が異なっている（Lack 1947を参考）

これらのダーウィン・フィンチの祖先に当たる鳥が、200万～300万年前に南アメリカ大陸からガラパゴス諸島のある島に偶然に飛来し、子孫を残し、その子孫がガラパゴス諸島の島々に広がった。しかし、島は南北220kmの海域に散らばっており、異なる島に棲む鳥が日常的に交流できる距離ではなかった。したがって、各島に分かれた子孫はその島で独自に進化して、今のような多様な形態と習性を持つ種に分化したものと思われる。そして、長い年月をかけて、現在は、各島に別種として一緒に棲むようになった。これを適応放散、異所的種分化といい、種分化の主要なメカニズムと考えられている。

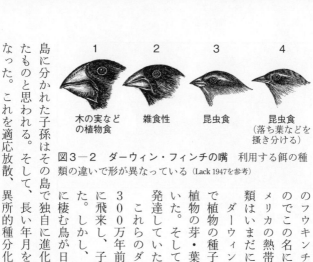

ダーウィンは、これらのことをガラパゴス諸島に滞在するうちに観察し、種は進化することを思いついたと喧伝《けんでん》されている。しかし、事実は異なり、ダーウィンはダーウィン・フィンチの存在には気づいていたが、ほとんど関心を払わず『種の起源』でもほとんど触れていない。ダーウィン・フィンチが島の固有種で、同じグループの近縁種であることを指摘したのは、鳥類画家として有名なジョン・グールドだった。しかも、ビーグル号の帰国後に船長のフィッツロイがグールドに整理を依頼した採集品のダーウィン・フィンチの標本で気づいたのである。

当のダーウィンは、ガラパゴス諸島では、ダーウィン・フィンチよりは一回り大きなマネシツグミという小鳥に関心を払っていた。前章で述べたように、マネシツグミは３種いて、ダーウィンが最初に上陸したサン・クリストバル島と３番目に上陸したイサベラ島で捕らえた標本は同じ種に見えたが、フロレアナ島とサンティアゴ島で捕らえた標本は少し異なって見えた。しかし当初ダーウィンは、３種の標本の形態は少しずつ異なるが、自然界の同じような場所にいたから変種にすぎないだろうと考えた。つまり、島は違うが同じニッチを占める同種内の変種と考えたのだ。

ダーウィンは、イギリス帰国後にマネシツグミの標本の調査を、フィッツロイと同様に、鳥類画家のグールドに依頼した。すると、３種の小鳥は極めて近縁な同じグループの別種で、ガラパゴス諸島の固有種だといわれた。それを知った後に書いた『種の起源』では、各島に適合した固有種は、毎年、島が養える以上の数の卵を産み落としているだろうから、他の島の固有種が吹き飛ばされて侵入しても、定着することははたして可能だろうか、と書いている。

つまり、各島に生息している固有種の鳥は、それぞれ同じようなニッチを持っている。しかし、各島の固有種は、旺盛な繁殖力で環境収容力に達し、生存競争で自然淘汰を受け、それぞれのニッチにより適合した固有種に進化している。したがって、他の島の固有種が侵入しても定着はできないだろう。だから、島ごとに異なる固有種が分布している、とダーウィンは考えた。

図3—3　デイヴィッド・ラック（1910〜73）

一方、ダーウィンが関心を払わなかったダーウィン・フィンチのその名は、１９３６年にイギリスの医師で鳥類学者のパーシー・ロウが、ダーウィンのガラパゴス諸島訪問１００周年を記念して命名した。ガラパゴス諸島でダーウィン・フィンチの本格的研究を行ったのはデイヴィッド・ラック（図3—3）で、１９３８年にガラパゴス諸島に渡り５ヵ月間滞在して調査をした。彼はケンブリッジ大学の学生時代にグリーンランドへ野鳥観察に行くほどの野鳥観察の愛好家で、ガラパゴス諸島に行った当時は高校の生物学教師だった。後にオックスフォード大学野外鳥類学研究所の所長になっている。
ラックが１９４０年に科学誌『ネイチャー』に発表した最初の論文は、ガラパゴス諸島のダーウィン・フィンチは異所的種分化をした、というマイヤーの説を踏襲していた。嘴の形や習性の違いについては、島には食物の競合種と捕食者が全くいないことから、非適応的な差異が生じても、自然淘汰が効かずに、特異な嘴の形や習性が存続しているのだろうとしている。これは、当時、シカゴ大学にいた集団遺伝学者シュアール・ライトの遺伝的浮動説に従っている。遺伝的浮動とは、自然淘汰とは関係ない偶然による進化で、多くの突然変異は自然淘汰のうえから良くも悪くもない中立的変異で、自然に蓄積されていく、という木村資生の中立説の基となった説である。上述した適応放散とは全く異なる説である。

しかし、1947年になると、ラックは自説を翻して、嘴の形の違いは適応形質で、自然淘汰の結果、嘴の形が変わったと改めた。彼は「生態のよく似た2種は同じ場所で生息できないというガウゼの競争排除則を知ったことで、私の見解は完全に変わった」と述べている。彼は、1940年の最初の発表後に、ガウゼの競争排除則を初めて知って、競争と自然淘汰により、利用する餌に適応した形状の嘴が進化したことを悟ったのである。

究極要因と至近要因

ラックはその後、進化生態学に先鞭《せんべん》をつける幾つかの研究をした。特に有名なのは、鳥のメスが1回に産む卵の数の研究である。鳥が1回に産卵する卵数は、雛《ひな》に対する給餌能力に対応しているという。夜明けから日没までの日長が長い地域では親鳥の採餌時間が長く、1回に産む卵の数は多くなる。しかし、理論値に比べると実際の産卵数は少ない。これは、繁殖回数は

1回だけではなく、数年にわたり何回も産卵するからで、そのために、体力の消耗を抑えて生涯産卵数を最も多くするには産卵数を理論値よりも下げる必要があるとするもので、1回の産卵数と体力消耗の間にトレード・オフの関係があると考えられている。

ラックの説でさらに触れておきたいのは、「至近要因」と「究極要因」という用語だ。1954年に出版した『動物個体数の自然調節』で、進化の研究はこの2つの要因を区別する必要があると強調し、進化生態学の重要な用語になった。彼は鳥の繁殖期を決める至近要因は、生殖器官が日の短い冬から日の長い春になった日長の変化に反応するせいだが、究極要因は春が雛を育てるための豊富な餌を採れるからだと主張した。つまり、「至近要因」とは、生物現象を引き起こす生理的なメカニズムを説明する要因で、「究極要因」は生物現象の生態的な目的を説明する要因である。

ダプネマヨール島

ダーウィン・フィンチの研究は、その後、プリンストン大学のピーター・グラントとローズマリー・グラントのグラント夫妻（図3―4）によって大きく発展した。ピーターは生態学者でローズマリーは遺伝学者だった。1973年、2人は、ガラパゴス諸島の無人島ダプネマヨール島に上陸した。島は切り立った火山の先端のクレーター部分でできていて、海抜は120m、広さは東京ドーム13個分ほどである。島の目の前にはやや小さなダプネメノール島がある双子島で、島の植生は乏しく、サボテンや灌木が生えていた。

　２人は、島で鳥の調査をしていた教え子が、鳥たちが死んでいくことを嘆いた手紙を寄こしたので、その原因を調べるために島の様子を見に来たのだった。それが契機で、２０１２年までの40年間に及ぶ調査が始まった。彼らは島に食べ物と水を持ち込み、狭い洞窟をシートで覆い灼熱《しゃくねつ》の太陽を避け、毎年６ヵ月間滞在して調査を続けた。ダーウィン・フィンチは捕まえやすく、鳥に個体識別のためのタグを付け、嘴のサイズを測り、血液サンプルを採集し、鳴き声も録音した。

　１９７７年の雨季にはあまり雨が降らず、それまでの大雨の季節から旱魃《かんばつ》の季節に変化した。すると、小さくて柔らかい植物の種子がなくなり、大きくて丈夫な種子だけが残った。その結果、種子食のダーウィン・フィンチの中で、小さな嘴の個体がバタバタと死んだ。ガラパゴス・フィンチは１２００羽が１８０羽になり、サボテン・フィンチが２８０羽から１１０羽になり、コガラパゴス・フィンチは10羽が全滅した。そのかわり、大きな嘴の個体は生き残り、１９７８年になると、嘴のサイズの平均は、10・６８㎜から11・０７㎜と０・３９㎜大きくなった。

図３―４　ピーター・グラント（1936〜）とローズマリー・グラント（1936〜）

しかし、1982年からエルニーニョが発生して安定した雨をもたらし、小さな柔らかい種子が増えた。その結果、小さな嘴の個体が有利になり、その子孫が繁栄した。その後、2003年には深刻な旱魃が発生し、再び大きな嘴の個体が有利になった。進化は何百万年もかかるというが、ダーウィン・フィンチの嘴のサイズはわずか2年で大きくなったり小さくなったりと、変化し続けた。

同じような生き物の形態の急激な変化を、京都大学理学部の堀道雄《ほりみちお》が1993年に科学誌『サイエンス』に報告している。彼は東アフリカのタンガニーカ湖に生息するカワスズメ科の鱗食《りんしょく》の魚に「利き手」があることに気づいた。鱗食とは、他の魚を背後から襲い、体の鱗《うろこ》を剝《は》ぎ取《と》って餌にすることだ。アジ類、海産ナマズ、ティラピアなどの肉食魚の幼魚期にも見られる。

鱗食の魚の口はねじれていて、口のねじれは獲物の体のなるべく広い領域に口を当てるために適応したと堀は考えた。つまり、右にねじれた口を持つ魚は右利きで、獲物を左側背後からしか襲えず、左にねじれた口を持つ魚は左利きで、獲物を右側背後からしか襲えない。襲われる側も鱗食魚の接近を警戒し、察知すれば逃げたり追い払ったりする。

そこで堀は仮説を立てた。右側からの襲撃が増えれば獲物は右側を警戒する。すると警戒が手薄になった左から襲撃する鱗食が有利になる。すると今度は、獲物は左側を警戒するようになり、警戒が手薄になった右から襲撃する鱗食魚が有利になる。この右利きの有利や左利きの有利は周期的に変化するのではないか。であれば、鱗食魚の左右性が遺伝によるものならば、鱗食魚の右利きと左利きも周期的に変化するに違いない。

1980年から1990年までの10年間、堀はシュノーケルを付けてタンガニーカ湖に潜り、定点観測地点の湖の底の岩場でサンプルを採集した。その結果、2〜3年ごとに、右利きが増えてやがて元の比率に戻り、左利きが増えてやがて元の比率に戻り、という周期変動が見られた。ダーウィン・フィンチと鱗食魚に見られる共通点は、形態の変化は急激に起こり、自然淘汰は安定平衡を許さないことだ。

交雑により種は分岐するのか

1981年、ダプネマヨール島に今までにない姿の1羽の大柄のオスのフィンチが現れた。夫婦はこのフィンチに「ビッグバード」と名付け、捕らえて血液サンプルを採って調べたところ、ダプネマヨール島から100㎞離れたエスパニョラ島に棲むサボテン・フィンチとダプネマヨール島にもいる小型のガラパゴス・フィンチの交雑種の戻し交配種であることが分かった。つまり、雑種が元のどちらかの種と交配してできた子供だった。このフィンチはダプネマヨール島に棲むガラパゴス・フィンチの2羽のメスと交尾した。その結果、生まれた子供は大柄で、独特の大きさと形の嘴を持っていた。さらに、それまで聞いたこともないような声で鳴いた。

異種間の交尾の結果、子供ができることはそれほど珍しいことではないが、多くの場合、その子供には子孫はできない。しかし、ビッグバードの子供は、独特の嘴と変わった鳴き声とを頼りに子供同士で交尾を繰り返し子孫ができた。種間で異なる鳴き声は同じ種のフィンチを引きつけ、嘴の大きさや形は同じ種の認識のために使われる。そのため、ビッグバードの子孫と他種が交尾することはなかった。

しかし、この子孫の4世代目の2002〜03年に旱魃があり、多くが死に絶え、1組の兄妹だけが生き残った。この兄妹の間に26羽の子供ができた。そのうちの17羽がさらに繁殖し、息子と母親、娘と父親、兄妹、姉弟、お互いの子孫と繁殖しあい、ひどく同型交配された血統が生まれた。普通、新たな種の形成には数百世代の生殖隔離が必要という。しかし、ビッグバードの場合は数世代の生殖隔離で新たな種が形成された。夫妻はこれを新たな種形成のモデルと考え、2017年に『サイエンス』に発表した。もちろん、ビッグバードの血統はまだ種分化しておらず、変種の集団だという異説もある。

2015年に、グラント夫妻の研究チームは、スウェーデンのウプサラ大学と共同研究を始め、ダーウィン・フィンチの嘴の形を決める遺伝子のDNAを分析し、ゲノムの解読に成功した。その結果、ある種は1つの種と考えられて来たが、遺伝的に大きく3つのグループに分けられることが分かった。他の種のゲノムは思ったより互いによく似ていた。恐らく、ダーウィン・フィンチはこれまで考えられていたよりも長期にわたって異種間交尾をしてきたのではないか。それによって、同じ種でも異なる形の嘴の遺伝子をプールできて、環境の変化に応じた形の嘴を持つ個体を残せたのではないかと考えた。グラント夫妻の結論は、種というものは、従来考えられて来たような、交雑できないことによりきっちりと線引きできるような固定したものではなく、子孫の存続のためには、交雑が重要なこともあるとしている。

図3—6　アメリカムシクイ

図3—5　ロバート・マッカーサー（1930～72）

鬼才マッカーサー

イェール大学のハッチンソンの動物学研究室の大学院博士課程に、1953年、鳥類が好きなロバート・マッカーサー（図3—5）が入学してきた。彼は遺伝学者である父の勤めるヴァーモント州のマルボロ大学で数学を学び、ブラウン大学の大学院で数学の修士号を取得し、今度は先祖帰りの動物学で博士号を取得しようとしていた。彼の研究テーマは、アメリカ東北部ニューイングランド地方のヴァーモント州とメイン州の針葉樹林に生息する5種のアメリカムシクイ（図3—6）という、ダーウィン・フィンチの近縁の小鳥のニッチの研究だった。

5種のアメリカムシクイは同じような大きさで、トウヒ属の常緑針葉樹林に生息し、同じように昆虫を食

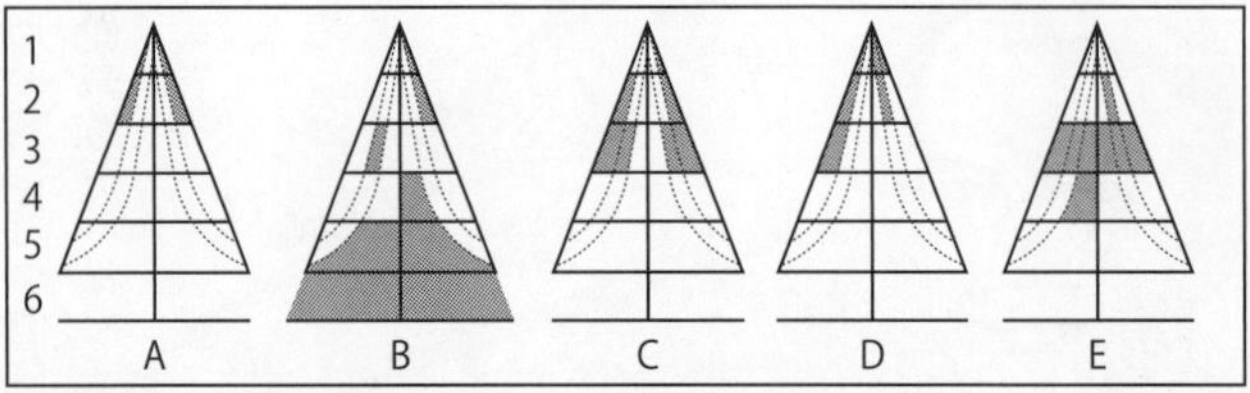

図3―7　針葉樹林に生息する5種のアメリカムシクイのニッチ　木の高さを5区画、木の奥行を3区画の計15区画に分け、さらに地上部を足した16区画に分けて鳥の行動を観察した。各図のグレー部は上位50%以内の行動を観察した区画で、左半分は鳥の滞在時間（秒）、右半分は鳥の個体数を表している。Aホオアカ、Bギンバイカ、Cノドグロミドリ、Dキマユ、Eクリイロ（MacArthur 1958より）

べていた。マッカーサーは、鳥の採餌場所を調べるために、木の高さを5区画に分け、木の奥行を、外縁の新葉部、中間の古葉部、最内部の太い枝や幹の部分の3区画に分け、計15区画の樹木部と、さらに地上部を足した16区画に分けて鳥の行動を観察した（図3―7）。

図3―7にある5つの図は5種のアメリカムシクイに対応しており、各図の左半分は16区画内で観察した滞在時間（秒）の分布を、右半分は個体数の分布を示し、グレー部は上位50%以内の分布を示している。一目で異なることが分かるだろう。Aは頂端の枝の先端を好み飛んでいる虫を捕らえ、垂直方向に移動した。Bは樹木内の多くの部位や地上部を移動し、多様な虫を捕らえた。Cは中央部の密集した枝の周りでホバリングして葉に頭を突っ込んで虫を捕らえた。Dも飛んでいる虫を捕らえた。Eは中央内部の幹に付く地衣類の周りで捕食し水平方向の動きを見せた。各種の営巣場所は分布図内にあり、最も餌を必要とする子育て期間は、5種で少しずつずれていた。

このように、アメリカムシクイのニッチは種間で鮮やかに分割されていたのだ。しかし、その一方で、同じニッチを利用する同じ種との競争は激しくなった。

マッカーサーは、ハーヴァード大学のエドワード・ウィルソン（図3―8）との共同研究で「圧縮仮説」というものを提案している。競争者の数が増えると採餌のための生息場所は圧縮され縮小される（図3―9）。しかし、餌のメニューが減ることはなく、むしろやや増加する。餌を選《え》り好《ごの》みするスペシャリストは、生息場所が広かったり餌が豊富な場所で生まれるが、生息場所が狭かったり餌が貧弱な場所では、選り好みしないジェネラリストが生まれる。マッカーサーは、競争を緩和して共存が可能な条件としてハッチンソンが提案したように、体サイズの違い、繁殖時期の違いを指摘しているが、特に環境の複雑さを重視した。環境が複雑であれば、それだけニッチの数が増えて、共存が可能となる。さらに、競争者の密度を下げる天敵の重要さも指摘している。

図3―8　エドワード・ウィルソン（1929〜2021）

このことを、実験的に検証した例がすでに幾つかあった。その初期の代表的なものは、ロンドン大学のアリスター・クロンビーで、1946年に小さな甲虫のヒラタコクヌストモドキとノコギリヒラタムシで示している。まず、餌となる小麦粉の中にこの2種の甲虫を入れたところ、ヒラタコクヌストモドキだけが勝ち

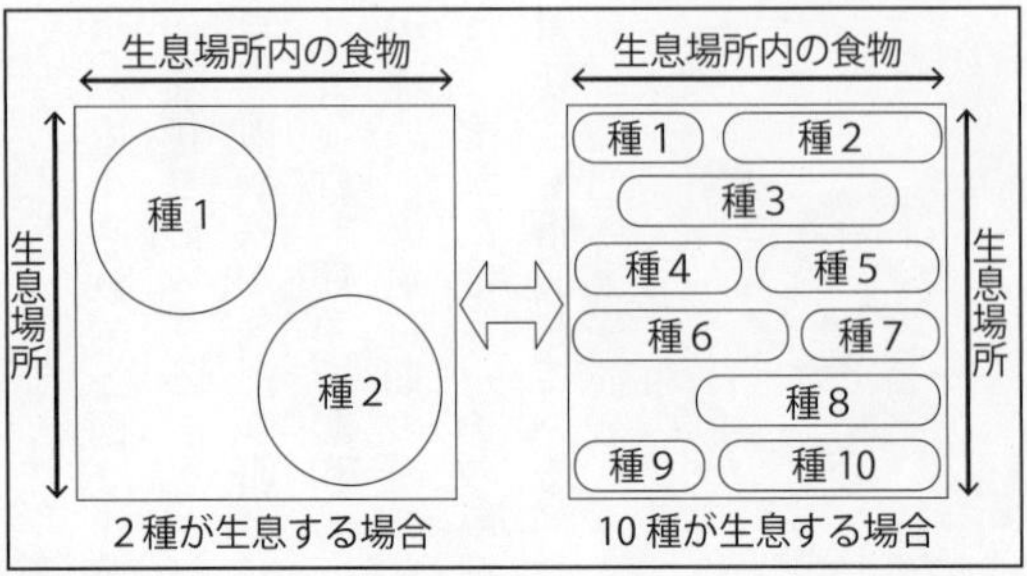

図3―9　ニッチの圧縮仮説　競争者の数が増えると採餌のための生息場所は圧縮され縮小される（MacArthur and Wilson 1967より）

残った。そこで、彼は小麦粉と砕いた小麦粒を混合した環境に入れたところ、2種は共存した。次に、小麦粉の中に折れたガラス管の小片を加えたところ、再び2種は共存した。小麦粒やガラス管がノコギリヒラタムシの隠れ場所となり、ニッチを増やして2種の共存を可能としたのだ。

　天敵の存在も、同じニッチを利用する2種の共存を可能とする。ダーウィンは、進化に果たす役割の中で、物理的環境よりも生物的環境を重視した。京都大学農学部の内田俊郎は、アズキゾウムシとヨツモンマメゾウムシを、アズキを餌にしてシャーレの中で一緒に飼うと、前者は滅びて後者だけが生き残るが、両種の共通の天敵であるゾウムシコガネコバチを入れると、両種は共存することを示した。天敵により2種の密度が競争を起こす以下に抑えられたからだ。この論文は1953年にアメリカの生態学誌『エコロジー』に発表されていた。

マッカーサーは博士学位を取得後、博士研究者としてオックスフォード大学のラックの下に1年間留学し、帰国後、ペンシルヴェニア大学、そしてプリンストン大学に移った。マッカーサーの数理的才覚が存分に発揮されたのは、プリンストン大学時代に、ハーヴァード大学のアリの研究者のウィルソンの呼びかけで、共同研究をしたときだ。その成果は1967年の2人の共著の『島の生物地理学の理論』にまとめられている。マッカーサーはウィルソンがフィジーやニューギニアで行ったアリの種数や分布の調査結果を見て、彼がプエルトリコやパナマで行った鳥の種数や分布の調査結果によく似ていることを見いだした。

彼らの最初の仕事は、1963年に発表した「島嶼動物地理学の平衡理論」という論文だった。その前提となるのは、島の陸棲と淡水棲の鳥の種数は島の面積に比例していて、大きな島ほど種数は多く、小さな島ほど種数は少ないというものだった。これはスウェーデンの植物学者オロフ・アレニウスが1921年にイギリスの『生態学誌』に発表した、植物の種数は調査区域の広さに比例しているとした「種と面積」という理論に依存している。

ニューギニア、バリ島、ジャワ島、スマトラ島、ボルネオ島などの、かつてウォーレスが渡り歩いたインドネシアのスンダ列島の島々の鳥の種数は、アレニウス理論に従い、種数と面積は比例関係にあった。しかし、南太平洋のメラネシア、ポリネシア、ミクロネシアの島々の鳥の種数は、アウレニウス理論に当てはまらず、面積が大きいわりに極端に種数の少ない島々があった。そこで、ニューギニアを大陸と見立て、ニューギニアからの距離が800km以内を大

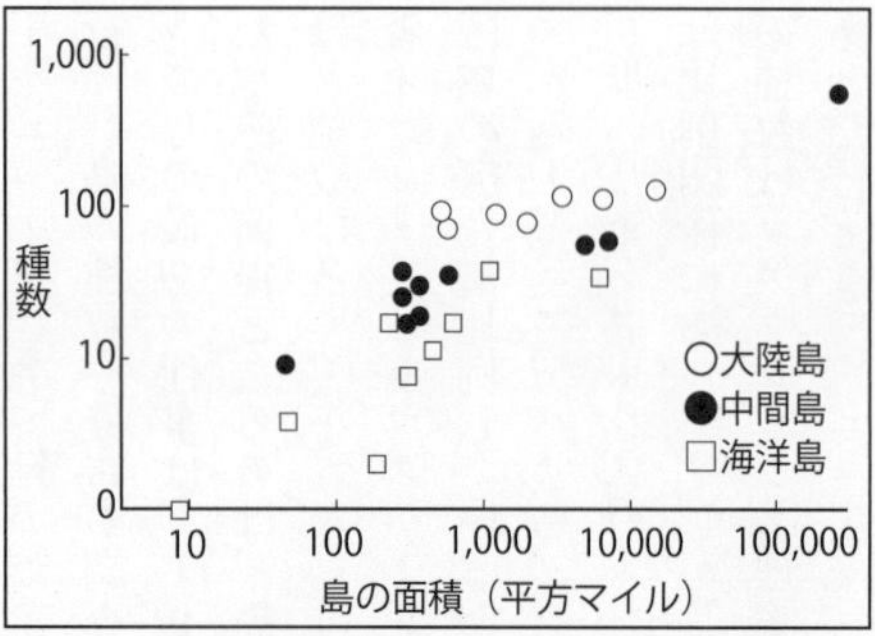

図3―10　南太平洋の島々の面積と鳥の種数の関係　ニューギニアから800km以内の島を大陸島（○）、3200km以上離れた島を海洋島（□）、その中間にある島を中間島（●）として、3つに分けて比較している（Mayr 1943のデータに主に基づくMacArthur and Wilson 1963より）

陸島、3200km以上を海洋島、そして、その中間の島の3つのグループに分けて種数と面積を調べてみた。すると、グループ内では種数と面積は比例した。さらに、大陸島の種数は多く、海洋島の種数は少なく、中間の島の種数は中間的だった（図3―10）。

「鳥も通わぬ八丈島《はちじょうじま》」というように、海洋島の鳥の種数が少ないことは、当時もすでに知られていた。その説明として、「鳥の供給源となる大陸から遠く離れているために、行き着く鳥の数は少なく、面積に見合った種数になるには、まだ時間が足りなかった」という考え方がある。

しかし、マッカーサーとウィルソンはそうは考えなかった。島ができてから何百万年も経《た》っているのだから、時間は十分にあったはずだ。

そこで、この関係がなぜ実現するかを、大陸から島への鳥の移入率と、島での鳥の絶滅率から考え、グラフを用いて説明した（図3―11）。横軸を鳥の種数とする。基本となるのは鳥の供給元となる大陸に最も近い大陸島の移入率である。もし近い島に1種類も鳥が生息していないなら、島に移入できる鳥は100％いるだろうから移入率は1となる。しかし、すでに島の種数が飽和状態なら、移入率は0で、島に生息している鳥の種数は供給元の大陸の種数と等しくなる。この2点を結ぶ線は、飽和状態に近づくほど緩慢になる減少曲線を描くと推定できる。

次に、大陸から遠く離れた海洋島の移入率を考える。大陸島と比べると移入率は低いと想定できるので、移入曲線は低い率から始まって、飽和状態の移入率0となる減少曲線になる。中間にある島の移入率は、大陸島と海洋島の中間にある曲線で表される。

次に、島での鳥の絶滅率を、島のサイズとの関係で考える。島に鳥が1種もいないなら絶滅のしようもないから絶滅率は0となる。したがって、絶滅率は0から始まり種数が増えれば絶滅率も上昇する増加曲線が描ける。この場合、小さな島での絶滅率ほど急激に高くなり、大きな島での絶滅率は低く緩慢に上昇していく。

この3つの移入率曲線と、2つの絶滅率曲線が示す6つの交点が、各島の鳥の種数の飽和率となり、実際の島の鳥の種数を表す。つまり、3つの

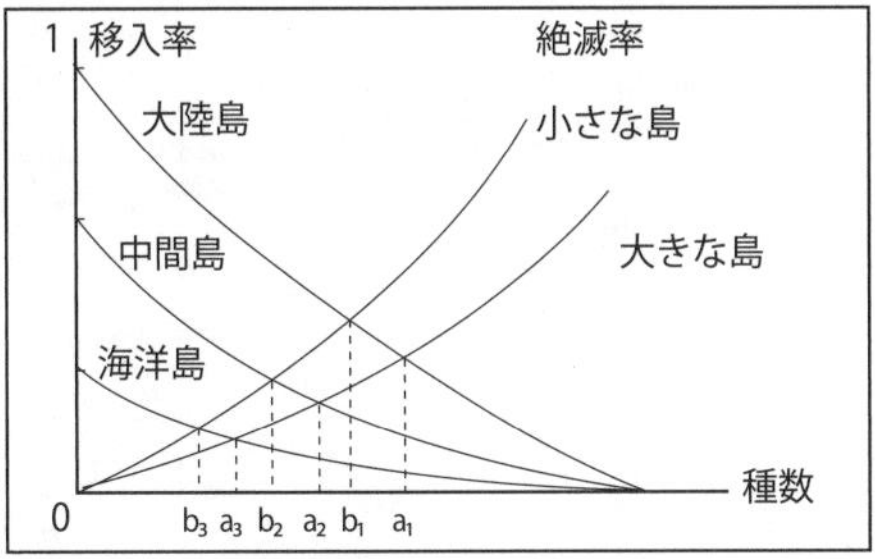

図3―11　大陸からの距離と島の面積と鳥の種数の関係　大陸島は鳥の移入率が高く、海洋島の移入率は低い。大きな島の絶滅率は低く、小さな島の絶滅率は高い。移入率曲線と絶滅率曲線の交点で島の鳥の種数は平衡に達する（MacArthur and Wilson 1963より）

図3—12　ジャレド・ダイアモンド（1937〜）

グループに分けた島のうち、同じ大きさの島では大陸に近い島ほど種数は多く（$a_1>a_2>a_3$、$b_1>b_2>b_3$）、同じグループの中では、大きな島ほど種数は多い（$a_1>b_1$、$a_2>b_2$、$a_3>b_3$）ことを示している。

この結果から特筆できる2つの特徴がある。島の鳥の種数は、島の面積と大陸からの距離で決まり、平衡状態になっていることを示している。平衡状態には2通りあって、種のメンバーに出入りがなく常に同じである静的平衡と、メンバーには出入りがあり異なるメンバーで平衡が保たれる動的平衡である。この研究の結果は、種数は動的平衡であることを示している。これを種数平衡理論という。

1968年に、カリフォルニア大学ロサンゼルス校のジャレド・ダイアモンド（図3—12）は、このマッカーサーとウィルソンの種数・面積関係と種数平衡理論に触発された。そこで、1917年にハリウッドのクーパー鳥類クラブのハウエルが発表した、ロサンゼルス沖合の太平洋に浮かぶチャンネル諸島の淡水棲の水鳥のリストと、その51年後を比較するために、自身3度の調査旅行に出かけた。チャンネル諸島はアメリカ西海岸の代表的リゾート地で、海岸から10〜100km離れた広さ2〜150km²の8つの島からできている。うち5島は国立公園である。1969年に彼が発表した結果は、51年経っても、それぞれの島での種数にほとんど変化はなく、種数は平衡状態だった。そして、大きい島ほど種数は多く、種数・面積関係も成立していた。しかし、51年前に存在していた種のうち17〜62％は絶滅しており、新たにほぼ同数の新しいメンバーが移入していた。種数は動的平衡状態だったのである。

移住に成功する種の特徴

マッカーサーとウィルソンは、はるばる海洋島にやって来た生き物の移住定着に成功するための理論も発案している。彼らに大きな影響を与えたのはロトカ－ヴォルテラの競争方程式だった。特に、ヴォルテラに対する深い敬意は、その著作からうかがえる。したがって、彼らの理論は競争方程式を発展させたものが多く、その基本は、ヴォルテラの用いたフェルフルストのロジスティック方程式だった。

ここで、ロジスティック方程式を再掲しておくと、

$$\frac{dN}{dt} = rN\left(1 - \frac{N}{K}\right)$$

という微分方程式で表される。Nは個体数、tは時間、dN/dtが時間tにおける個体数の増加率を意味する。rは自然増加率、Kは環境収容力と呼ばれている定数である。彼らの理論は、難解な数式を駆使するので、本書では結論だけを簡単に紹介する。

海洋島に移入した生き物にとって、初期の段階で重要なのは、早く個体数を飽和密度まで増やして定着を確かなものにすることだ。そのためにはロジスティック方程式の*r*である自然増加率が高い必要がある。このような増加率を高くする方向に働く淘汰の力をr淘汰と名付けた。一方、海洋島で定着の足掛かりを得た生き物が、絶滅までの時間を長くするためには飽和個体数を大きくする必要がある。そのためにはロジスティック方程式の*K*である環境収容力が高い必要がある。このような環境収容力を高くする方向に働く淘汰をK淘汰と名付けた。

これを一般化すると、季節性の乏しい熱帯では、飽和密度は高くなり、多くの生き物が存在するようになって、それだけ個々の生き物に対する食物供給レベルは低くなるだろう。したがって、K淘汰は資源の利用をより効率的にする方向に働くと予想される。一方、極めて季節性に富む温帯では、ときには嵐などの環境変動により生き物の個体数は破壊的に減少させられるだろうから、個体数を指数的に増加できるr淘汰が有利だろうと予測した。水溜まりのようなごく一時的な生息場所を利用する種や大きくランダムな絶滅率を持つ小さな島に移入する種もr淘汰を受けるだろう。

生物が1回に産む卵数を考えると、K淘汰を受けると、資源の利用をより効率的にするために、1回に産む卵数を少なくして、個々の卵に対する投資量を増やし、大きな卵を産むようになるだろう。一方、r淘汰を受けると、無駄な資源の浪費があるにしても、個々の卵を小さくして1回に産む卵数は増えるだろう。たとえば、小川や渓流の石の下に棲むサワガニはK淘汰を受けるので直径3㎜の大きな卵を50～100個産むが、ｒ淘汰を受ける海洋性のワタリガニやズワイガニは直径0・7㎜程度の小さな卵を数万個産む。

このｒ淘汰を受けて進化した生き物を「ｒ戦略者」、Ｋ淘汰を受けて進化した生き物を「Ｋ戦略者」と名付けた。すなわち、不安定な一時的生息場所を利用するのはｒ戦略者で、安定した永続的な生息場所を利用するのはＫ戦略者である。生物の適応の面から見たこの「適応戦略」論は、1970～80年代に非常に注目を浴びた。

海の道

1969年に、ウィルソンは大学院生のダニエル・シンバーロフ（図3―13）と種数平衡理論の検証を実験的に試みた。実験場所として選ばれたのは、フロリダ半島の南端から南西方向に延び、約290㎞続く隆起サンゴ礁の大小様々な島が連なるフロリダキーズ列島だった。最先端のメキシコ湾に浮かぶキー・ウエスト島まで、フロリダ半島からオーバーシーズ・ハイウェイ（国道1号線）が、豪華な別荘街がある比較的大きな島を飛び石伝いに橋で結ばれていた。最長の橋は11・2㎞（7マイル）あるセブン・マイル・ブリッジである。キー・ウエスト島にはノーベル文学賞を受賞したアーネ

図3―13　ダニエル・シンバーロフ（1942～）

スト・ヘミングウェイの別荘が博物館として残っている。彼はここで、カジキマグロ釣りを楽しんだ。

ウィルソンとシンバーロフが選んだのはキー・ウエストに近い6つの離れ小島だった。本章では、直径約11〜12mの同じ程度の広さの4つの小島での実験結果を紹介する。各島は樹高5〜10mのマングローブに覆われていて、種の供給源となるフロリダキーズ列島のシュガーローフ・キーからそれぞれ、(A)2m、(B)154m、(C)172m、(D)533m離れていた。

彼らは、まず、各島の動物相として、昆虫とクモ類の種数を数えた。種の供給源であるシュ

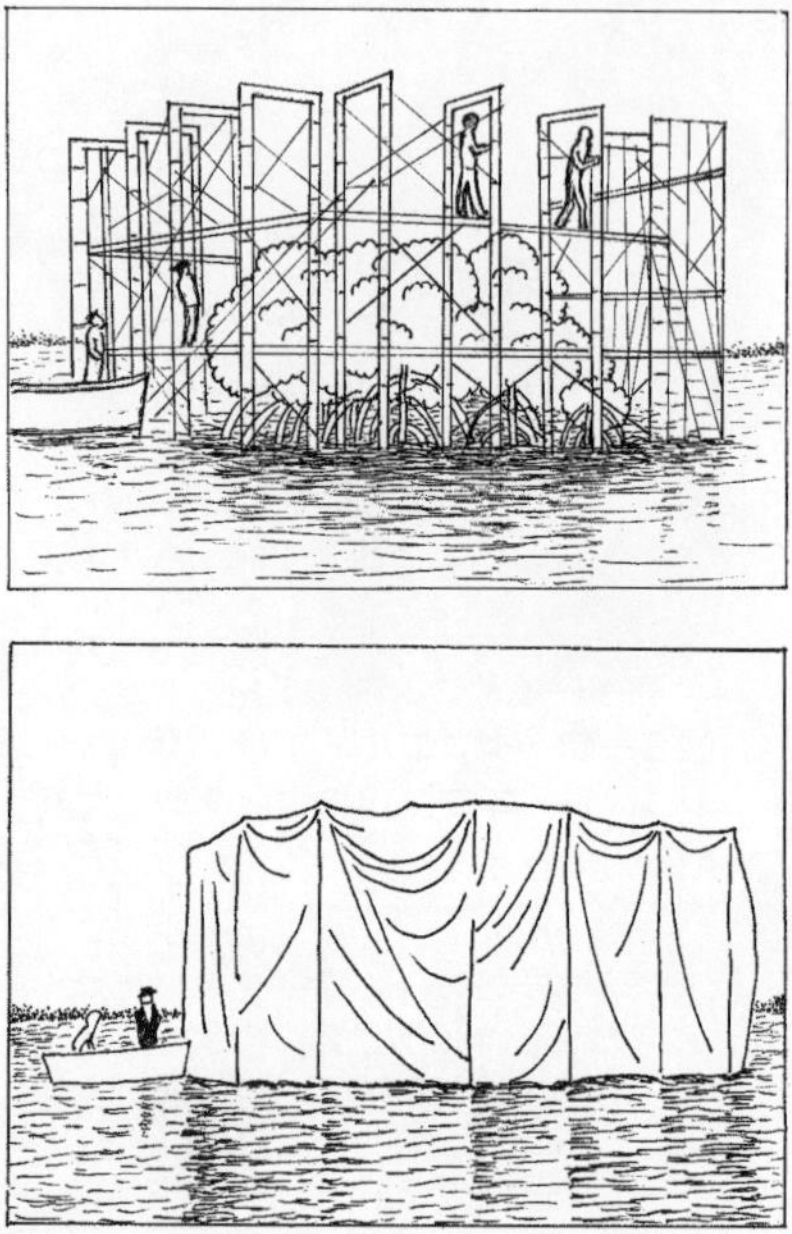

図3—14　ウィルソンとシンバーロフの実験区　4つのマングローブの島をテントで覆い、メチルブロマイドという殺虫剤で燻蒸して島の節足動物を絶滅し、その後の再移住から、種数平衡理論を検証した。島の大きさはほぼ等しく直径約11〜12m。（上）組み立て、（下）テントで覆う

ガーローフ・キーに近い順に、(A)43種、(B)29種、(C)31種、(D)25種が生息していた。供給源に近い順に動物相の種数が多いといえる。次に、彼らはこの動物相の絶滅を試みた。業者に依頼して、各島の周囲の浅瀬に足場を組んで島全体をテントですっぽりと覆い、メチルブロマイドという殺虫剤で燻蒸《くんじょう》した（図3―14）。実行するにあたって、色々な燻蒸剤による殺虫作用やマングローブ林に対する影響などを調べている。そして、各島の動物相を根絶した後に、約20日おきに動物相の回復を追って記録を残した。動物相の回復曲線はロジスティック曲線によく似ていて、最初の5ヵ月間は急激に種数を回復し、250日後までには、各種の個体数密度は低いながら、種数は元の状態にほぼ戻った（図3―15）。

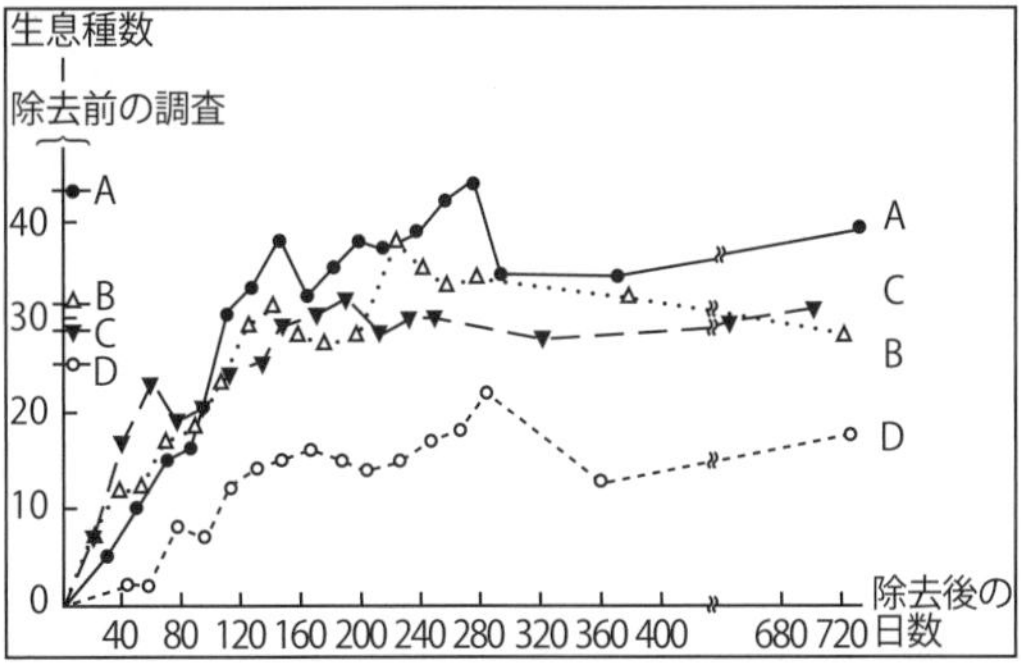

図3―15　節足動物の再移住曲線　250日後までには元の種数に復帰したが、構成メンバーは異なっていた。種数は本土に近い島が最も多く、遠い島が最も少ない
(Simberloff and Wilson 1969 and Simberloff 1970より)

燻蒸後2年目の各調査で得た全動物相の中で、燻蒸前の動物相と共通する種はそれぞれ、(A)25・5%、(B)54・8%、(C)20・0%、(D)19・2%しかおらず、大きく変化していた。つまり、マッカーサーとウィルソンが予測した種数平衡理論の通りの動的平衡状

態だった。

特筆すべきは、平衡状態に収まる直前の、実験を始めてから6ヵ月から9ヵ月目に、種数が最も多くなる時期があったことだ。これを、シンバーロフとウィルソンは、島が許容できるニッチの数には限度があり、各ニッチが優占種によりきっちりと詰まったならば、同じニッチを巡り異種間の相互作用が起こり、競争排除が起こって種数は減るだろうと考えた。しかし、各種の個体数がまだ少なくて、それぞれのニッチに空きがあるときには、複数の種が同じニッチを利用できるので、種数が多いのだろうと解釈した。

さらに、ウィルソンは「疑平衡」という言葉を発案している。島に最初に到着して平衡に達する種は「放浪種」であり、優秀な移入者であるが、必ずしも島の植生に適応した種ではない。したがって、この平衡は不安定で、さらに特殊化してそこに合う種と徐々に置き換わっていくだろう。つまり、はじめは「疑平衡」が現れ、最終的に豊かな本来の動物相が持つ平衡へと移行していく。その例として、ポリネシアの放浪種のアリしかいない島では非常に少数の種で平衡が保たれているが（疑平衡）、よく適応した土着のアリが定着している島のアリ相は2倍の種数がいることを示している。

社会生物学の祖ウィルソン

ウィルソンは、マッカーサーに出会う前はアリの分類学の世界的権威として知られていた。

自伝によると、彼がアリの研究を始めたのは、1942年、博物学者を夢見ていた13歳のときで、彼の地元のメキシコ湾に面する港町アラバマ州モービルにはいないはずのヒアリを発見したことが契機だった。ヒアリは南米原産で、日本でも2017年5月に中国広州《こうしゅう》市から兵庫県神戸港に入港した貨物船のコンテナが尼崎《あまがさき》市で荷解きされたときに、コンテナの内部で初めて発見された。ヒアリに刺されると強い痛みが生じ、アレルギー反応（アナフィラキシーショック）を起こす恐れがあることから特定外来生物に指定されている。

ウィルソンは家が貧しかったために、アメリカ陸軍に入り、除隊後に軍より大学進学のための奨学金を得ようとした。しかし、7歳のときの釣りの事故で右目に白内障が残ったため、陸軍の身体検査で不合格になった。だが、地元のアラバマ大学に入学でき、学士、修士を取得している。ヒアリは彼がアラバマ大学入学前にはアラバマ州全域に広がり、さらに州を越えて拡散しようとしていた。アラバマ州は学生のウィルソンにヒアリ拡散の調査を依頼した。1949年に彼は自身初めての科学的報告書を書いている。この間、彼は片耳の聴力を失っている。アラバマ大学の修士修了後、彼はハーヴァード大学の大学院博士課程に進学し、1955年に博士号を取得、その後、ハーヴァード大学に残り、終生そこで過ごしている。

1956年、ハーヴァード大学に、1953年にDNAの二重らせん構造を発見したワトソン－クリックのワトソンが、鳴り物入りでカリフォルニア工科大学から移籍してきた。ワトソンとクリックは1962年にノーベル医学生理学賞を同時受賞した。ワトソンはノーベル賞受賞後、ハーヴァード大学内で、ウィルソンたちの自然史研究を切手収集になぞらえ揶揄《やゆ》した。中世の苔《こけ》の生えた博物学だといわんばかりだった。ワトソンの同僚も「ミクロの分子生物学こそ唯一の生物学である」と宣言した。

ウィルソンは彼らの傍若無人な言動に反発した。反発するだけでなく、進化学や生態学などマクロの生物学の発展の必要性を感じた。そこでまず、野外の生態学と数学を結び付けて生態学の新しい境地を拓《ひら》いたプリンストン大学のマッカーサーに接近した。1963年、彼らは初の共著論文「島嶼動物地理学の平衡理論」を『進化学誌』に発表している。ウィルソン34歳、マッカーサー33歳のときだった。その後、マッカーサーは42歳で肝臓癌《かんぞうがん》で夭折《ようせつ》し、ウィルソンは、2021年に92歳の天寿を全うしている。この間、ウィルソンは旺盛な著作活動を行っている。特に1975年に出版した『社会生物学』は、アリから人間に至るまですべての動物の社会行動を進化理論で説明し、多くの進化生物学者に、賛否両論を含めて、多大な影響を与えた。同書は、いわば、彼が分子生物学のワトソンに反発して立てた目的を達成した著作である。

ウィルソンは、アメリカの優れたジャーナリスト、小説家、作曲家に与えられるピュリッツァー賞を2度受賞した。最初に受賞したのは1979年の『人間の本性について』で、人間も人間の心の働きも進化の過程でできており、すべて意味ある機能であると説いている。後に、彼は「科学的ヒューマニズム」という新語を作り、科学的知識が人間の社会をよりよくすると説いた。「科学的ヒューマニズム」はその後「世俗的ヒューマニズム」と同じものとみなされ、神などへの信仰を要さずとも人間は道徳的たりえるとした。しかし、彼自身は神を信じてはいなかったが、信仰や宗教的儀式は否定すべきものではないとも主張した。文化や文化的儀式は、人間の本性によるものであり、文化や文化的儀式が人間の本性を作るものではないとした。したがって、信仰や宗教的儀式は人間が進化する過程で獲得したものであると考えた。

彼は生物多様性の危機を憂い、環境保護の重要性を説くために、科学者は宗教家に手を差し伸べて、生物を救うために力を合わせるべきだ、と説いた。

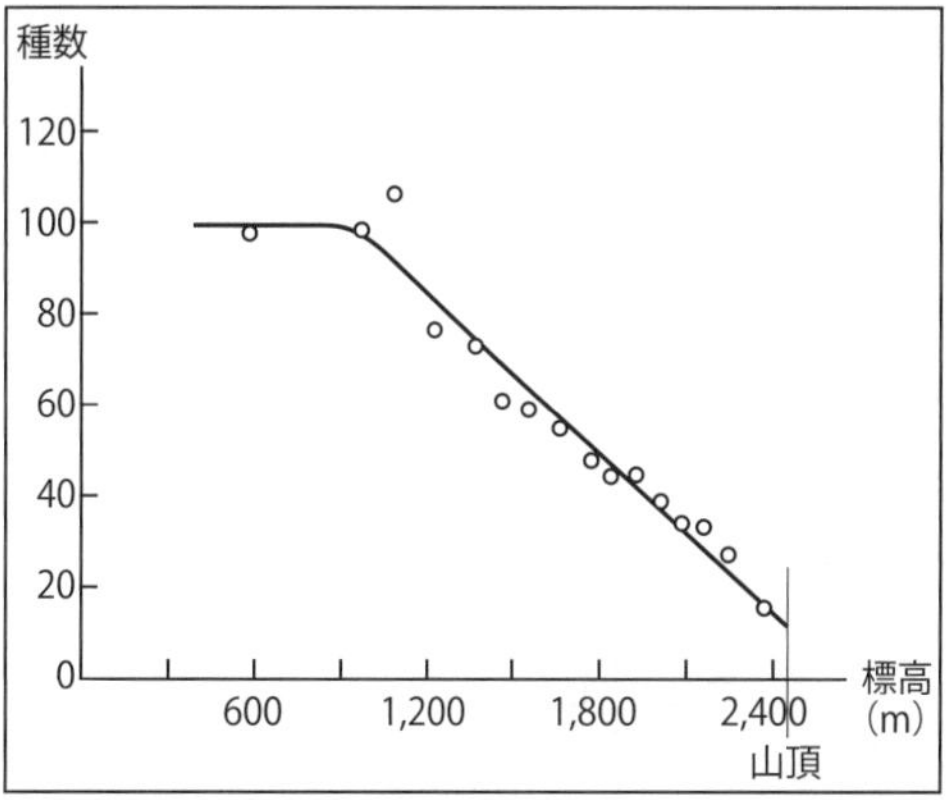

図3—16　ニューギニアのカリムイ山（標高2492m）の種多様度　点は各高度で記録された森林性の鳥の種数で、種多様度は標高が高くなるにつれて減少した（MacArthur 1972中の Diamond のデータより）

陸地の中にある島

マッカーサーとウィルソンは、陸地の中にも島的な場所があると指摘した。高山の頂や砂漠に囲まれた山岳地などはその典型とした。高い山を上から見ると、植生帯は同心円状のリングを形作っており、真ん中の円が狭い頂上部である。次のリングは頂上に隣接したやや広い地域で、最後の一番外側のリングは最も広く最も低い地帯である。山頂部は面積が最小であるばかりでなく、構造が最も単純で、他の山の山頂部から非常に離れており、同じような場所からの移入率は最も低いと予測できる。したがって、高度が上がるにつれて種数は減少すると予測した。このことを検証する例として、ダイアモンドのニューギニアでの調査結果を挙げている。ニューギニアの標高2492mのカリムイ山で、標高600mの山麓から山頂まで16地点に分けて森林性の鳥の種数を数えると、山麓では約100種いたが高度を増すにつれて減って、山頂近くでは約20種しかいなかった（図3―16）。

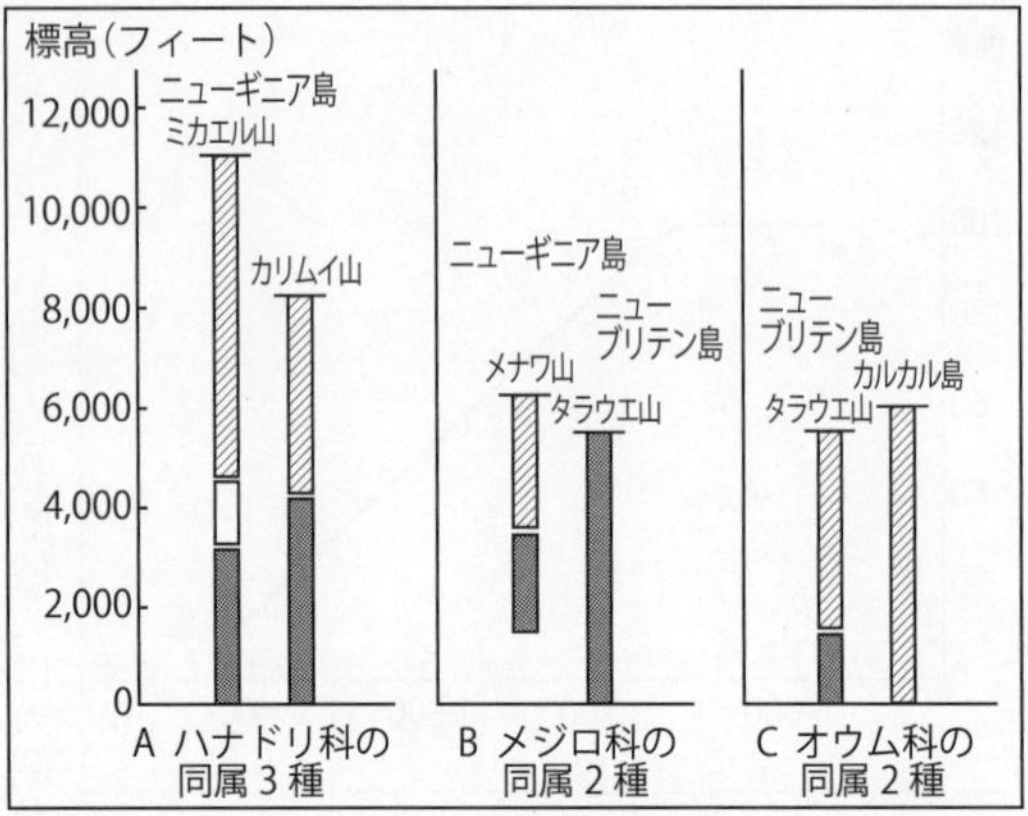

図３―17　(A)ニューギニアの２つの山に棲むハナドリ科の同属（*Melanocharis*）３種の垂直分布　グレー部：*M. nigra*、白：*M. longicauda*、斜線部：*M. versteri*。山頂の高さは水平線で示してある。(B)太平洋の２つの島の山に棲むメジロ科メジロ属（*Zosterops*）の２種の垂直分布　グレー部：*Z. atrifrons*、斜線部：*Z. fuscicapilla*。(C)太平洋の２つの島の山に棲むオウム科の同属（*Charmosyna*）２種の垂直分布　グレー部：*C. placentis*、斜線部：*C. rubrigularis*。いずれの図も、各種は競争種がいない単独の場合は分布を広げるが、競争種がいる場合は相互に排除して分布が縮小していることを示している（Diamond 1970より）

さらに、ダイアモンドの研究は、同じようなニッチを利用する同属近縁の種は、その垂直分布においてオーバーラップせずに異なる高度に生息していることを示していた（図3―17）。グリンネルのアメリカン・スラッシャーが示したように、近縁種は同じニッチを共有していなかった。また、高度が増すにつれて種数は減ったが、同じ種が生息する高度域は広がっていった。種数の多い麓近くでは、個々の種が占める高度域は狭くなり、マッカーサーとウィルソンの唱えた圧縮仮説を示していた。

マッカーサーとウィルソンは、山間部の田圃や畑、田圃や畑に囲まれた屋敷森や鎮守の森、都市部の公園などのような、周囲と異なる植生を持つ場所も陸の島と考えた。そして、面積が小さくなると共に、そこに棲む種数も少ないだろうと予測した。

1975年にダイアモンドは、国立公園や森林やサンゴ礁などの保護区を設定する場合、マッカーサーとウィルソンの種数・面積関係を応用すべきだと主張した。保護区を設定する際には、全体で同じ面積ならば、複数の小面積の保護区を設定するよりも、単一の大きな保護区を設定するほうが、より多くの種を保護できると指摘した。そのことに多くの生態学者が同調した。しかし、翌1976年に、ウィルソンと共に種数・面積関係の検証実験をしたシンバーロフが、ダイアモンドの主張に真っ向から反論し、単一大面積より複数小面積のほうがより多くの種を保護すると主張した。単一大面積の発想は周辺のすべての種がそこに生息することを前提としているが、生き物の生活様式は多様で、小面積の保護区にも大面積の保護区にいない種が存在する場合があり、そのような小面積の保護区が沢山あれば、トータルではより多くの種を保護できると考えた。この論争は多くの生態学者を巻き込みSLOSS（Single Large Or Several Small reserves of equal area）論争と呼ばれている。

単一の大保護区と多数の小保護区

シンバーロフとウィルソンがフロリダキーズで行った実験が、マッカーサーとウィルソンの予測した島の生物多様性が「動的平衡」で維持されていることを検証したのは事実である。この研究はシンバーロフの博士学位研究となり、1969年に『エコロジー』に掲載された。その主張は、動的平衡は競争と捕食による生物間の相互作用で実現している、としていた。

しかし、1971年にシンバーロフは、動的平衡が生物間の相互作用で実現しているという自説を翻した。フロリダキーズでの調査結果は、偶然による数学的確率で説明できる、しかし、そのことで生態的理由を説明できない、と主張した。事実、マッカーサーとウィルソンが示した種数・面積曲線は、生物間の相互作用を必要としない確率的な移入率と絶滅率で決まっていた。さらに、シンバーロフは、彼の調査結果では、多くの昆虫やクモは一時的滞在者が多く、種の移入と絶滅の回転率は非常に高いと指摘し、種数・面積関係をダイアモンドが主張する生物保護区の設定に安易に適用する危険性を危惧していた。

1977年、ヴァージニア州のジョージメイソン大学のトマス・ラヴジョイはSLOSS論争に決着をつけるために、ブラジルのアマゾン熱帯雨林地帯の中央部にある大都会、人口200万のマナウス市近郊での実験を計画した。彼はイェール大学のハッチンソンの学生で、マッカーサーの後輩である。大学卒業後、1965年の大学院進学と共にアマゾンに出かけ、博士論文のテーマとして熱帯生物学と保全生物学の研究を始め、大学院修了後の1973年からは、彼は世界自然保護基金の保全プログラムのリーダーとなっていた。

そんなラヴジョイは、1979年にブラジル国立アマゾン研究所と世界自然保護基金の共同プロジェクトとして、マナウスから北に80㎞離れた3288haの樹高55mにも達する森を選び実験を始めた。森の樹種は64科1200種を超えていた。その森の中に、1ha、10ha、100haの実験処理区を設定し、その周囲の樹木を伐採し、その後、伐採地をそのまま放置して、自然に再生する2次林が繁るに任せた実験処理区と、伐採地に牧草の種を播いて家畜を放牧した実験処理区の2種類を作り、隣接環境の違いで実験処理区に起こるその後の影響を調べた。実験処理区は無傷の森本体から80〜650m離れて設置した。一方、森のはずれから500m以上奥に入った森の中に、実験処理区と同じ広さの対照区を設定し、実験処理区と対照区の生物の種数の変化を比較した。

実験でまず分かったのは、保護区の大きさが種に与える影響はケースバイケースで、大保護区が、幾つもの生息地を移動する渡り鳥のような移動性に富む種に必ずしもより適しているわけではなく、小保護区が森林の奥で定住的に生活するフタユビナマケモノやメガネグマのよう

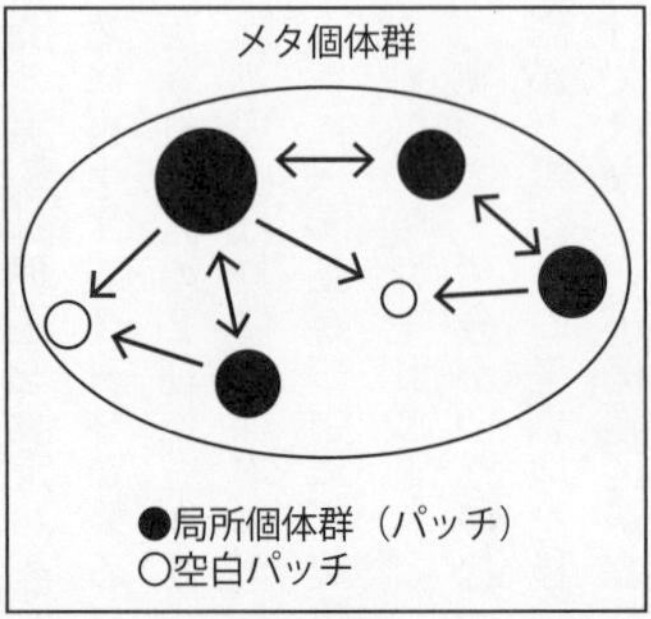

図3—18　メタ個体群　同じ種の集団を個体群というが、周囲の断片化された局所的個体群（パッチ）をひっくるめた大個体群をメタ個体群という。各パッチは消滅と生成を繰り返すが、メタ個体群としては存続を保っている

な種に適しているわけでもなかった。どの種を重点的に保護するのか、その目的で保護区の設定を考える必要があった。このプロジェクトは、その後の生態学、保全生態学、景観生態学の考え方に重要な影響を与えた。

たとえば周縁効果（エッジ効果）がある。森の周縁部では捕食者は自由に活発に行動ができるので、森に棲む小鳥や小動物は森の内部よりも外敵にさらされることが多く、負の周縁効果がある。一方、日差しを好む植物やそのような植物の花を訪れるチョウやハチにとってはプラスの周縁効果があって種の多様性が増した。また、森と草原を往復するシカのように、異なる複数の環境の周縁部を利用する種もいる。したがって、目的に応じて、周縁部を増やす小面積か、減らす大面積か、同じ面積でも、細長くして周縁部を増やす形にするか、丸くして周縁部を減らす形にするかを考慮する必要がある。

大きな保護区は種の多様性を維持する可能性は高いが、その反面、落雷による火事などの環境破壊で多くの種が一度に絶滅する可能性もある。一方、断片化された保護区では、絶滅する種も出て来るが、保護区間を移動し交流する個体もいて、異なる保護区が補完的な役割を持ち、全体として種の維持を保つ可能性が高い、等々、様々な効果が錯綜《さくそう》している。

同じ種の集団を個体群という。ある個体群の周囲には、幾つかの局所個体群（パッチ）があり、それらをひっくるめた大個体群をメタ個体群という。パッチの大きさやパッチ相互の距離の違いで相互の交流率は異なり、パッチは消滅や生成を繰り返す。メタ個体群がどのように維持されるかの数理的理論や野外での実践研究が、その後、発展している（図3—18）。

ラヴジョイは、生物の多様性という言葉を作り、政府や国連の環境保全プロジェクトに積極的に参加し、2021年に80歳で亡くなった。実験はアマゾン研究所と彼が次官補を務めたアメリカ・スミソニアン協会の共同プロジェクトとして、開始後43年の2022年も続いており、多くの研究者が参加して、2020年4月現在で785編の論文と150件を超える卒業論文、学位論文が生まれている。

ニッチを否定する中立理論

生物の多様性は一般に、鳥類群集の多様性、樹木群集の多様性、チョウ類群集の多様性、岩礁潮干帯群集の多様性といったように、よく似た生物の群集の多様性として示される。現在までに色々な生物群集の多様性が調べられてきた。その結果分かったことは、個体数と種数の関係をグラフで表すと、どの生物群集においても、個体数の少ない種と多い種の種数は少なく、個体数が中程度の種の種数が最も多いという、一山型の種数・個体数分布の関係であった。

この関係が生まれるメカニズムを明らかにするために、生態学者は生物群集を構成する各種の特徴を調べ、各種のニッチの特徴を調べ、競争や種間の相互作用を検討し、各種の個体数の分布を調べた。しかし、一山型の種数・個体数分布ができるメカニズムを説明する手掛かりは得られていない。

ジョージア大学のステファン・ハベルは、多くの野外生態学者が思いもつかない方法で、この問題にアプローチした。彼は2001年に出版した『生物多様性学と生物地理学の統一中立理論』で、生物の個体数分布を説明するためには個々の生物の違いを考慮することは不必要で、数学的確率で説明できると主張していた。その主張は「ハベルの統一中立理論」あるいは「中立理論」として知られている。

「中立理論」の中立という言葉は、様々な種の各個体が環境の違いに対して種の特性を無視して、生態的に中立に振る舞うことから名付けられた。統一とは、生物多様性学（種数や相対的種個体数の理論）と生物地理学（種の地理的分布の理論）を統一して解析することである。それは、シンバーロフが、種数・面積関係は数学的確率で説明できるとした主張とよく似ていて、マッカーサーとウィルソンが動的平衡説で使った確率的手法だった。

ハベルは、中立理論を示すために、野外での生物多様性のデータを、1980年より中米パナマのバロ・コロラド島で取った。バロ・コロラド島は、スミソニアン協会の熱帯研究所のフィールド・ステーションがある島で、パナマを南北に分けて掘られたパナマ運河の中ほどにある人造湖のガツン湖の中にある。ガツン湖には幾つかの島があるが、最大の島が直径約４㎞のバロ・コロラド島で、全島がスミソニアン熱帯研究所の所有だった。ハベルはこの研究所の兼任研究員で、彼の研究チームはバロ・コロラド島内に50haの調査区を設け、調査区内のすべての樹木にマークを付けて樹木の種数・個体数分布を調べた。

樹木の大きさは、胸高直径といって、人間の胸の位置の高さで測る樹木の直径で表現するが、その胸高直径が10㎝より大きい樹木は、２３５種、延べ２万５５４１本あった。このデータを用いて種数・個体数分布をグラフ上に描くと、一山型になった（図３―19Ａの棒グラフ）。グラフ

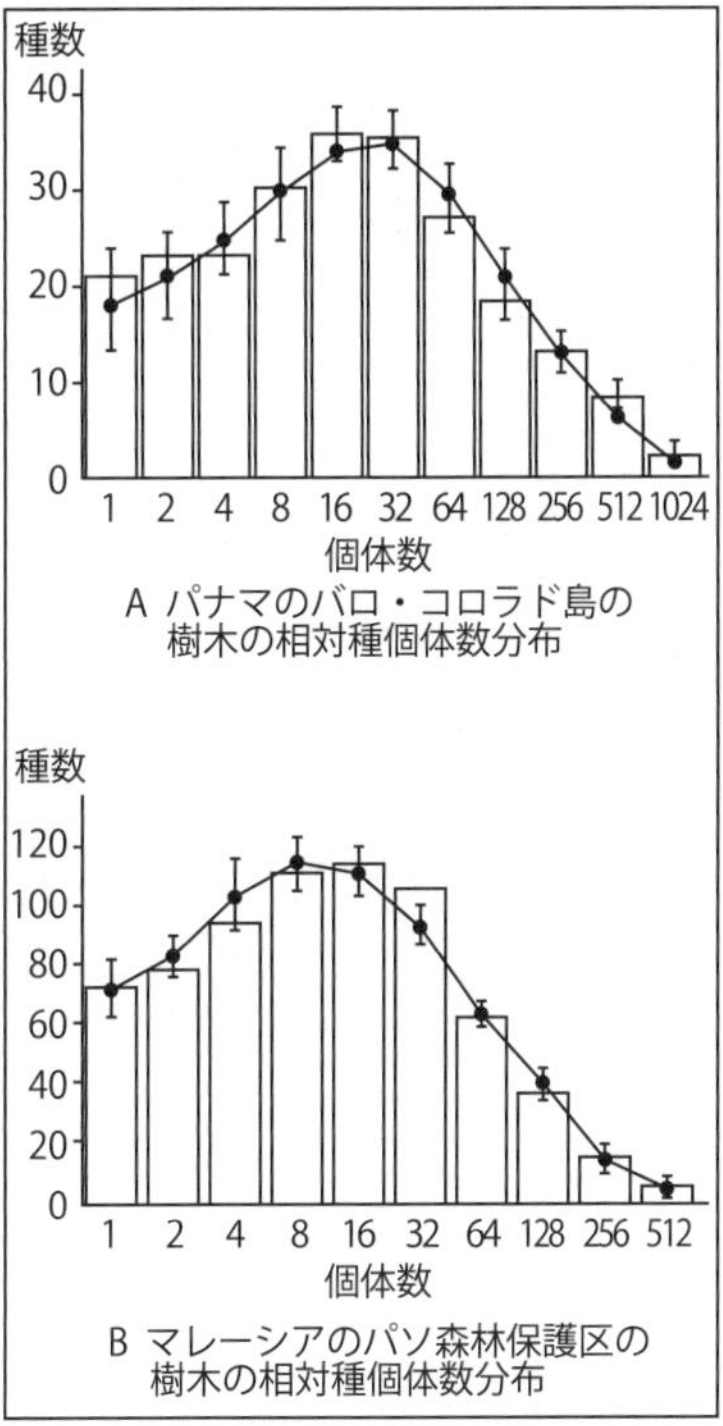

図３―19　樹木の相対種個体数分布
(A)パナマのバロ・コロラド島の50haのプロット、(B)マレーシアのパソ森林保護区の50haのプロット。胸高直径が10cmより大きい樹木の相対種個体数関係を示している。棒グラフは観察値、折れ線グラフは統一中立理論における期待値（Hubbell 2001より）

は縦軸が種数、横軸が個体数で、横軸は、小さな値から大きな値までをコンパクトに収めて比較するために、目盛ごとに値が倍々に増えていく対数で表してある。

この調査と並行して、ハベルはコンピューターシミュレーションを使って樹木群集の解析を行った。前提として、樹木の総個体数は一定としてある。たとえば、樹木は落雷や風などの物理的要因や、病気や老化などの生物的要因によって死亡する。その死亡がどの樹木に起こるかは、確率的に種の個体数に負う。1本の樹木が死亡すれば、その空いたニッチに区画内の樹木や区画外の樹木もそれぞれの個体数に応じた確率で種子を送り込んでくる。その際、各個体は死亡率、出生率、移入率、種分化率も等しいとする。そのようにして、確率的に、区画内の種数・個体数・個体数分布が決まっていく。このシミュレーションの結果は、バロ・コロラド島の実際の種数・個体数分布に一致した（図3―19Aの折れ線グラフ）。

バロ・コロラド島の結果と比較するために、マレーシア森林研究所のマノカランたち（1993）が、パソ森林保護区の50haの区画で観察した樹木の種数・個体数分布を示す（図3―19Bの棒グラフ）。種数こそ多いが、グラフの形はバロ・コロラド島と全く同じ形の一山型である。これは熱帯降雨林に見られる普遍的な種数・個体数分布のパターンなのであろう。さらに、ハベルがコンピューターシミュレーションで解析した結果（図3―19Bの折れ線グラフ）も、同様に一致した。

中立理論は、生態系の競争仮説のような複雑な相互作用を考慮する必要がないので、少ない情報で応用が利き、資源管理、環境保全、景観生態のような実際的な科学に大いに寄与している。しかし、その一方で、前提となる生態的な中立性に不自然な単純化を感じている生態学者も少なからず存在し、中立理論だけでは説明できない事例も示されている。

確率的偶然でランダムに集まった種からなる群集という中立理論に対抗するのは、相互作用する種の集まりである群集のニッチ論だが、現在、両理論の研究の主役は数理学者たちで、難しい数式を用いて理論を組み立てている。あるとき、私は著名な数理生態学者のセミナーに参加したことがある。セミナーの内容は、ある生物を材料にした論文の紹介だった。その生物の学名に馴染《なじ》みがなかったので、私はどのような生物なのかを質問した。すると、彼は笑みを浮かべて「私はこの生物の形や大きさや色には全然興味がないので、調べていません」と応えた。

第4章　競争は存在しない

競争の存在を否定する

1798年に発表されたマルサスの『人口論』は、人間だけでなく、生きとし生けるものは、その食物となる資源が養える以上の子供を産み落とすとしていた。その結果、同種の生き物の間に資源を巡っての生存競争が起こり、より適応した個体が生き残り、その子孫が繁栄する。1859年に発表されたダーウィンの『種の起源』は、それを自然淘汰といい、進化の原動力だと説明している。さらに、同じ資源を利用する異種の間にも競争が起こり、一方の種が勝ち残り、他種はその資源から排除される。このことは、数理モデルで確認され、1934年にガウゼによって試験管の中で飼育したゾウリムシで実証され、同じニッチを持つ種は共存できないという「競争排除則」が生まれた。

第2章では1957年にハッチンソンが提案した超多角体ニッチを紹介した。彼は、自然界で競争者がいない場合に生き物が占めることのできる広い基本ニッチと、競争者が存在する場合に生き物が占めざるをえない狭い実現ニッチを区別して説明した。この２つの異なるニッチは競争の存在を前提としている。第3章では、１９６７年にマッカーサーとウィルソンが提案した圧縮仮説を紹介した。圧縮仮説は種数が増えればニッチが縮小されることを示していた。これもニッチを巡って競争があることを示している。競争は競争者が高密度になって初めて起こる。低密度では競争は起こりえない。

このように、競争を核としたニッチ概念は、生物の多様性と種の共存パターンを説明する武器として１９８０年代後半にかけて様々な数理モデルや野外研究を生み出し、それによってニッチ概念自体も補強されていった。しかし、１９６０年代に並行して生まれた中立理論は、ニッチの観点からの説明に頼ることなく幾つかの生態的パターンをうまく説明することによって、ニッチ概念による説明に疑問を投げかけた。

このような競争理論全盛の１９６０年に、「実際の自然界には競争は存在しないのではないか」という疑問が野外生態学者の立場から投げかけられた。「周囲の自然を見てほしい。自然界は緑に溢《あふ》れていて、緑の植物を利用している生き物の間に、植物を巡って競争があるとは思えない」という疑問だった。それは証拠を伴わぬ疑問で、単に推論を重ねているだけの論文だったが、１９７０年代になると、競争を否定する検証研究が現れ、実際の自然界では、植物を利用する生き物だけでなく、他の資源を利用する生き物にも競争はないのではないか、という考えが広がっていった。本章では、このような競争の存在を否定する時代を紹介する。

緑の世界仮説

1960年12月、アメリカ最古の生態学誌『アメリカン・ナチュラリスト』に「群集構成、個体群制御、そして競争」というタイトルの5ページにも満たない短い論文が掲載された。図表もオリジナルデータも全くなく、論文というよりはエッセイというほうが妥当ではないかと思わせる推論を重ねた内容で、著者はミシガン大学の3人の生態学者、ネルソン・ヘアーストーン、フレデリック・スミス、ローレンス・スロボドキンだった。この論文は後に3人の姓(Hairston, Smith, Slobodkin)の頭文字を取って「HSS仮説」あるいは「緑の世界仮説」と呼ばれるようになり、現在も生態学を専攻する学生の必読の論文となっている。

その内容は、植物を利用している植食者、つまり草食動物と植食性昆虫にとって、餌となる植物は植食者の数を制御する要因とはなりえない、というものだった。その結果、植食者には餌を巡っての競争も存在しない、とあった。

当時の生態学の常識として、生き物の数はニッチを構成する資源量によって制御されていることになっていた。このことは、マルサスとダーウィンが唱え、フェルフルスト、ロトカ、ヴォルテラといった数学者が指摘し、パールやガウゼが室内実験で示して以来、ほとんどの生態学者は疑っていなかった。生き物の数は、それらが利用する資源量の上限値である環境収容力に達したなら、それ以上は増えず、資源を巡って種内競争や種間競争が起こり、より環境に適応した個体や種が生き残ると信じていた。

しかし、ミシガン大学の3人の生態学者は、生き物をエルトンの主張した食物網に沿って、その栄養段階で上から、肉食者、植食者、生産者、分解者の4つに分けた。そして、それぞれの栄養段階の種の数を決める要因を検討した。従来の説に従うならば、餌となる下位栄養段階の種の個体数が上位栄養段階の種の個体数を制御するはずだった。しかし上述したように、植食者の数は下位栄養段階の生産者である植物の数によって制御されていないが、一方で、他の3者、肉食者、生産者、分解者の場合は、その下位栄養段階の数で制御されている可能性があるとしている。分解者の餌とは、動物の死骸や糞尿《ふんにょう》、枯れて腐った植物や落ち葉である。

つまり、餌として植物を利用する植食者、すなわち、草食動物や植食性昆虫の数を制御しているのは、餌となる下位栄養段階の植物の量ではなく、上位栄養段階の捕食者、捕食寄生者、寄生者、病原体などの天敵である。天敵により植食者の密度は低く抑えられており、高密度で起こる種内競争や種間競争などは起こっていない。そして、動物界で最も種数が多く多様性に富む植食者が貪欲《どんよく》に植物を消費するにもかかわらず、「世界は緑に溢れている」と主張した。

彼らは、その根拠を示すために、例外も紹介している。それは、人間により保護されている植食者で、上位栄養段階の天敵を人為的に除去された保護区に棲む草食動物は、餌となる下位栄養段階の植物の量に制御されていることを示していた。たとえば、アリゾナ州のカイバブ高原で保護されているラバのような大きな耳を持つラバシカは、1906年に4000頭と推定されていたが、このシカのためにセオドア・ローズヴェルト大統領はグランドキャニオン・ナショナルゲーム保護区を設置してシカの狩猟を禁止し、１９０７年から１９３９年の間に捕食者のピューマ８１６頭、オオカミ20頭、コヨーテ８１６頭、ボブキャット５００頭以上を捕殺した。その結果、シカの数は１９２４年には10万頭以上に増加したと推定されたが、その後、餌不足に陥り、１９２０年代後半には多くのシカが餓死してしまった。

また、カイガラムシのような硬い鎧《よろい》に覆われて農薬の影響をなかなか受けにくい害虫も、農薬散布により天敵が殺されてしまうと植物の量に制御される。侵入種で、侵入した地域に有効な天敵がいないと思われる植食性昆虫も例外で、大発生が起こり、餌を食い尽くすことで餌となる植物量に制御されることがあると説明していた。

しかし、通常の自然界では植食者は資源となる植物量により制御されておらず、競争も起こっていないと主張した。

この論文は、検証データのない推論で構成されていた。しかし、学問で最も重要なことは、今まで誰も考えたことのない仮説の提起である。たとえば、ダーウィンの進化論も、それまで誰も考えたことのない仮説の提起だった。ニュートンの万有引力の法則も、コペルニクスの地動説もそうである。湯川秀樹《ゆかわひでき》の中間子理論も仮説である。そういう意味で、この論文は、競争理論で成り立っていた当時の生態学に一石を投じた仮説だった。

この論文を発表した時点で３人の生態学者はミシガン大学の同僚だった。ヘアーストーンは当時43歳で、ノースカロライナ大学の学部と修士を修了し、ノースウェスタン大学で博士学位を取得してミシガン大学に就職した。後にノースカロライナ大学に移っている。

スミスは当時40歳で、マサチューセッツ大学アマースト校を21歳で卒業して医学部に進学し、第二次世界大戦中は陸軍病院に勤務していた。しかし、戦後、イェール大学の大学院に進学して超多角体ニッチのハッチンソンの下で博士学位を取得し、30歳のときにミシガン大学にやって来た。49歳になってハーヴァード大学のデザイン大学院に移り造園学を教えはじめた。それを知ったハーヴァード大学生物学部の「島の生態学」のウィルソンが、スミスを生物学の併任教授に推薦した。しかし、その案は、マクロの生物学を軽蔑していた「ゲノム解析」のワトソンに猛然と反対され頓挫した。スミスが併任教授になったのは、ワトソンが新しい学部を創設して出て行ったことがきっかけになった。

スロボドキンは最も若く、当時32歳で、ウエストヴァージニアのベサニーカレッジを卒業後、イェール大学の大学院でハッチンソンに学び、ミシガン大学に就職した。このミシガン大学時代に書いた数式をちりばめた進化生態学の教科書の原稿が、出版社からハーヴァード大学のウィルソンのもとに送られてきた。内容審査の依頼である。ウィルソンは原稿の簡潔な記述に感激して、スロボドキンに集団生物学の教科書を一緒に書こうと持ち掛けた。スロボドキンは、当時ペンシルヴェニア大学にいたマッカーサーも共著者に入れることを逆提案した。これが、マッカーサーとウィルソンの出会いのきっかけになった。しかし、この本の企画は実現しなかった。

植物を食べる昆虫

「緑の世界仮説」の検証は、その後、多くの研究者が行った。特に、フロリダ大学タラハシー校にいたドナルド・ストロング（後にカリフォルニア大学デーヴィス校に移籍）、イギリスのヨーク大学にいたジョン・ロートン（後にロンドン大学インペリアル・カレッジに移籍）、オックスフォード大学のリチャード・サウスウッドの３人の昆虫生態学者の研究をまとめて１９８４年に出版された『植物を食べる昆虫』で、植物を食べる植食性昆虫には競争はない、と断定され、以後、定説になっている。

サウスウッドがまとめた表を見ると、イギリスにいる顕微鏡を使わなくとも目で見える生物のうち、22％の30万８０００種が植物で、26％の36万１０００種が植物を食べる植食性昆虫であるという。植食性昆虫が植物を利用するためには３つのハードルを越す必要がある。⑴乾燥。植物には水分が含まれているが、葉や茎などの周りには空気の流れがあり、表皮からわずかに離れただけで昆虫は乾燥してしまう恐れがある。昆虫にはその乾燥を避けるメカニズムが必要である。⑵付着。植物の表面は、つるつるとしたロウ状の油性物質を分泌し、軟毛に覆われていて、昆虫の卵や幼虫や蛹は植物の表面に付着するのがなかなか難しい。これらは植物の物理的防衛メカニズムだが、昆虫はこれらの物理的防衛メカニズムを突破する必要がある。⑶食物。

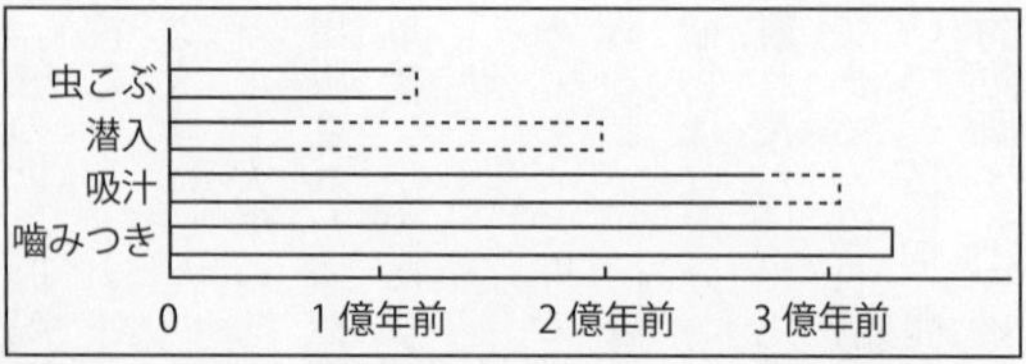

図4―1　植食性昆虫の植物の食べ方の進化（Strong, Lawton and Southwood 1984を改変）

食物としての植物は、動物性タンパク質に比べて貧栄養の餌である。また、植物は化学的毒性物質や忌避物質などの防衛化学物質を持っているので、特殊な解毒酵素や消化酵素などを獲得してこれらの問題を解決する必要がある。

　これらのハードルを越えるために、植食性昆虫は、独特の体の構造や生理的適応、さらには生態的適応を獲得してきた。その適応の仕方の1つが、植物の食べ方の進化である。食べ方は大きく4種類に分けられる（図4―1）。(1)最も普及している食べ方は、「嚙《か》みつき」で、むしゃむしゃと直接食べる仕方であり、チョウやガの幼虫などがそうしており、3億年前の化石にも見られる。(2)次は、尖《とが》った口吻《こうふん》を植物に刺し込んで、植物液を吸い込む「吸汁」法で、セミやウンカに見られ、2億8000万年前の化石に現れた。(3)次は植物の組織体に「潜入」し内部から食べる方法で、乾燥を避ける優れた方法である。ハモグリバエ、カミキリムシの幼虫に見られ、2億年前に獲得されたと推測されている。(4)最後が虫癭《ちゅうえい》という「虫こぶ」を作る様式で、植物の葉や茎や根に出来物のような膨らんだ虫の巣を作り、内部で幼虫がぬくぬくと植物液を吸い取っている。タマバチ、タマバエ、アブラムシなどに見られ、1億年前に出現した。どのような食べ方をしている昆虫がいるかで、その植物の歴史的古さが推測できる。

たとえば、ロートンは、ワラビを利用する昆虫を、イギリス、パプア・ニューギニア、アメリカで調べた。ワラビは南極大陸以外のすべての大陸に分布する古い時代に分布を広げた植物で、どの地でも土着植物と考えられている。ワラビを利用する昆虫は、ワラビをいつでも、どの部位でも利用できるわけではない。(A)上部の柔らかい葉（羽片《うへん》）、(B)その周囲の柔らかい茎（葉軸《ようじく》）、(C)下部の硬い葉の柄《え》（羽片の柄）、(D)その両側の硬い葉（側羽片《そくうへん》）の4部位に分け、どの部位がどのような食べ方をする昆虫に利用されているかを調べた（図4―2）。

利用している昆虫は、イギリスが22種で最も多く、内訳は、噛みつき11種、吸汁4種、潜入4種、虫こぶ3種だった。しかし、調査した地区のすべてに22種いたわけではなく、地区によって種数は異なり、最も多くいた地区で17種だった。利用する昆虫が次に多いパプア・ニューギニアは14種で、噛みつき4種、吸汁4種、潜入5種、虫こぶ1種だった。利用する昆虫が最も少ないアメリカが3種で、噛みつき1種、吸汁2種で、潜入種や虫こぶ種はいなかった。

このことから分かるのは、昆虫の種数が3種で最も少なく、新しい利用法の潜入種や虫こぶ種がいないアメリカにワラビが分布を広げたのは歴史的に最も新しく、アメリカの土着の昆虫はワラビをまだよく利用できていないということだ。ともかく、外部から虫こぶを作る種が侵入してこない限り、噛みつく昆虫から虫こぶを作る昆虫が出現するには計算上は2億年、吸汁する昆虫から虫こぶを作る昆虫が出現するまでは計算上では1億8000万年かかるわけであ

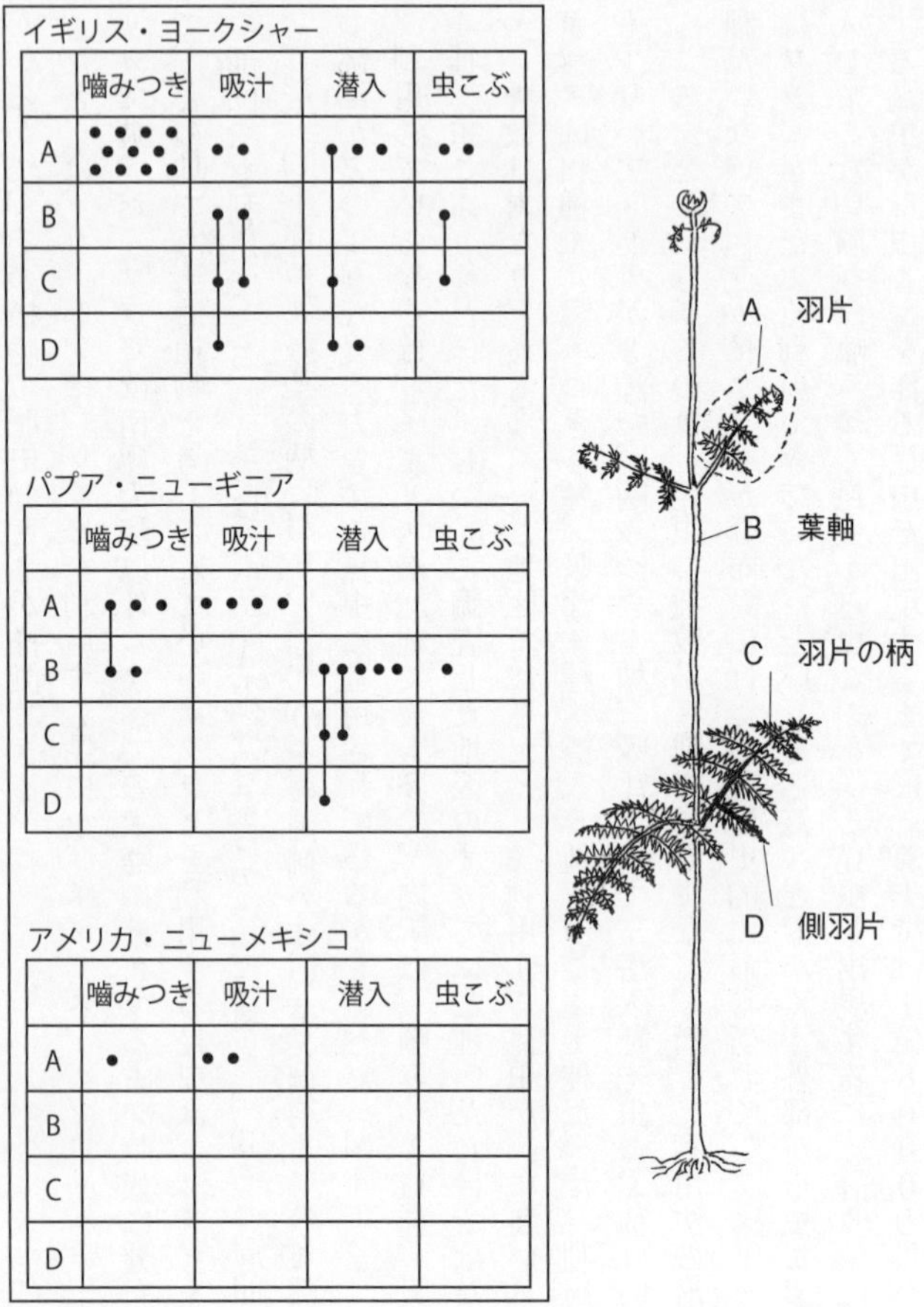

図4―2　ワラビを食べる植食性昆虫の食べる部位と食べ方の関係
イギリスのノースヨークシャー州、パプア・ニューギニアのホンブロム・ブラフ、アメリカのニューメキシコ州（Lawton 1982を改変）

る。つまり、土着植物と思われている植物でも、昆虫の種数や利用法から見ると侵入した歴史は意外と新しくて使われていないニッチが沢山あるということで、植物上のニッチはいくらでも空いている。

彼らは、植食性昆虫を、歴史的には古い利用法である外部から利用する噛みつき種と吸汁種の外住種と、比較的新しい利用法の植物を内部から利用する潜入種と虫こぶ種の内住種に分けた。さらに、多くの植物を利用できる広食性のジェネラリストと、一部の植物利用に特化している狭食性や単食性のスペシャリストに分けてその利用を比べてみた。日本でのジェネラリストの代表はヤママユガ科のクスサンの幼虫で、クリ、クヌギ、コナラ、サクラ、ウメ、イチョウ、クスノキなど様々な樹木の葉を食べる。スペシャリストの代表はジャコウアゲハというチョウの幼虫で、ウマノスズクサの葉だけしか食べられない。

地中海沿岸に分布するオオアザミという植物を利用する昆虫のうち、原産地の南欧では内住性昆虫が約55％、スペシャリストの昆虫が約70％いるが、移植された南カリフォルニアでは、内住性昆虫は約5％、スペシャリストの昆虫は0％と全くいなかった。同様に、地中海沿岸に分布するイタリアアザミは原産地の南欧では内住性昆虫が約40％、スペシャリストの昆虫も約40％いるが、移植された南カリフォルニアでは、内住性の昆虫は約14％、スペシャリストの昆虫は約2％しかいなかった。移植された現地には、内住性昆虫やスペシャリストなどの特化した昆虫はなかなか存在せず、存在するとしても原産地からたまたま侵入してきた種か、在来の土着種がたまたま適応したと推測される。さらに、実際に移植植物を利用しているのは、外住性の昆虫や特定の植物には特化していないジェネラリストの昆虫だけだった。ニッチは空いているのである。

植物を利用する昆虫の種数

では、ある地域に分布するある植物を利用している昆虫の種数はどう決まっているのだろうか。それは第3章の「ニッチと種間競争」で示したマッカーサーとウィルソンの動的平衡理論で説明されている。ある植物を植物Aとすると、ある地域の植物Aの総数がマッカーサーのいう島Aの大きさに相当するということになる。そのとき、植物Aの近縁の植物も同じ昆虫によく利用されるので、近縁の植物も含めて島Aの大きさに相当する。この場合、それら以外の植物は島Aの周りの海と見なせる。もし植物Aとその近縁の植物が豊富にあるなら島Aは大きな島、もし植物Aもその近縁の植物も少なく、加えて、もし植物Aが特殊な毒性化学物質を持つならば小さな島aということになる。

昆虫の発祥の地にはその植物を利用できる昆虫が豊富に存在する。したがって、もし大きな島Aにその植物を利用する昆虫が1種類もいないならば昆虫の移入率は1となり、1から始まり緩やかに減少する曲線となる。小さな島aなら移入率は1から急激に減少する曲線になる。大きな島Aの昆虫の絶滅率曲線は0から緩やかに増加するが、小さな島aの絶滅率曲線は急激に増加する。この昆虫の移入率曲線と絶滅率曲線の交点がその植物を利用する昆虫の種数となる（図4―3）。したがって、植物が豊富な地域ならば昆虫の種数は多く（A_1）、植物が少ない地域は昆虫の種数は少なくなる（a_1）。

植物を利用する昆虫の場合、島Aへの昆虫の供給元は発祥地だけでなく、周囲の海を構成している他の植物も供給元となる。大きな島には周囲の海から多様な昆虫が移入して来る確率が高く、小さな島への移入率は低いだろう。しかし、各植物は独自の防衛化学物質を持っているので、周囲の海から移入した昆虫が適応して利用するのは難しく、その多くは去っていくか滅んでいく。たとえば、アメリカから南アフリカに移植したウチワサボテンは、移植後250年経って広大な地に広がったが、いまだに土着の昆虫が全く利用していない。100年前にオーストラリアからカリフォルニアに移植したユーカリは分布を幅広く広げたが、オーストラリアでは昆虫による食害が大きいのに、カリフォルニアでは全く被害が

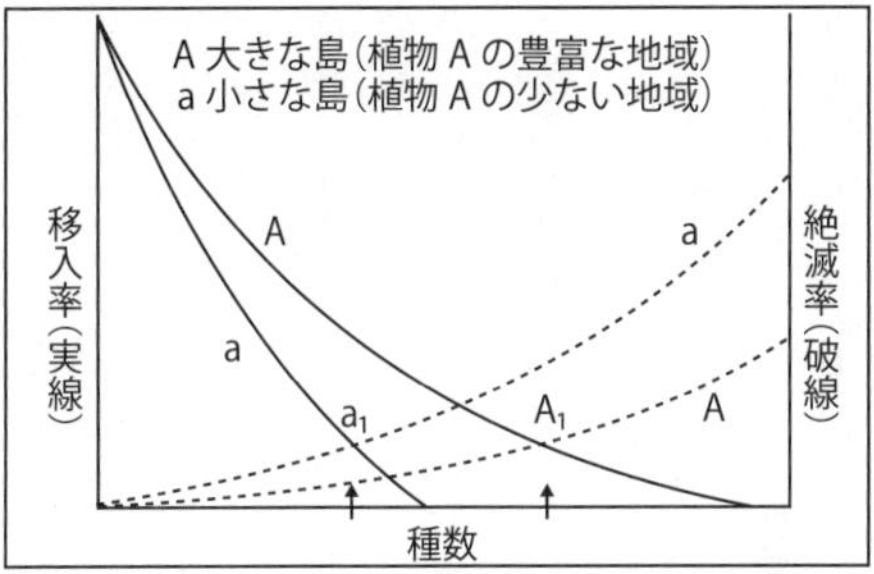

図4―3　ある植物を利用する昆虫の種数が決まるメカニズム　ある植物の量が多ければ大きな島Aになり、少なければ小さな島aになる。Aへの移入率は緩やかに減少し、絶滅率は緩やかに増加し、利用する昆虫の種数はその交点A_1となる。aへの移入率は急激に減少し、絶滅率は急激に増加し、利用する昆虫の種数はその交点a_1となる（Strong et al. 1984より）

ない。この2種の植物は化学的毒性が極めて強い植物なので、土着の昆虫が適応するまで膨大な時間がかかるものと思われる。

しかし、すべての植物の化学的防衛物質が他種の植物を利用している昆虫にとって突破しがたいわけではなく、ときには生き残り、そのまま適応していく種も存在する。侵入植物や導入植物に土着の昆虫が適応していく例はこれに当たり、まず、外住性のジェネラリストの昆虫が最初に適応する。しかし、内住性のスペシャリストが適応するのはなかなか難しい。逆の見方をすれば、植食性昆虫の外来種が新たな侵入場所で親和性のない植物を利用して生活するのは、とても困難なことであり、絶滅する確率が高い。

一方、すでに定住していた植食性昆虫が絶滅することがある。小さな島を利用している昆虫はそれだけ絶滅率が高いと思われるが、その絶滅は、生息場所そのものが失われて起こる場合が多く、利用している植物がなくなるケースはほとんどない。生息場所が切れ切れに縮小され、植食性昆虫の個体群が小さくなったときに、気候の変動などの要因で絶滅に至る。

たとえば、ヨーロッパ全域に分布するゴウザンゴマシジミというチョウがいる。幼虫時代の1齢期から4齢期までは、草原にあって芳香を放つハーブのタイムを食草として育ち、最終齢の5齢になるとクシケアリに寄生して、アリの巣穴の中でアリの幼虫を食べて蛹になる。そのアリが好む草原が、イギリスでは開発により縮小し、ゴウザンゴマシジミの数は急減した。残った小さな個体群のいる草原も、1975年と76年の旱魃や翌1977年と78年の夏の激しい気候変動にさらされ、1979年にゴウザンゴマシジミは最終的な絶滅に追いやられた。
しかし、イギリスの自然保護団体が草原を買い取り、柵《さく》で囲って牛を放牧して草原の草丈を低く抑え、クシケアリが好む日の差し込む草原を作った。そこに、1983年から1992年にかけて、スウェーデンのゴウザンゴマシジミ個体群の幼虫を再導入した。そのような地区は50ヵ所に及び、2020年現在、イギリスのゴウザンゴマシジミの密度は、ヨーロッパで最も高いという。

植物を食べる昆虫に競争はあるか

植物を食べる昆虫に競争があるか。ストロング、ロートン、サウスウッドの3人の昆虫生態学者の結論は、「否」であり、あるにしても、散発的かつ一過性のものであるとしている。植物には、利用されていないニッチはいくらでも空いており、ニッチを巡っての競争はなかなか起こりえない。しかし、植物の原産地では利用している昆虫の種数も多く、競争がある可能性は否めない。

競争には種内競争と種間競争があるが、いずれにしても、ニッチ内の密度が高くなり、個体数が環境収容力に迫ると初めて競争が起こる。そのような高密度の状態が、実際の野外で起こっているのかを、彼らは34種の植食性昆虫の生命表を調べて検討した。

生命表とは、ある期間に生まれた集団が全員死亡するまでを観察して、年齢階級ごとの死亡率とその死亡要因を記録した表である。この表から、年齢に応じた平均余命が計算できる。人間の場合は生命表が、生命保険や年金などの商品価格の計算に利用されている。昆虫生態学では、実験生態学で見られた昆虫の密度調節が、野外でもあるか否かに関心があり、生命表を5世代分とか10世代分とか連続に作成して、解析することで密度調節の有無を検討した。その際に、発育段階を、卵期、1齢幼虫期、2齢幼虫期、3齢幼虫期、4齢幼虫期、終齢幼虫期、蛹期などと分けて調べることで、密度調節があるとしたらどの段階で起こるのかを検討した。

その結果、分かったのは、45%の種で軽い密度調節があったが、各種とも資源を巡って競争を起こすような高密度になることはありえなかった。それよりも、各発育段階で、クモ、ハサミムシ、アシナガバチなどの捕食者や、寄生バチ、寄生バエなどの捕食寄生者による死亡率が大きかった。さらに、カビや病原菌が寄生して殺してしまい、それぞれの種を競争が起こる以前の低密度に抑えていることが分かった。

捕食寄生者とは、その卵を寄主の卵、幼虫、蛹などに産み付け、その幼虫時代を寄主の体内で寄主の体液を吸収して成長し、最後に寄主の体内から脱出して蛹になる寄生バチや寄生バエなどである。多くの場合、役目の終わった寄主は捕食寄生者の蛹の横で死に絶える。

たとえば、モンシロチョウに寄生する捕食寄生者のアオムシサムライコマユバチは、モンシロチョウの1齢〜3齢幼虫の体内に約30個の卵を産み込む（図4—4A）。モンシロチョウ幼虫の体内で孵化したアオムシサムライコマユバチの幼虫は、モンシロチョウ幼虫の成長と共にその体内で体液を吸いながら成長し、モンシロチョウの最終齢5齢幼虫が蛹になる直前に、アオムシサムライコマユバチの3齢幼虫が体内から脱出して黄色の繭塊を作り繭の中で蛹になる（図4—4B）。アオムシサムライコマユバチの幼虫に脱出されたモンシロチョウの5齢幼虫は、その後、蛹になれずに死んでいく。

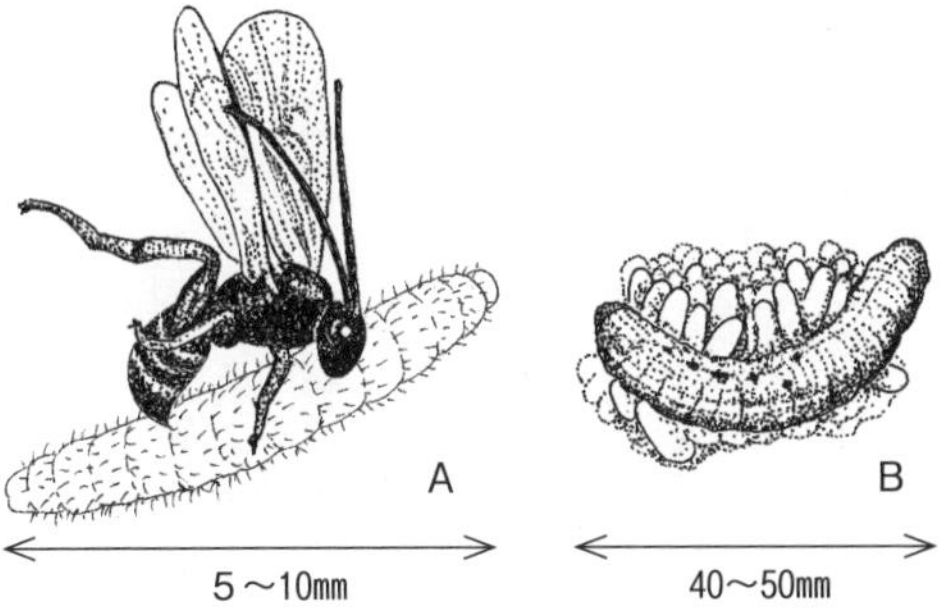

図4—4　アオムシサムライコマユバチ
(A)モンシロチョウの1〜3齢幼虫（体長5〜10mm）に産卵中、(B)モンシロチョウ5齢幼虫（体長40〜50mm）の体内から脱出して繭塊を作り蛹化する

カリフォルニア大学デーヴィス校のジェーン・ヘイズは、ロッキー山脈でマメ科のレンリソウ属の植物を利用しているアレクサンドラ・キチョウの生命表を12世代にわたって作成した。その結果は、卵期：未孵化33〜40%、孵化失敗5〜7%、乾燥死やアリやダニの捕食22〜30%。1齢幼虫期：葉に噛みつけずに餓死32〜37%。2齢幼虫期：植物体からの離脱や恐らく捕食者による捕食28〜60%。3齢幼虫前期：植物体からの離脱や恐らく捕食者による捕食35〜70%。3齢幼虫後期：流失と凍死50〜95%。4齢幼虫期・5齢幼虫期・蛹期：寄生バチやヘビとネズミによる捕食0〜60%、だった。このように、植食性昆虫は、捕食者や捕食寄生者などの天敵類によって、極めて低い密度に抑えられていた。

競争は、食物網の中では同じ資源を利用する水平的相互作用である。しかし、植食性昆虫には水平的相互作用は希薄で、植食性昆虫を捕食する食物網の上位栄養段階の天敵類によるトップダウン効果と、植食性昆虫に食べられる植物の化学的防衛メカニズムや物理的防衛メカニズム、さらに植物が天敵を利用する生物的防衛メカニズムなど、食物網の下位栄養段階の植物によるボトムアップ効果が重要で、天敵─植食性昆虫─植物の3者系の相互作用の研究が発展している。

マルサスとダーウィンは、人間だけでなくすべての生き物は、その食物となる資源が養える以上の子供を産み落とすとしていた。その結果、同種の生き物の間に資源を巡っての生存競争が起こり、より適応した個体が生き残り、その子孫が繁栄する。さらに、同じ資源を利用する異種の間にも競争が起こり、一方の種が勝ち残り、他種はその資源から排除される。このことを、同じニッチを持つ種は共存できないというガウゼの「競争排除則」という。

しかし、ラックによる鳥が1回に産む産卵数の研究（81ページ）を思い出してほしい。彼は、鳥は自分が養える数だけの卵を産むことを明らかにした。植食性昆虫のモンシロチョウは300〜700個の卵をキャベツに産み付ける。この卵がすべて順調に成長したなら、確かにキャベツは食い尽くされ、多くの幼虫が餓死するだろう。しかし、幼虫の多くは天敵類に襲われて死に絶える。モンシロチョウが次世代を残すためには、平均して2匹の子供が生き残る必要がある。つまり、進化は2匹の子供を残すためには300〜700個の卵を産むように作用したのだ。植食性昆虫は競争が起こるような高密度にはならず、競争が起こりえない低密度に抑えられている。

植物の物理的防衛

上記のアレクサンドラ・キチョウの生命表で、1齢幼虫が葉に噛みつけずに餓死したのが32〜37%とある。恐らく、植物は軟毛に覆われているので、孵化したばかりの小さく未熟な幼虫は、軟毛に阻害され植物本体に近づけなかったか、植物本体は硬いクチクラなどに覆われているので、小さく軟弱な幼虫の口器で植物本体に噛みつけなかったのだろう。これらは植物の物理的防衛である。

宮城県以南から沖縄までのたいていの里山の森林地帯には、林床にアオキという樹高3mに満たない常緑樹が生えている。手の平ほどの大きさの葉は、昔は牛馬の冬の飼料作物だったが、野生シカの大好物で、現在はシカによって食い尽くされた地域も多い。学名は ***Aucuba japonica***（アオキ、日本の）で、江戸時代にリンネの17人の使徒の1人として日本にやって来たツンベルクによって、新種として命名された。冬にドングリぐらいの大きさの赤い

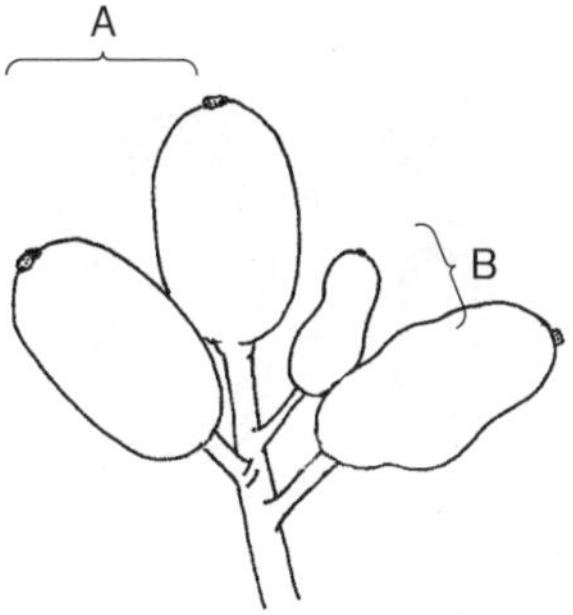

図4—5　アオキ　(A)赤い正常実（ドングリ大）、(B)緑色の虫こぶ実（内部にアオキミタマバエの幼虫がいる）

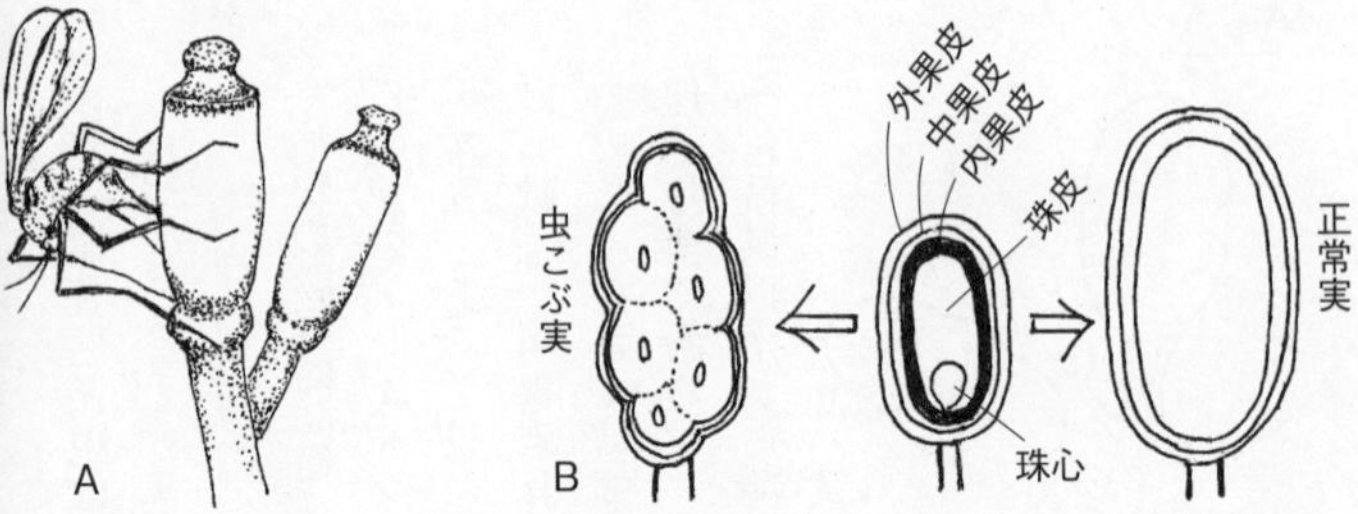

図4―6　アオキミタマバエの産卵と虫こぶ実形成　(A)アオキの幼果に産卵するアオキミタマバエ、(B)卵は珠心を覆う厚い珠皮に産み込まれる（珠心＋珠皮＝胚珠）。珠皮はエナメル質の内果皮によって物理的に保護されているが、胚珠の成長と共に内果皮に亀裂が入りタマバエの産卵管が珠皮に届く。一方、胚珠が種子に生長すると珠皮は種子を覆う薄皮に変化する。その変化前の一瞬が産卵適期で window という (Imai and Ohsaki 2004)

実をつけるので（図4―5A）園芸植物としてイギリスに大量に持ち込まれたが、イギリスでは、その後約45年間、実を付けることがなかった。アオキにはメスの木とオスの木があり、メスの木にのみ実が付く。イギリスに持ち込まれたのはメスの木だけだった。

このアオキの実が幼果のときに、虫こぶを作るアオキミタマバエが幼果に産卵管を刺し込んで産卵すると、幼果は正常な実に生長できずに、ゴツゴツ、ボコボコと矮小化《わいしょうか》した緑色の虫こぶ実になる（図4―5B）。虫こぶ実の内部はアオキミタマバエの幼虫の数だけの小さな幼虫室に分かれており、1～10匹程度の幼虫が棲んでいる。

春にアオキの幼果が形成されたとき、幼果の内部には将来に種子となる小さな胚珠《はいしゅ》があり、その内部に珠《しゅ》心《しん》があって、珠心を包んで分厚い珠皮《しゅひ》がある。珠皮の上層には、内側から内果皮、中果皮、外果皮がある。アオキミタマバエの幼虫室になるのは珠皮で、アオキミタマバエはこの珠皮に卵を産み付けようとする。珠皮を物理的に防衛しているのが硬質の内果皮で、アオキミタマバエの産卵管は内果皮を貫通できないので産卵は不能である（図4―6）。

胚珠が種子となるために急激に生長すると、珠皮は種子の周りの薄皮に変化し、アオキミタマバエの卵が産み付けられても幼虫室にはならない。このとき、珠皮を守る硬質の内果皮は粉々に砕け散ってしまう。しかし、胚珠が生長を始めた直後は、珠皮はまだ分厚く残り、内果皮に徐々にひびが入る微妙な瞬間がある。この瞬間をwindow（好機）といい、このときにだけアオキミタマバエは内果皮のひびに産卵管を刺し込んで珠皮に産卵することができる。この現象は、植物の物理的防衛と利用する昆虫との攻防の実態が明らかになった珍しい例で、京都大学農学部の大学院生だった今井健介《いまいけんすけ》によりイギリスの『生態昆虫学誌』に発表された。

植物の化学的防衛

植物には物理的防衛以外に化学的防衛がある。侵入昆虫や導入昆虫が土着植物をなかなか利用できずにいることや、導入植物や侵入植物が土着昆虫に容易に利用されない理由の1つは、この化学的防衛が要因である。

植物は限られたエネルギーを、生長、繁殖、防衛、の3分野に振り分けている。このエネルギーを常に3分野に等分に振り分けているわけではなく、芽生えたときや葉を展開するときには、防衛は手薄になり、エネルギーは生長に集中される。この時期に、植食性昆虫は集中的に植物を利用する。植物体に潜入する種や虫こぶを作る種はこの時期に卵を植物に産み込む。春に人間が、ワラビ、ゼンマイ、タラの芽などを楽しめるのも、それらの植物がエネルギーを防衛に使わずに生長に注ぎ込んでいるため、苦くなく柔らかく食用に適しているからだ。そのような植物の初期生長が終わると、エネルギーは防衛に振り分けられ、昆虫も人間もなかなか植物を利用できなくなる。野菜や果樹は人為的に品種の改良を行い、この防衛化学物質を減らされた植物だ。

植物の防衛メカニズムは、植食性昆虫との共進化の結果、獲得されたと考えられている。共進化とは軍拡競争ともいわれ、植物の防衛メカニズムとその防衛メカニズムを突破する植食性昆虫との関係を、人間国家の軍備拡張競争にたとえて説明されている。

たとえば、3億年前に植食性昆虫が出現したとき、植物は無防備の状態で、昆虫の自由な食害を許した。しかし、植物の中に、防衛化学物質や防衛物理物質を獲得する個体が現れると、その個体の子孫が繁栄した。すると、そのような防衛物質に対処できるような形質を持つ昆虫が現れて、その子孫が繁栄した。というように、植物と昆虫の間にイタチごっこに似た共進化が起こった。共進化は一律に同じ方向に進むわけでなく、植物は各々異なる防衛システムを獲得した。そこで、昆虫も利用している植物との共進化を繰り広げるため、その植物の防衛システムとの戦いに特化し、その植物利用のスペシャリストになった。その結果、あまり利用していない植物の防衛システムには次第に対応できなくなった。

たとえば、ペンシルヴェニア大学のダニエル・ジャンゼンがコスタリカのサンタローザ国立公園の熱帯モンスーン林で10年間にわたって調べた結果によると、約１万haの森に７２５種の樹木があり、その樹木の葉を利用するガの幼虫が３１４２種いた。このうちの半数の幼虫は、たった１種の樹木の葉だけしか利用できないスペシャリストだった。このような植物と植食者の化学的共進化の結果が、侵入植物や導入植物が土着の昆虫に利用されない原因であり、逆に、侵入昆虫が土着植物を利用できない原因になっている。なお、共進化という言葉は１対１対応のイメージで使われるが、昆虫と植物の場合、地域の複数の昆虫と１種の植物との間に共進化が起こると考えられており、この場合、拡散共進化とも呼ばれている。

その一方で、複数の植物を利用するジェネラリストといわれる昆虫も存在する。京都大学農学部の大学院生だった三浦和美《みうらかずみ》は、ジェネラリストのキンキフキバッタに、生息場所で利用していたイタドリとタニウツギを単独で与えた場合と、２種の植物を同時に与えた場合を比較した。単独で与えた場合は、バッタは大きくならず生存率も低かったが、複数の植物を同時に与えた場合は、成長は改善され、生存率も向上した。彼はこれを混食の効果と呼んで、複数の植物を少量ずつ食べることで、各植物の防衛化学物質の効果を減殺していると指摘した。

以上に説明した植物の防衛法は、エネルギーを常時使用している防衛法で、被害がなくとも保険をかけるようにエネルギーを使っている。それにかわって、被害が出たときに初めてエネルギーを防衛に使用したほうがコストがかからないのではないかという、誘導防衛法の発想が、アメリカ・デューク大学のマーク・ラウシャー（図4―7）から発案された。

彼はノースカロライナ州の畑の周りに生える野生のアサガオと、それを利用しているジンガサハムシを用いて検証実験を行った。ポットに植えた無傷のアサガオと、人為的に

図4―7　マーク・ラウシャー（1951～）

傷を付けたアサガオと、ジンガサハムシにすでに食べさせた食害のあるアサガオを用い、ジンガサハムシの幼虫を育てた。その結果、ジンガサハムシの食害のあるアサガオで育てた幼虫の育ちだけが悪かった。一度食害されたことのあるアサガオにのみ、誘導防衛物質が造られていたものと思われる。この研究はアメリカの生態学誌『エコロジー』に掲載され、私も共著者の1人として参加した。

マーク・ラウシャーは、「研究とは、誰も考えたことのない仮説を立て、それを検証することだ」と口癖のように言った。彼がコーネル大学の大学院生のときに行った研究は、チョウの探索像の検証だった。チョウは、植物との共進化の結果、利用している植物の防衛化学物質を逆手にとって、自分が利用する植物の手掛かりとして利用している。成虫になったばかりのメスのチョウは、前脚の裏にある味覚器を用いて、緑色の植物にいちいちタッチして利用できる植物を探し出して産卵する。しかし、この方法は効率が悪いので、チョウは次第に植物の葉の

形を認識し、探索像を持って視覚的に植物を探している、という仮説を立てた。この仮説は、テキサス州でアオジャコウアゲハと葉の形を変えたウマノスズクサを用いた実験で検証され、『サイエンス』に掲載された。

アオムシサムライコマユバチは用心棒か

私も仮説を立ててみた。京都大学理学部の大学院生だった佐藤芳文《さとうよしぶみ》が、モンシロチョウの幼虫に寄生するアオムシサムライコマユバチは、アブラナ科植物についたモンシロチョウ幼虫の食い痕を目印に幼虫を探索することを明らかにしていた。葉に食い痕と似た傷がついていると、葉に着地して触角で傷跡をチェックし、モンシロチョウ幼虫の食い痕と確認したときに、入念な幼虫探索を開始する。佐藤芳文は、食い痕には植物液と幼虫の唾液から生成される新たな化学物質ができ、コマユバチはその化学物質を認知するのだろうと考えた。そこで、彼は葉にモンシロチョウ幼虫の唾液を付けたり、葉に機械的な傷をつけて傷跡に色々な昆虫の唾液を付けたりしてコマユバチの反応を調べた。コマユバチは傷跡にモンシロチョウ幼虫の唾液を付けた場合にのみ反応した。

そこで、私の立てた仮説は、食い痕から新たに生成される化学物質は、植物がアオムシサムライコマユバチを誘引するために作り出した誘導防衛物質ならぬ誘導ＳＯＳ物質ではないか、というものだった。１９９０年頃のことで、植物はこの物質で天敵を呼び、食害する昆虫を退治してもらう。つまり、植物は誘導されたSOS物質を発することでアオムシサムライコマユバチを用心棒として呼び、モンシロチョウの幼虫を退治してもらっているという仮説を立てた。

佐藤芳文と実験をしてみると、仮説には不利な結果が出てきた。アオムシサムライコマユバチは寄主であるモンシロチョウ幼虫の1〜3齢期に約30個の卵を産んで寄生し、寄主が蛹になる直前の5齢幼虫から脱出して寄主を殺す。この間、モンシロチョウ幼虫は葉を食べ続けるが、寄生された幼虫の摂食量は寄生されていない幼虫の1・23倍多いことが分かった。モンシロチョウ幼虫は体内にいる約30匹のコマユバチの幼虫を養っていかなければならないのだ。したがって、コマユバチを誘引することでモンシロチョウ幼虫による被食量は増加していた。

さらにまずかったのは、寄生を免れたモンシロチョウが植物の周囲にとどまって産卵するならば、植物にとってはコストを払ってでも産卵するメスの数を減らすことに意味がある。しかし、羽化したモンシロチョウのメスは、数km分散してから産卵するので、植物がコストを払って殺すことに意味がなかった。

血縁淘汰という考え方がある。オックスフォード大学のウィリアム・ハミルトンが唱えた説で、働きバチや働きアリのような、メスなのに自らの子供を産まずに血縁者である女王の子供を育てる行動を説明するために考えられた説である。それを植物に応用すると、植物が花粉を交換して血縁関係を持つ集団内で、ある植物個体が食害される量が多くても、その結果、食害者を殺すことにより他の血縁個体が救われるような利益があるなら、そのような振る舞いは進化しうるという。しかし、モンシロチョウが利用しているキャベツや野生のイヌガラシの花粉の交流範囲がどのくらいなのか分からないが、血縁淘汰でこの仮説を立証することは困難と思われた。

この、モンシロチョウの幼虫の食痕から出る化学物質を、並行して、京都工芸繊維大学の大学院生の堀越真由美《ほりこしまゆみ》に調べてもらった。その結果として分かったことは、幾つかの化学物質が食痕から出ていて、アオムシサムライコマユバチは、モンシロチョウの幼虫とは無関係な、植物の切り口から出る非特異性の揮発物質の青葉アルコールや青葉アルデヒドに誘引されて植物上に降り、そして、食痕の探索を始める。食痕に辿《たど》り着いたときに触角で食痕をチェックして、モンシロチョウの唾液と植物液で生合成された化学物質を確認すると、コマユバチは本格的な探索活動に移る。この化学物質は、1997年にステアリン酸を主とする高級脂肪酸だということが明らかになった。しかし、アブラナ科植物がSOS物質を出して加害者モンシロチョウ幼虫の天敵アオムシサムライコマユバチを呼ぶ、という魅力的なアイディアは否定せざるをえなかった。

その後、京都大学農学部の大学院生の塩尻《しおじり》かおりが、アブラナ科植物を食害するコナガの幼虫とその捕食寄生者のコナガサムライコマユバチを用いた実験で、食害された植物がSOS物質を出している、と報告した。その根拠は、植物、コナガ幼虫、コナガサムライコマユバチの3者の関係は、植物、モンシロチョウ幼虫、アオムシサムライコマユバチの3者の関係と酷似しているのだが、ただ決定的に異なるのは、アオムシサムライコマユバチに寄生されたモンシロチョウ幼虫の摂食量は１・２３倍増加したが、コナガサムライコマユバチに寄生されたコナガの摂食量は親指の面積程度減ったからだそうだ。このことから、植物はコナガサムライコマユバチを呼んだほうが有利だということで、植物はＳＯＳ物質を放出してコナガサムライコマユバチを用心棒として呼んでいる、ということになった。

湖に浮かぶ恐怖の島

２００６年、イギリスの生態学誌『ジャーナル・オブ・エコロジー』に「捕食者のいない陸橋島の植生ダイナミックス」という論文が掲載された。アメリカ・デューク大学のジョン・ターボーをリーダーとする国際混成チームの論文だった。

彼は、１９７３年から調査をしていたペルーのマヌー国立公園で、ジャガーやピューマなどの大型のネコ科の捕食者が、獲物となる動物の個体数を調節しているのではないかと考えた。そこで、それを検証するよい調査地を探していた。そんなとき、１９９０年に知ったのが、ベネズエラのカロニ渓谷に出現した島の話だった。

１９８６年、ベネズエラのカロニ渓谷に大型の水力発電所（カロニ河電力所グリ第2発電所）が建設された。カロニ渓谷は、ラウル・レオニ・ダムによって堰《せ》き止《と》められ、琵琶湖《びわこ》の約６・５倍、４３００㎢のグリ湖が作られた。湖の最大の深さは１５０ｍで、水没地は丘陵地だったので、幾つかの高い丘が島になって残り、湖には0・6〜189・8haの大きさの大小様々な数百の島が出現した。1990年にターボーらは、その中から12の島と、湖の外周部と陸続きの2つの半島の計14ヵ所を選び、植物相や動物相の変化を10年以上にわたって調べた。そのことにより、植物を食べる植食者は、植物連鎖の下位者の植物ではなく、上位者の捕食者によって数が抑えられているという、「緑の世界仮説」の検証を試みた。

調査地域は熱帯の乾燥した森やサバンナの丘陵地で、数千年前から先住民が住んでいたが、18世紀にヨーロッパからの移住者がやって来た。しかし、現地は乾燥した貧相な土壌で農業には不向きだったので、彼らは、放牧、狩猟、そして木材の選択的伐採をして生計を立てていた。

ダムができて陸地が水没し小さな島が出現してから、ターボーらの調査が始まるまでに約5年の歳月が経っており、その間に、小さな島では多くの脊椎動物がいなくなっていた。調査地は、小調査地、中調査地、大調査地の3つのグループに分けられた。小調査地は広さ2ha以下の6つの島で、中調査地は3〜15haの4つの島、大調査地は75ha以上の2つの島と湖の外周と陸続きの2つの半島だった。彼らはボートで島に渡りテントを張って調査を始めた。

小調査地にはネズミのような齧歯類《げっしるい》、小鳥、トカゲ、カエル、クモやその他の節足動物、そして、植物なら何でも食べるジェネラリストのハキリアリ、イグアナ、ホエザル、ヤマアラシがいた。しかし、捕食性の哺乳類はいなかった。ハキリアリとは、樹木に登って木の葉を切り落とし、その葉を地中の奥深くにあるアリの巣に運び込んで、葉をかみ砕いてドロドロにした培地を作り、アリの食物のアリタケというキノコを育てている。

中調査地は、小調査地にいるすべての生物を含め、ハキリアリの捕食者のアルマジロや、節足動物の捕食者のアグーチ（大型ネズミ）、カメ、オマキザルがいた。

大調査地には、小調査地と中調査地の生物に加えて、果実食や穀物食の大型の鳥、霊長類、パカ（齧歯類）、シカ、ヘソイノシシ、ハナグマ、アメリカイタチ、コアリクイ、大型のヘビ、オウギワシのような猛禽類《もうきんるい》、チーターに似たオセロット、ジャガー、ピューマなど多くの脊椎動物や捕食者がいた。

1991年に調査を始めた時点での調査地の特徴は、広さ2ha以下の小調査地では植食性動物の密度が非常に高かったことだ。たとえば、ハキリアリのコロニーは中調査地の22・5倍の1ha当たり4・5コロニー、イグアナは大調査地の10倍の密度だった。ホエザルは大調査地の4・5倍の1ha当たり8〜10頭もいた。

中調査地の特徴は、アリ食のアルマジロがいたことだ。そして、ハキリアリの密度は1ha当たり0・2コロニーで、イグアナとホエザルが小調査地より少ないことだった。

大調査地の特徴は、ハキリアリとホエザルとイグアナの密度が非常に低いことだった。

捕食者のトップダウン効果

樹木の数の変化を調べるために、樹木の大きさを、成木、幼木、苗木の3通りに分けて調べた。１９９６年に小調査地の胸高直径が10㎝以上の成木すべての胸高直径を計測し、個体識別番号を書いた札をつけて、地図に書き込んだ。そのような成木は、小調査地の島に平均３００本あった。そこで中調査地と大調査地でもそれぞれ３００本の成木を同様に計測し、マークした。

１９９７年には、各調査地に、樹高１ｍ以上で胸高直径が10㎝以下の幼木の調査地を設けた。２０００年には、さらに17の小調査地を設け、樹高１ｍ以下の苗木の消長を調べた。その結果、４０８６本の苗木、７０２７本の幼木、４７７１本の成木の計１万５８８４本の樹木を個体識別して、２００５年までの樹木の数の変化を調べた。調査の対象になった樹木は３２０種に及んだ。

調査を開始して10年で、捕食者のいない小さな島では、イグアナの密度は最大10倍に増え、ホエザルの密度は30倍に増え、ハキリアリの密度は１００倍に増えた。ハキリアリは普段の森では目立たない小さな昆虫だが、１００倍に増えてみると黙々と葉を切り落として緑を奪う最も脅威の存在だった。一方、樹木はといえば、苗木や幼木は激減し、枯れ枝の転がる林床はスカスカになり、剝き出しの赤土が出現し、森林性の小動物は絶滅した。その一方で、トゲだらけの樹木、毒素に満ちた新芽といった防衛物質の鎧をまとった植物が出現し、それらを食べたホエザルは即座にそれらを吐き出した。森は硬いツル性の植物に覆われ、光を失って、ますます樹木は枯れていった。ホエザルは高密度になる一方で食べられる植物は減って、痩せ細り、明らかに飢餓状態になった。植食者の種間競争どころか厳しい種内競争が始まっていた。

一方、捕食者のいる島では、大きな変化は起きずに、植物相も動物相も従来通りの姿で維持された。そこでは、捕食者により植食者の数が制限され、植物も豊富に維持され、植食者間の種間競争も起こらなかった。このことは、食物網の上位栄養段階である捕食者によるトップダウン効果が植食者の数を制御し、緑豊かな植物相を維持していることを示している。

捕食者のいない小さな島では、植食者が異常繁殖し、食べられる植物を食べ尽くしてしまった。さらに、防衛物質を身にまとった植物が出現し、植食者に対し、食物網の下位栄養段階の植物によるボトムアップ効果が効きはじめた。その次にやって来るのは、植物という餌を失った植食者の絶滅のはずだった。しかし、2003年にこの地域は大旱魃に見舞われ、湖面が26m下がり、3つの島を残してすべての島は周囲と陸続きになった。その結果、飢えた植食者は荒廃した島を脱出して緑豊かな森に移住していった。

このベネズエラのグリ湖の島々で起こった出来事は、捕食者が存在する本来の自然界では、植食性動物は捕食者により密度が低く抑えられていて、植食性動物には種間競争はないことを示している。「緑の世界仮説」は検証されたことになる。

中規模攪乱仮説

1978年に、カリフォルニア大学サンタ・バーバラ校のジョセフ・コネル（図4―8）が、

「熱帯降雨林とサンゴ礁の多様性」という論文を『サイエンス』に発表した。そこでは、「熱帯降雨林は、暴風、地滑り、落雷、昆虫の食害などによって樹木が折れたり枯れたりして攪乱《かくらん》されており、サンゴ礁は、嵐の波、陸地の洪水による淡水の流入や堆積物の流入、捕食者の群れの出現などの要因によってたえず攪乱されており、この攪乱が中規模に続く限り、最大の種の多様性が維持されている」と主張していた。

私は熱帯降雨林で2度調査をしたことがある。1度はマレーシア領ボルネオ島のビンコールの森に1ヵ月間滞在し、2度目は西ケニアのヴィクトリア湖近くのカカメガの森で1年間過ごした。いずれの森も樹高50ｍを超す超高木がまばらにあり、その下の高さ30～50ｍに森を覆うような様々な種類の樹木の梢《こずえ》が集まった樹冠層があり、根を土壌に下ろさずに他の木の上に根を張る着生植物や、ターザンが使うようなツル性の植物が垂れさがっていた。樹冠層の下には多様な高さの木々が茂り、最下層の林床は意外とスカスカに空いていて苦労せずに歩き回ることができ、薄暗い喫茶店の室内に飾られているような観葉植物が生えていた。

図4―8　ジョセフ・コネル（1923～2020）

このように熱帯降雨林の種は多様で、その多様性に富む種構成は、中規模攪乱仮説の提案以前は、ほぼ平衡に維持されていると考えられていた。特によく調べられていた熱帯の鳥類群集から、その種構成は過去と現在の種間競争の結果であり、それぞれの種が最も効果的にそれぞれのニッチを占有していて、攪乱がなければ、この種の構成は持続され、攪乱があってもすぐに元の状態に戻ると考えられていた。

しかし、コネルの主張は異なっていた。彼の熱帯降雨林の研究は、1965年から自身が11年間にわたって調べたオーストラリアのクイーンズランド州にある2つの熱帯降雨林の樹木の多様性と、イギリスの植民地であったウガンダの植民地森林局に1931年から1954年まで勤めていたウィリアム・エッゲリングのブドンゴの森での調査結果を基にしていた。

エッゲリングは、エディンバラ大学で植民地林業を学び、オックスフォード大学の植民地サービス大学院を修了後、ウガンダにある植民地森林局に23年間勤めた。エッゲリングによると、ブドンゴの森は大きく3通りに分けることができた。(1)打ち捨てられた農地や焼き畑の跡地に2次林が生え、横には草原が広がっている。2次林の樹冠は生長の速い少数の種で占められ、下層の幼木は樹冠林とは全く異なる種だった。(2)最も多くの種が混在する混交林で、樹冠林は(1)の2次林の幼木だった種である。下層の幼木は2次林同様に樹冠林とは異なる種で、耐陰性の高い種が多い。(3)少数の種が樹冠林を形成する極相林で、下層の幼木は樹冠林と同種で、多様性に欠けている。

ここで注目されるのは、最初の2次林の下層の幼木と、次の混交林の下層の幼木が、樹冠を形成している種と異なることだ（図4―10下）。このことが、熱帯降雨林の混交林の種の多様性が豊かになる原因で、最後の極相林の下層の幼木が樹冠を形成している種と同じであることと極めて異なっている。下層の幼木の種が異なることは以下のように説明される。種子散布量は母樹の周りで多く母樹から離れるほど減少する。しかし、種子や実生《みしょう》の苗木は母樹からの距離が短いほど母樹に適応したスペシャリストの病原菌や捕食者などの天敵による死亡率が高く、母樹から離れるほどスペシャリストの天敵から逃れられる。そのため、母樹の周囲には同種の木は育たずに他の樹種が育つ余地が生まれる。そのことが樹種の多様性を増やす要因の1つと考えられている。この仮説はペンシルヴェニア大学のジャンゼン（1970）とコネル（1970）が独立して提唱したので、ジャンゼン‐コネル仮説といわれている（図4—9）。撹乱が起こって間もない2次林や、中規模の撹乱が時々起こる混交林の樹木の密度は低く、このような現象が起こる余地があるが、安定した環境の極相林ではどこに種子を飛ばそうとも、同じ成木に囲まれている。

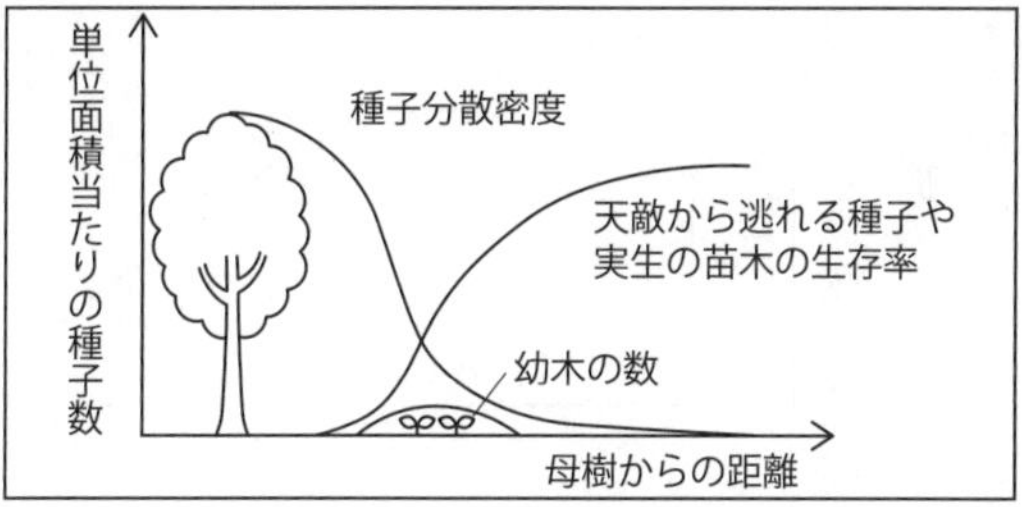

図4—9　ジャンゼン‐コネル仮説　森林の多様性を説明した仮説で、種子の散布数は母樹の近くほど多いが、種子や実生を食べるスペシャリストの天敵や病原菌も多く、母樹の周囲に同種の樹木が育つ可能性は低い。このことが森林の多様性を生み出している（Janzen 1970, Connell 1970を参考）

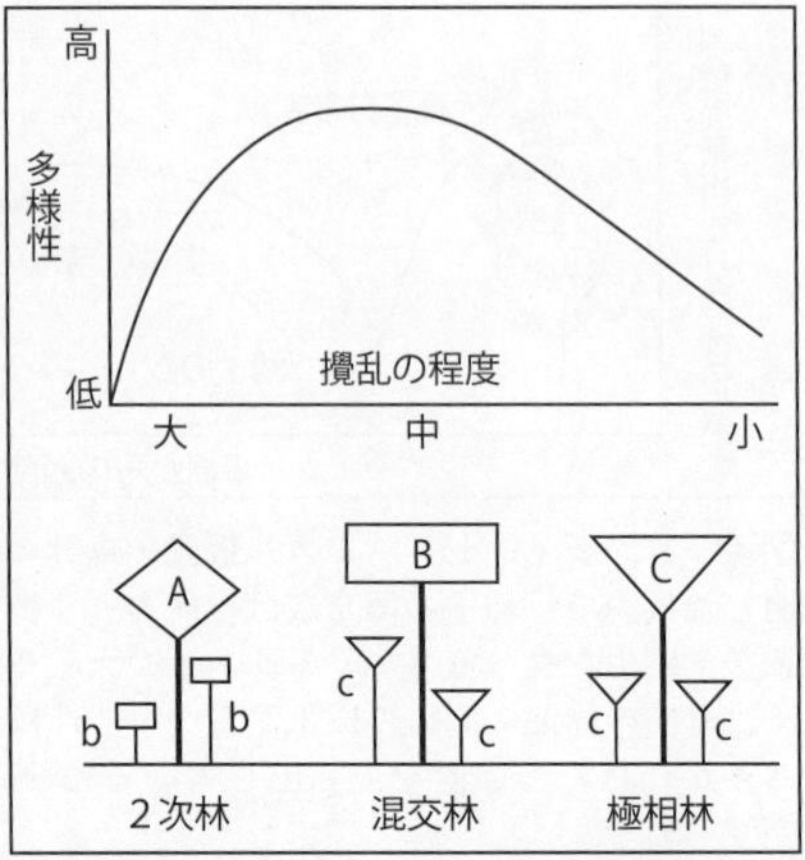

図4—10　中規模攪乱仮説（熱帯降雨林）
樹木の密度が上がって来たときに、暴風、地滑り、落雷による火事が中規模にあると、高密度での競争に強い樹種の寡占独占化を防ぎ、多様性が保たれる（Connell 1978より）

多様性に富む混交林

コネルの中規模攪乱仮説は、「廃棄された農場や焼き畑の跡地に周囲の近場から移動性に富む種子が飛来して2次林を作り、その後、あまり移動力のない種子や、遠くからも飛来してくる種子があり、次第に多様性に富む混交林ができ上がり、樹木の密度も上がって来たときに、暴風、地滑り、落雷による火事などが中規模にあると、高密度での競争に強い樹種の寡占独占化を防ぎ、多様性が最も高い混交林ができる」としていた（図4—10）。

その根拠として、ナイジェリアのオコムの多様性豊かな混交林に樹齢約200年の枯れ木が多く存在し、混交林の土壌中から壺などの人間の活動痕が発掘されたことを、オックスフォード大学のエドワード・ジョーンズが報告していたことが挙げられた。それは12世紀に興り1897年にイギリスによって滅ぼされたベニン王国の全盛期に、農夫によって打ち捨てられた農地にできた2次林が200年間に育ってできた混交林と推察された。オコムの混交林の姿は、ケンブリッジ大学のティム・ウィットモアが調べたウガンダのブドンゴの混交林にもよく似ていた。

もう1つの理由は、混交林から遷移が進んだ極相林の多くは、過去に攪乱の起こった記録のない地域や、土壌が砂地で痩せ細っていたか、岩肌が目立つ山の急峻《きゅうしゅん》な斜面に多く、農地や焼き畑には向かない、かつて人間による開発の手が及ばない土地だった。このことは、エッゲリングやウィットモアが指摘していた。もちろん、地味豊かな地にも極相林は存在することが南米のガイアナで確認されている。

私自身の経験に戻るが、ボルネオのビンコールの森は、その後、ゴムの廃園だったことを知った。さらに、ケニアのカカメガの森は、イギリス人木材業者がマホガニーなどの有用林を切り出し、現地の人々が焼き畑を繰り返した後の政府の保護林であることが分かった。私が体験した熱帯降雨林も、かつて人手による攪乱があった混交林だった。

多様性の高い荒れる海のサンゴ礁

サンゴ礁の研究は、やはりコネル自身が11年間にわたり、オーストラリアのグレート・バリア・リーフに存在する、全長800mのサンゴ礁の島、ヘロン島で調べたサンゴの多様性の結果であった。ここのサンゴ礁はグレート・バリア・リーフというように、海岸線に沿った防波堤のような構造をしていて、陸地に面した部位を内礁、サンゴ礁本体上部を礁縁部、外洋に面

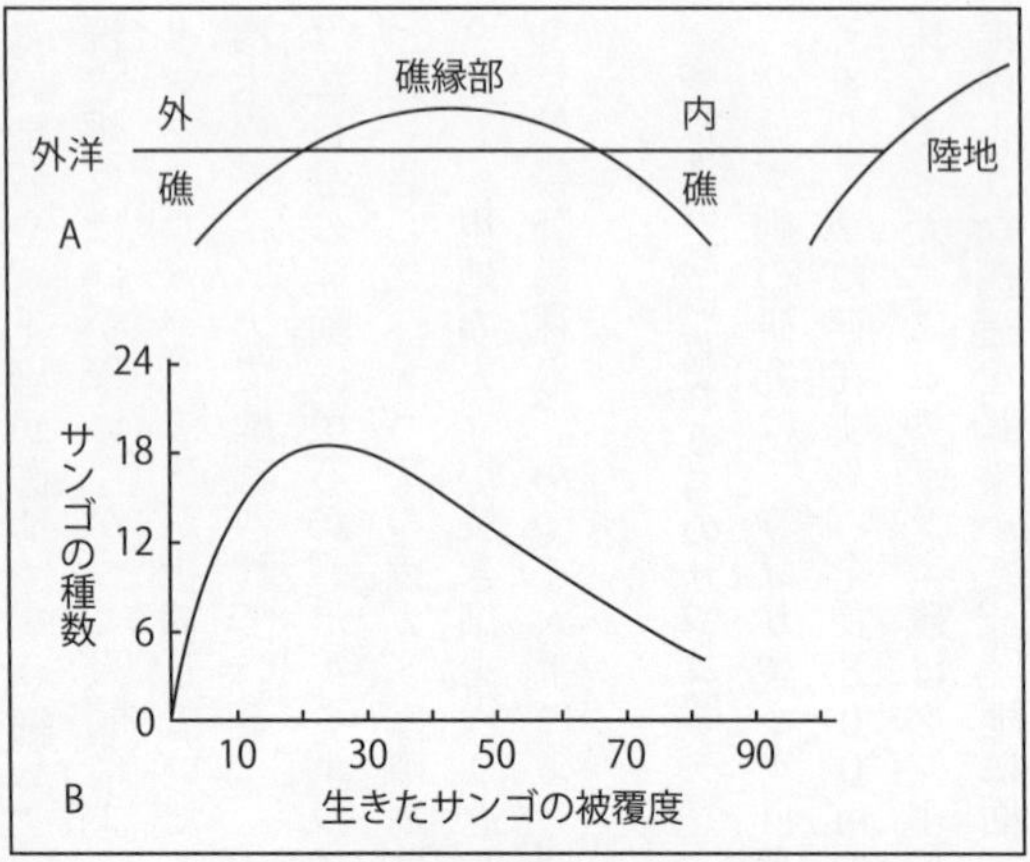

図4—11　中規模攪乱仮説（サンゴ礁）　(A)サンゴ礁の構造　サンゴ礁は陸地に面した内礁、外洋に面した外礁、サンゴ礁本体の礁縁部に分かれる。(B)サンゴ礁は、嵐に中規模にさらされる外礁と礁縁部で多様性が高い（下図はConnell 1978より）

した部位を外礁という（図4—11A）。

ヘロン島のサンゴ礁では、最も多くの種類のサンゴが、嵐にさらされている礁縁部の頂上と外礁に生息していた（図4—11B）。コネルが1962年にこのサンゴ礁の研究を始めて以来、1967年と1972年に2度のサイクロンが襲ってきた。それぞれのサイクロンは、礁縁部の頂上と外礁にある多くのサンゴを破壊したが、内礁のサンゴを損傷することはなかった。最も激しく攪乱された部位は、その後の種数は少なかったが、中規模に攪乱された礁縁部の頂上部と外礁のサンゴは、各サイクロンの4～5ヵ月後には多くの種によって再コロニー化された。再建されたコロニーは、捕食者も多くて各種の密度も低く、競争的排除がなく、種数が多くて多様性に富んでいた。

対照的に、嵐の攪乱から保護されている内礁では、大きく成長するコロニーがあり、他のコロニーを覆い日陰を作り、周囲の他種の成長を妨げた。この場合、直接攻撃的な相互作用が起こり、資源競争とは異なる競争的排除が通常の特徴であることが分かった。その結果、数種の「シカツノサンゴ」の巨大な古いコロニーが表面の大部分を占めていた。ここでは、競争による排除が明らかに完了して少数種の寡占独占が進行し、種の多様性が減少していた。同様の状況は、ハワイとパナマの太平洋沿岸のサンゴ礁についても見られる。

熱帯降雨林とサンゴ礁における中規模攪乱は、競争に勝った少数の種の寡占独占に向かう遷移現象を、元に引き戻す効果がある。その結果、多様性に富む構造は、マッカーサーやウィルソンの主張する種数が一定に保たれている「動的平衡状態」であるというよりは、種数が行きつ戻りつ増減する「非平衡状態」であるとコネルは考えた。

現代における人間によって引き起こされた攪乱の中には、これまでとは質的に異なる新しい種類のものがある。特に、土壌破壊を伴う熱帯林の大規模な伐採、または毒性のある化学物質、重金属、あるいは石油の流出による大規模な汚染は、質的に新しい種類の大規模攪乱であり、生物はそれに対する防御をまだ進化させていないとコネルは主張している。

過去の競争の亡霊

コネルはシカゴ大学で気象学を学び第二次世界大戦では陸軍の気象予報兵として従軍し、大西洋上を飛行して気象予報のデータを収集した。余暇に大西洋の中央部に位置するポルトガル領アゾレス諸島を訪れたときに、自然環境に強い興味を抱き、除隊後にカリフォルニア大学バークレー校の大学院に進学して動物学の修士号を取得した。さらにスコットランドのグラスゴー大学大学院に進学し、フジツボの研究で博士号を取得した。

このフジツボの研究は、それまで観察が主体だった野外生態学に、操作実験という実験室でしか行われていなかった実験的要素を新たに導入した研究として、その後の野外生態学の研究法を一新した革新的な研究として名を残している。

彼は、グラスゴーの街を流れるクライド川が流れ出るクライド湾に浮かぶカンブレー島という人口約1000人の島で、2種のフジツボの分布を決めている要因が種間競争によるものか否かを実験的に確認した。島の南の端の岩場の潮間帯に、2種のフジツボが岩に張り付いていた。海の水位は約半日の周期でゆっくりと上下に変化する。水位が最も高いときが満潮、低いときが干潮で、海面から出たり入ったりするこの水域が潮間帯である。潮間帯は固定しておらず、満月と新月のときに水位の上下が最も開く大潮、満月と新月の中間に水位の上下の差が最も小さくなる小潮があり、大潮のときに潮間帯の海の流れは最も激しくなる。

フジツボはエビやカニの仲間の甲殻類で、孵化したばかりの幼生は海中に漂っているが、その後、潮間帯の岩に固着して動かなくなる。大きくなると、2種のフジツボの分布は潮間帯を上下に2分して、上部と下部に2つの帯を巻くように分かれていた。コネルは2種のフジツボの分布を決めている要因を3つの仮説に分けて実験した。(1)海流のような物理的要因、(2)空間を巡る種間競争、(3)海のカタツムリといわれる貝による捕食。

実験は、固着性フジツボの個体分布を複数のガラス板上にガラス・マーキング・ペンで正確に記し、さらに記録紙にも複写し、その後の生存率の変化を調べた。それとは別に、フジツボのコロニーの上にケージを被《かぶ》せて捕食者の除去区を作ったり、消波区を作ったり、フジツボのついた石を異なる場所に移動して置いたり、2種のフジツボの分布が重なったときには一方のフジツボをそぎ取ったりと、色々と操作している。

その結果、潮間帯の上部に分布している種は、小さな幼生期には分布が下部にまで広がっていることが分かった。しかし、大きな成虫期になると分布が上部に限られるのは、下部に分布している種との種間競争に負けるのと、捕食者に食べられることが原因と分かった。観察によると、下部の種は上部の種の上に重なり窒息死させたり、ぶつかって岩場から剝ぎ取ったり、潰したりして殺していた。しかし、捕食者は上部の種だけでなく下部の種も捕食するので、両種の密度を下げて2種のフジツボの種間競争を緩和していた。下部の種が上部まで進出していないのは、乾燥に弱かったからだ。海流の強さは関係なかった。この研究は、それまで実験室でしか検証されたことのなかった種間競争が、野外でも実際に存在していることを具体的に検証した記念碑的な研究になった。

彼はアメリカに帰国後、1957年にカリフォルニア大学サンタ・バーバラ校に就職した。

1962年からは、カリフォルニア州からオーストラリアのクイーンズランド州に毎年出かけ、

2つの熱帯降雨林とグレート・バリア・リーフのサンゴ礁で群集構成の研究を始め、中規模攪乱仮説を提唱するに至った。コネルの中規模攪乱仮説は、それまでの正統な群集理論を真っ向から否定していた。その結果、競争の存在を否定こそしないが、群集構成において競争の重要性を否定するようになった。

それまでの群集理論は密度依存性と種間競争によって成立していた。群集内の個体数の増加は資源を枯渇させ、資源の不足は種内および種間に競争を起こした。したがって、現在の群集の種構成は、過去および現在の種間競争の結果であり、群集内の種は競争により選択され相互にニッチや個体数が調節されている。その結果、群集の種構成は安定した平衡状態に維持されていると考えられていた。

しかし、中規模攪乱仮説は競争の効果を否定した。その主張は、自然界での攪乱の頻度は高く、環境変化の速度は速く、各種の密度は競争を起こすような高密度にはなりえないとする。その結果、効率の悪い種や適応度の低い種も競争により排除されることはなく、嵐や火事のような突然で予測不可能な競争以外の力が、種構成の平衡状態の維持を不可能にしている非平衡状態だという。

このコネルの主張に対して反対者は、コネルが競争の証拠を見つけることができなかったのは、競争は過去に起こり、現在、競争者は共進化的に競争を排除したからだと主張した。この主張をコネルは「過去の競争の亡霊」と名付け、1980年に「多様性と競争者の共進化、あるいは過去の競争の亡霊」というタイトルの論文をスウェーデンの生態学誌『オイコス』に書き、競争者の共進化説を否定した。

共進化は、軍拡競争といわれるように、植物と昆虫、昆虫と天敵、というように常に相対し相争う栄養段階の異なる生物間に起こる。しかし、同じ資源を争う競争者にとって、中規模攪乱状態で多様性が高いという状態は、多様性が低い場合よりも種が特定の競争者と共存する頻度が少なくなるうえに、非平衡状態で種の構成が変化するので、共進化を起こすような時間的にも空間的にも持続した共存の可能性は極めて少ないとしている。

コネル自身は同じ潮間帯に共存する2種のフジツボの競争を検証しており、競争自体の存在を否定してはいない。熱帯降雨林やサンゴ礁で攪乱が緩和すれば競争排除が起こり、強者の寡占独占が起こるとしている。同じ群集内の種構成の過程は、近縁種が共進化的に競争を緩和してきたのではなく、異なる場所で適応進化した様々な種が集まって群集を構成し、中規模攪乱状態で種の多様性を維持していると主張した。

図4—12　ドナルド・ストロング（1950〜）

コネルは、この論文の末尾を、皮肉を込めて「過去の競争の亡霊をそのように呼び起こしても、私はもはや説得されない」と結んでいる。この論文に対し、植物を利用する昆虫に競争はないと断言したストロング（図4—12）は、1984年に「祓《はら》い清《きよ》める過去の競争の亡霊」

というタイトルの論文を書き、コネルを全面的に支持して、競争の存在を否定した。

第5章　天敵不在空間というニッチ

天敵不在空間とは

第4章では、1960年にミシガン大学の3人の生態学者が提唱した、地球は緑の植物に溢れているので、植物を餌資源としている昆虫や動物などの植食者には餌資源を巡っての競争はない、という「緑の世界仮説」を紹介した。それまでは、マルサスやダーウィンが唱えた、生き物は等比級数的に急激に増加するが、食物資源は等差級数的に徐々にしか増加できないので食物不足が起こり、生き物は食物資源を巡って種内や種間で競争が起きると考えられていた。そのため、生き物の群集は生き物相互の競争の結果、各生き物のニッチがぎっしり詰まった状態で、種数は一定に保たれた平衡状態にあるとみなされていた。そのような時代に提唱された「緑の世界仮説」は生態学の世界に斬新な衝撃をもたらした。

それ以来、植物を食べる昆虫や動物など植食者の野外での研究を通して、実際の野外で、植食者の密度は競争が起きるような高密度にはなりえないと主張された。密度を抑える最大の要

図5―1　ジョン・ロートン（1943〜）

因として、捕食者や捕食寄生者や病原菌などの天敵類が指摘された。

1978年には、植食者だけでなく、サンゴ礁のサンゴや熱帯降雨林の樹木の群集も、嵐や洪水による土砂の流入や火事のような天災や、森林伐採、焼き畑などの人為的攪乱があり、競争が起こるような高密度にはなかなかなりえず、中規模の攪乱があるときに、競争に弱い種や適応できていない種の存在も許容されて種の多様性が最も高いと考えられた。

では、競争がない世界で種が占めるニッチはどのように決まるのだろうか。植食性昆虫に競争はないと主張した『植物を食べる昆虫』の著者の1人のジョン・ロートン（図5―1）が、1984年にイギリス・リンネ協会の『生物学誌』に、マイケル・ジェフェリーズと共著で「天敵不在空間と生態的群集の構造」という論文を発表した。そこには、生き物のニッチは、生き物と天敵の相互作用により、天敵からの被害を少しでも軽減できる空間、すなわち「天敵不在空間」として占められていると書かれていた。

「天敵不在空間」は信州《しんしゅう》大学の市野隆雄《いちのたかお》（1996）によるEnemy-free spaceの訳である。直訳すれば「敵不在空間」で、必ずしも天敵とは限らない。ロートンはこの語彙を1984年以前にも使っているが、その際には、争う相手のいない空ニッチを指す意味で使っていた。しかし、1984年以後は明らかに天敵の意味で使っているので、ここでは「天敵不在空間」の訳を採用することにした。

「天敵不在空間」は天敵の全くいない空間を指す語彙ではない。たとえば、モンシロチョウは300〜700個の卵を産むが、そのうちの2個の卵が生き延びてチョウになり、次世代を残すことができればよい。残りの多くがチョウになる前に、鳥やアシナガバチのような捕食者や、寄生バチや寄生バエのような捕食寄生者など多くの天敵により殺されても、次世代に繋《つな》ぐことができる。モンシロチョウはそれだけ天敵に囲まれているのだが、全滅せずに、このわずかに2匹が生き延びることができるニッチが天敵不在空間なのだ。

ロートンらによる天敵不在空間の例示の第1号は、ダーウィンが示したベイツ型擬態だった。さらに、論文では、論文が『生物学誌』に受理されたときの、恐らく論文の担当編集者と思われるフロリダ大学のロバート・ホルトのコメントを添えて、以下のように序論を結んでいた。「グリンネルがニッチという語彙を初めて使って紹介した、(地上徘徊性の鳥)カリフォルニア・スラッシャーのニッチこそ、(ワシやタカのような)天敵の捕食から逃れるための(チャパラルと呼ばれる繁みの)覆いが不可欠な要素である。それは食物源のいかなる特徴でもなく、食物の取り方とも関係ない」。このように、ホルトが私たちに指摘したように、生態学におけるニッチという語彙を最初に使った例が、競争ではなく捕食を強調していたのは皮肉なことだ。

ベイツ型擬態

ロートンは、この論文中で、ハッチンソンの『個体群生態学序説』（1978）に抜粋されているダーウィンの以下のような言葉を紹介している。「ベイツ氏が1日の旅行で、アマゾン渓谷の同じような場所で、600種のチョウを採集したと聞くと、それほど多くの種が、独自の多様な生活様式に適応しているかどうか疑問に思う人がいるかもしれない。しかし、我が国イギリスの鱗翅目（チョウとガ）について思い浮かべると、600種の幼虫のほとんどが異なる習性を持っているか、それぞれの種が鳥や寄生性のハチの異なる危険にさらされていると自信を持っていえるだろう」。つまり、ダーウィンは、それぞれの種は天敵を避けるための独自の天敵不在空間というニッチを占めている、と示唆していた。

擬態は、動物が自衛や攻撃のために、体の色や形を、背景や物や植物や動物に似せることである。自衛の場合、対象は色彩感覚のある捕食者で、鳥、昆虫、哺乳類、爬虫類《はちゅうるい》、魚類、甲殻類などが挙げられる。似せる対象をモデルという。モデルが、石や木肌や小枝や葉や枯れ葉、森の繁み等のように、捕食者にとって無害なものに似せる場合には、周囲の背景に溶け込むような目立たない隠蔽色の擬態となる。

一方、毒チョウや毒ガ、スズメバチのように、捕食者にとって危害を及ぼすようなモデルに似せる場合は、周囲の背景から浮かび上がるような目立つ警告色の擬態となる。警告色の擬態は、モデル自体が目立つ警告色をしていて、外敵に対して自らの危険性をアピールしている。

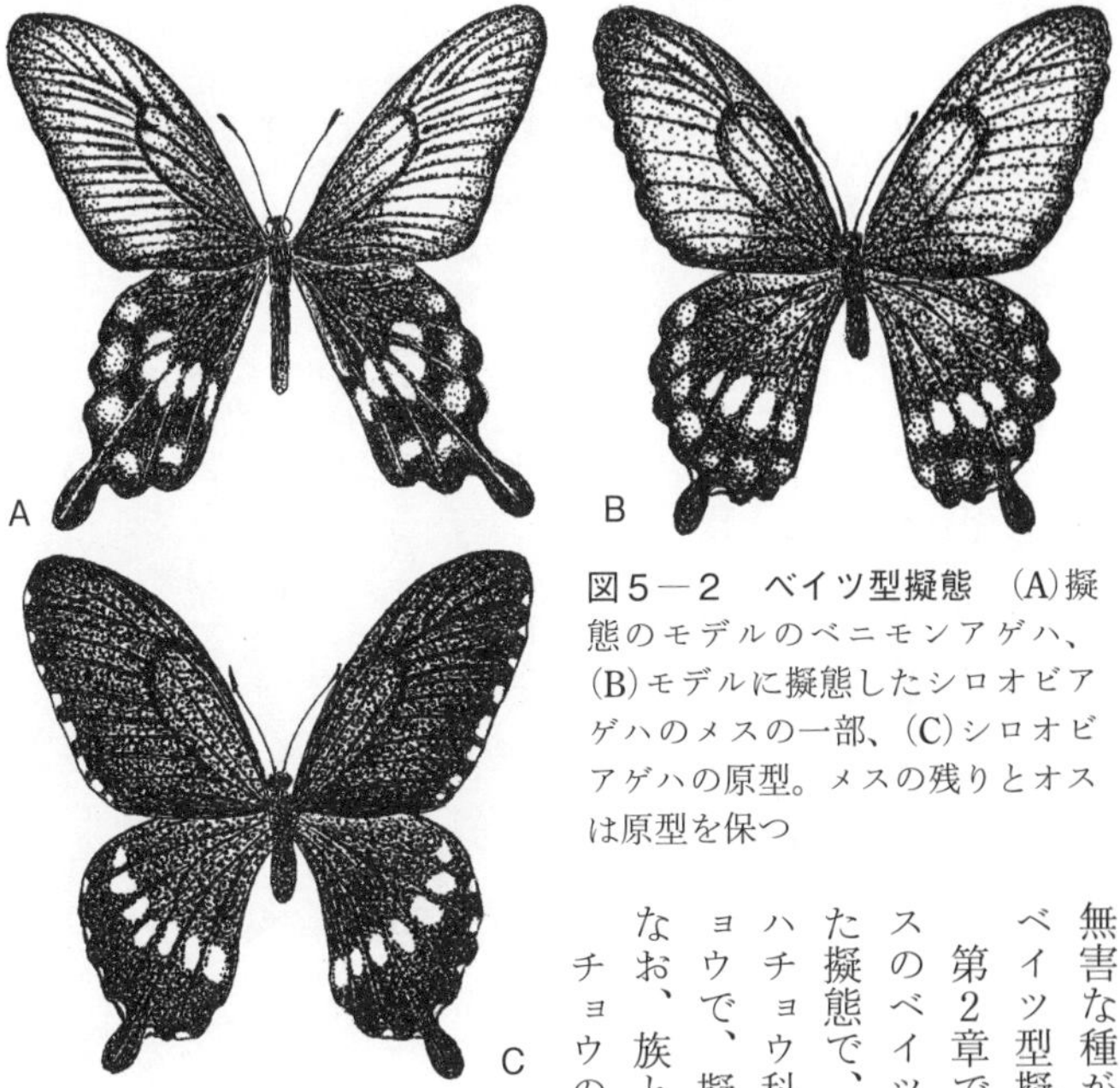

図5―2　ベイツ型擬態　(A)擬態のモデルのベニモンアゲハ、(B)モデルに擬態したシロオビアゲハのメスの一部、(C)シロオビアゲハの原型。メスの残りとオスは原型を保つ

無害な種がそのようなモデルに擬態する場合を、ベイツ型擬態（図5―2）という。

第2章で述べたように、ベイツ型擬態はイギリスのベイツがアマゾンで採集したチョウに発見した擬態で、彼が発見したケースは、モデルはタテハチョウ科ヘリコニウス亜科トンボマダラ族のチョウで、擬態種はシロチョウ科のチョウだった。なお、族とは亜科と属の間の分類単位である。

チョウのベイツ型擬態の多くは、メスだけが擬態してオスは擬態しない。つまり、メスとオスでは翅の模様が異なる。メスの翅型模様を擬態型、オスの翅型模様を原型という。しかもすべてのメスが擬態するケースもあるが、多くは一部のメスだけが擬態型になり、残りは原型を保っていた。ベイツがアマゾンからイギリスに帰国し、

1861年にリンネ協会でベイツ型擬態を発表したときには、このことを知らず、雌雄で異なる翅型模様を持つ個体は、メスとオスが別種として扱われた。ベイツ型擬態の発見は、論文が発表された翌1862年になっている。

1865年に、ベイツ型擬態種の中に、メスだけが擬態する種がいることを初めて指摘したのはウォーレスだった。ウォーレスは1862年にマレー群島から帰国し、同年にベイツによるベイツ型擬態の論文を読んだ。その中に、同種のチョウも地理的に離れていくと、次第に異なる翅型模様になり、遠く離れた地点では、全く異なる種のようになる、という記述に興味を持ち、彼がマレー群島で採集したアゲハチョウ科のチョウでも同じことがいえるかを検討した。その際に、1863年に、ベンジャミン・ウォールシュがアメリカ東部一帯に雌雄で異なる翅型模様を持つアゲハチョウがいることを報告していたのを思い出し、一方の性しか発見されていない種に異なる翅型模様を持つ他の性がいないかを入念に検討した。その結果、擬態種の中に雌雄異型のチョウがいて、メスだけが同一地域に生息している別のチョウに擬態していることが分かった。しかし、なぜメスだけが擬態するのかは、ウォーレスには説明できなかった。

ウォールシュが発見した雌雄異型のチョウはトラフアゲハで、メスの一部は、後にアオジャコウアゲハの擬態型とされた。彼はケンブリッジ大学神学部を卒業後に渡米し、イリノイ州に、害虫防除の手段として農薬を使わずに、天敵類を積極有効的に利用する生物的防除の農園を開設した。しかし、体を壊し、材木商に転じ、50歳になって昆虫学を始め、ダーウィンの『種の起源』についての論評を書いて進化論者として著名になり、アメリカ昆虫学会の学会誌の初代編集長になっている。当時、化学農薬が発明され、化学的防除派と生物的防除派が対立し、アメリカ政府議会を巻き込んだ論争があった。そのときの生物的防除派の旗頭的論客がウォールシュだった。彼の死後、アメリカは化学農薬の大量使用時代に入った。

なぜメスだけが擬態するのか、その要因の説明を最初に試みたのはイギリスからニカラグアに派遣された鉱山技師のトマス・ベルトだった。1874年に出版した『ニカラグアの博物学者』の中で、ダーウィンが1871年に出版した『人間の進化と性淘汰』で提唱した性淘汰を用いて説明した。ダーウィンは、即座にベルトの性淘汰説を支持している。

性淘汰とは、ダーウィンが『種の起源』で説いた生存競争、適者生存、自然淘汰では説明できない未解決の現象を説明する説である。たとえば、カブトムシのオスにはメスにない角がある。クジャクのオスにはメスにない豪華な飾り羽がある。もし進化が適者生存、自然淘汰だけで進行するなら、同じ環境で生活する同種の雌雄で異なる形質の性的二型が生まれるのは説明できない。そこでダーウィンは自然淘汰に加えて性淘汰を考えた。

性淘汰には同性内性淘汰と異性間性淘汰がある。同性内性淘汰は、オスのカブトムシの角や、オスのゴリラの大きな体軀《たいく》、オスのゾウの大きな牙などの武具の発達で、異性を巡って同性内で争うことにより起こる淘汰である。異性間性淘汰は、オスのクジャクの鮮やかな飾り羽や、オスのライオンの風格ある鬣《たてがみ》など、異性を引きつける魅力ある色彩や装飾の発達する淘汰である。

ベルトは、異性間性淘汰を用いて、ベイツ型擬態種のオスに擬態型が出現しない理由を説明した。オスのチョウは生涯に何度でも交尾ができる。したがって、メスが原型とは異なる擬態型に少しぐらい変わっても、オスは交尾を試みる。その結果、メスは次第に生存率の高い完全な擬態型に進化した。一方、メスは一度交尾すると精子を受精嚢《じゅせいのう》に蓄えて、産卵のたびに受精卵を作り産卵する。したがって、異種のチョウの精子を受け取れば不妊卵ばかり産むことになる。そこで、1回の交尾が重要で、オスを慎重に選択する。その結果、オスには原型とは異なる擬態型が進化しなかった。

このベルトの性淘汰説は、1984年にスミソニアン熱帯研究所のロバート・シルバーグリードによって否定されるまでの110年間、命脈を保った。シルバーグリードはバロ・コロラド島の野外実験施設で、ベニオビタテハというチョウを用いて性淘汰説を否定している。ベニオビタテハはオスもメスも赤色型をしている。このチョウの翅にペイント・マーカーを用いて黒色型のメスとオスを作り、交尾相手の選択を調べたところ、オスは赤色型のメスだけを選んだ。しかし、メスは赤色型のオスと自然界にはいない黒色型のオスも受け入れた。ベルトの説に従えば、オスは赤色型と黒色型の両方のメスを選び、メスは原型の赤色型のオスだけを受け入れるはずである。結果は真逆で、ベルトの性淘汰説は否定された。

なぜ、メスだけが擬態するかは依然として分からなかったが、擬態するメスの中でなぜ一部のメスだけが擬態するかは、ブラジルに住むドイツ人のフリッツ・ミューラー（図5—3）が1879年に提案した頻度依存淘汰ですでに説明されていた。頻度依存淘汰とは、生存と繁殖の可能性が自然環境に左右されるのではなく、集団中でのある形質の多寡に依存する淘汰である。つまり、ある形質が「多数派」であることだけで生存と繁殖に有利に働くなら、集団にその形質が広がり、すべての個体が同じ形質を持つ。これが正の頻度依存淘汰である。一方、ある形質が「少数派」であることだけで有利に働くなら、擬態型と原型があるような多型が維持される。これが負の頻度依存淘汰である。ベイツ型擬態でメスの一部だけが擬態するのは、この負の頻度依存淘汰で説明できた。

ミューラー型擬態

ミューラーは、警告色を持つ味のまずい種同士が相互に似るミューラー型擬態の発見者である。実は、この現象はベイツもウォーレスも気づいていた。しかし、彼らはこの現象をうまく説明できずに見過ごしていた。どちらの種がどちらの種に擬態しているか分からず、まずい種がまずい種に擬態することで、どのような利益があるのかも分からなかったからである。ミューラーはこの問題を進化生態学史上初めての数理モデ

図5—3　フリッツ・ミューラー（1821〜97）

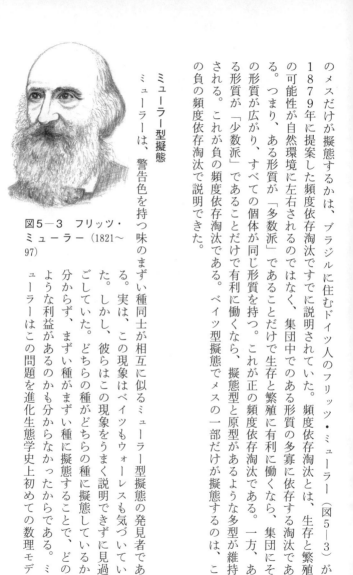

ルを用いて解決した。つまり、ミューラー型擬態は同一の種のすべての個体が擬態するだけでなく、別種の個体も同じ擬態をすることで、「多数派」を形成して生存と繁殖を有利にする正の「頻度依存淘汰」であるということだ。ミューラーはこの数理モデルの論文をドイツ語で書いたが、翌年に英語に翻訳されイギリスの昆虫学会誌に掲載された。それを読んだウォーレスは論文の重要性に気づき、『ネイチャー』で全面的に賛同した意見を展開している。

ミューラーは、1821年に中部ドイツのエアフルトで生まれ、ベルリン大学で博士学位を取得した博物学者である。さらにグライフスヴァルト大学で医学を修めた。1852年、32歳のときに、妻子を伴ってブラジルに移住し、サンパウロ郊外のドイツ人入植地ブルーメノウで農業を始め、1897年にブラジルで死去した。

なぜメスだけが擬態するのか

私がベイツ型擬態と初めて出会ったのは、1995年のある日の午後だった。京都大学の私の研究室で、東京の出版社から送られてきた新刊の生態学の教科書に目を通していると、チョウのベイツ型擬態はメスの一部だけが擬態する、という記述に目が留まった。記述はそこまでで、なぜメスだけが擬態するのか。なぜ一部のメスだけが擬態するのか。その理由は何も書いていなかった。

今なら、インターネットを使って、異性間性淘汰仮説とか負の頻度依存淘汰仮説のことを即座に知り、私は納得して、それ以上の興味を持たなかったと思う。しかし、当時の私は導入されたばかりのインターネットを使いこなせなかったし、私が研究室の周囲から入手できた文献には、異性間性淘汰仮説にも負の頻度依存淘汰仮説にも触れたものは何もなかった。そこで、これらの問題を自分で考えてみようと思った。

手掛かりはあった。当時から13年前の1982年に、私はボルネオ島のマレーシア領サバ州のビンコールの森で、チョウの体温調節機構の研究調査をしたことがあった。そのときに採集した標本は、1匹ずつパラフィン紙の三角紙に包んで、茶色のポリ塩化ビニルを張ったファイルボックスに収め、研究室の棚の上に置いてあった。その中に、ベイツ型擬態種のシロオビアゲハとモデルのベニモンアゲハの標本も混じっていた。擬態種のシロオビアゲハはメスだけが擬態しており、しかも、一部のメスだけが擬態していた。

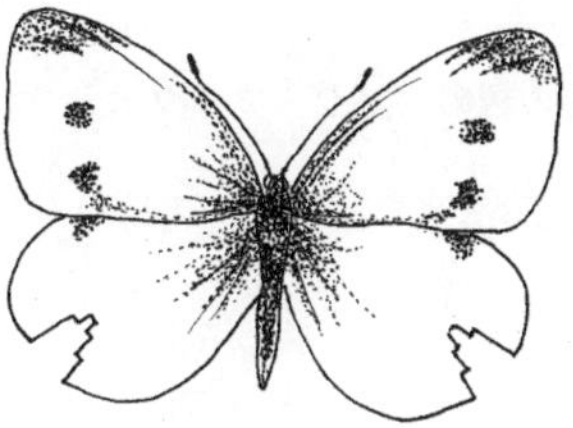

図5―4　ビーク・マーク
ビークとは鳥の嘴で、チョウの翅に残る鳥に襲われた痕跡

チョウの翅にはしばしばビーク・マークがついていた。ビークとは鳥の嘴のことで、ビーク・マークは「鳥の嘴の痕」で、鳥に襲われたことを示す痕跡だった（図5―4）。ビーク・マークを持つ個体の割合（ビーク・マーク率）を、モデル、メスの原型、メスの擬態型、オスの原型の4つに分けて調べたところ、メスの原型（53％）が最も高く、メスの擬態型（28％）とモデルのオスとメスの合計（29％）が同程度に低く、オスの原型（23％）が最

表5―1　ベイツ型擬態種とモデル種の翅のビーク・マーク率
（Ohsaki 1995より）

種	タイプ	ビーク・マーク個体数	ノーマーク個体数	ビーク・マーク率（%）
シロオビ	オス（原型のみ）	29	97	23
アゲハ	原型メス	8	7	53
（擬態種）	擬態型メス	7	18	28
ベニモン	オス	1	5	
アゲハ	メス	1	0	
（モデル）	モデル合計	2	5	29

も低かった（表5―1）。

ビーク・マーク率から推測して、メスは擬態すれば鳥の襲撃から逃れられるのに、すべてのメスが擬態しているわけでなかった。オスは擬態していないのに、モデルよりも鳥に襲われていなかった。しかし、もし擬態したならば、ビーク・マーク率はもっと低

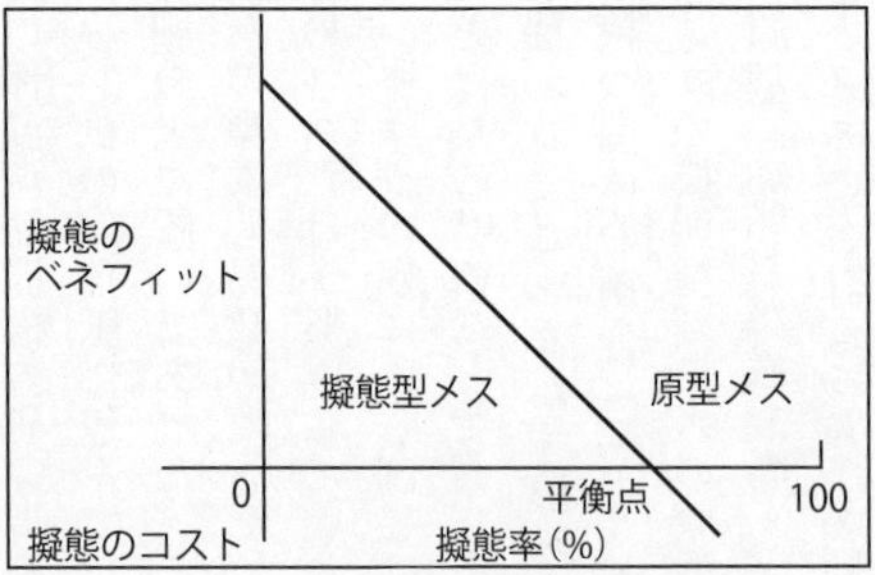

図5―5　ベイツ型擬態の擬態率が決まるメカニズム　メスは擬態のコストと鳥の捕食を逃れるというベネフィットの均衡する点で擬態率が決まるが、オスはコストを払ってまでのベネフィットがない（Ohsaki 1995より）

くなるはずなのに、オスには擬態型はいなかった。この事実から考えられるのは、擬態するにはなんらかのコストがかかるということだった。つまり、コストを払って捕食者から逃れられるというベネフィットを得ているわけで、メスの擬態率はコストとベネフィットの均衡する点であり、オスはコストを払ってまでのベネフィットはない（図５―５）、というわけである。

擬態のコストが何なのかは分からなかったが、なぜメスだけが擬態するのか、なぜ一部のメスだけが擬態するのかは、このコストとベネフィットの考え方で解決したと思った。

ビーク・マークの示すこと

ビーク・マークは、鳥に襲われてうまく逃げおおせた個体に付いた後ろ傷である。私はビーク・マーク率から実際の襲撃率や死亡率を推定できないかと考えた。色々と考えたが妙案が浮かばず、当時ＮＴＴ通信技術研究所にいた、京都大学工学部の鈴木実《すずきみのる》に会った折に相談してみた。彼は私の話す概要を聞くと、そばに置いてあった新聞の折り込み広告の裏に、即座に数式を書いて示してくれた。数式では、実際の襲撃率は表現できなかったが、メスとオスの実際の襲撃率の比と死亡率の比は推定できた。

ベイツ型擬態種やモデル種を除く、その他のチョウでビーク・マーク率を比較すると、メスのビーク・マーク率はオスよりも約１・５倍高かった。これを、鈴木の作った数式で計算しなおすと、アゲハチョウ科の場合、メスはオスに比べて最大８・５倍も捕食者に襲撃されている

表5―2　オスとメスのビーク・マークから推定したオスとメスの襲撃率比（メス／オス）　ボルネオで採集した3つの科のチョウをオスとメスに分けて、同じ科のチョウを込みにして計算した結果である。ビーク・マーク率より推定した鳥の襲撃率は、ビーク・マーク率の比以上にメスが高かった（Ohsaki 1995より）

科	ビーク・マーク率比	最小推定襲撃率比	最大推定襲撃率比
アゲハチョウ科	1.54	1.96	8.53
シロチョウ科	1.50	1.78	4.93
マダラチョウ科	1.58	1.75	3.37

ことが分かった（表5―2）。

以上のことを論文化して『ネイチャー』に投稿してみた。論文は拍子抜けするほどあっさりと受理された。論文受理の可否を審査する匿名の査読者は3人いたが、そのうちの1人が、擬態研究の第一人者のロンドン大学ロンドン校のジェームズ・マレットだと名を明かして、非常に詳しいコメントを寄こした。それによると、私の論文には斬新な点が2点あるが、言及すべき重要なことが2点抜けている。その点を加筆した修正論文を再投稿することを勧めるとあった。

斬新な第一の点は、従来の擬態研究では捕食圧はオスとメスは等しいという前提だったが、捕食圧はメスに偏っていてオスは擬態する必然性がない、という点だとあった。これは新たな発見で、新たな見解だ、とあった。斬新な第二の点は、ビーク・マークの意味を解析していることだ、とあった。

抜けている第一の点は、従来、オスが擬態していないのは異性間性淘汰で説明されていたが、その点が言及されていない、とあった。このとき、私は初めてベルトの異性間性淘汰説でオスが擬態しない理由が説明されてきたことを知った。第二の点は、ビーク・マークに対するマルコルム・エドマンズの疑問に言及されていない、とあった。エドマンズは著名な『動物の防衛戦略』の著者だった。

ガーナ大学にいたイギリス人のエドマンズの論文は1974年にスウェーデンの生態学誌『オイコス』に掲載されていた。そこには「ビーク・マークの5つの疑問」が列挙してあって、ビーク・マーク率の多寡で鳥の襲撃率を推定するのは疑問だ、としてあった。要約すれば、ビーク・マークが多いことから推測できるのは、⑴飛翔《ひしょう》が緩やかで、それだけ襲撃されやすく死亡率は高い。⑵逃げるのがうまくてビーク・マークは残るが死亡率は低い。⑶寿命が長くてビーク・マークが残る機会が多い。⑷味がよくてよく狙われる。⑸翅にヘビの眼《め》に似た眼状紋があり、鳥は眼状紋を狙ってついばむが、致命的な一撃は少ない。の5つの可能性が考えられるということだった。

このように、ビーク・マークの多寡は真逆にも解釈されるというエドマンズの疑問の正当性に、1890年頃から80年近く行われていたビーク・マークを用いた擬態研究は、重要な手掛かりを失って停滞していたという。私の論文はエドマンズが疑問を提示してから21年後に、図らずも無意識の解答になっていた。論文が掲載された直後に、イギリスに帰国してセントラル・ランカシャー大学にいたエドマンズから好意のこもった手紙が届いた。

擬態研究を忘れかけた2002年に、デンマークの社会人口学者で鱗翅目研究者でもあったトーベン・ラーセンによる『ケニアのチョウとその自然史』という原色の図鑑を見る機会があった。その図鑑の中に、ケニアにはオスもメスも擬態するベイツ型擬態種とメスしか擬態しない種がいる、と書いてあった。数えてみると両性が擬態するのが16種、メスだけが擬態するのが5種いた。図鑑には、西ケニアにあるカカメガの森という名称が頻繁に現れた。

ケニアには、国際昆虫生理生態研究センター（ICIPE）という国際研究機関があって、当時は日本も政府が拠出金を納めて参加していた。現在は「見直し」の名のもとに参加を止めている。私はICIPEの研究員として、1年間、カカメガの森で研究する機会を得た。その結果、分かったのは、両性が擬態する種は大型の種だった。メスだけが擬態するのは小型の種である。そして、擬態しないのはもっと小型の種であった。

このことより、推測できるのは、擬態するのは捕食者にとって〝食いで〟のある個体だった。メスは一般に胴部に卵があり、食いでがある。シシャモを考えてほしい。メスの子持ちシシャモのほうがオスよりも食いでがある。それと、大型の種なら、オスでも食いでがある。小さな種は捕食者にあまり魅力はなく、捕食者は食いでのある個体を襲撃する。そのような個体は擬態のコストを払ってでも擬態することのベネフィットを得るはずである。その擬態のコストが何なのかが新たな問題だった。

それと、体温の問題があった。大きな胴体の太い種は、飛ぶためには30度台後半の高い体温が必要だった。一方、小さな胴体の細い種は30度そこそこの低温でも飛ぶことができた。赤道直下の熱帯といっても、日中の気温は25度ぐらいで、体温は太陽の直射日光を直接に浴びなければ30度台にはならない。そこで、チョウは体温が低いときには直射日光を浴びて体温を上げ、逆に暑さで体温が上がりすぎれば止まって翅で体を覆って直射日光を避けて体温を下げるか、日陰に入って体温を下げ、体温をほぼ一定に調節する。高い体温を得るのは、熱帯でも朝早くは無理で、昼近くの真上から差し込む太陽の光を受けて初めて30度台後半の体温になる。したがって、高い体温が必要な太い胴体を持つ大型のチョウの飛び立ちはそれだけ遅くなる。スピーディーに飛んでいるチョウを鳥が捕獲するのはほぼ無理で、そのような長い朝の寝こみにチョウを襲う。

擬態のコストが何なのかは分かっていない。しかし、ヒントとなることがある。欧米にロスチャイルド家という大富豪一族がいる。本家はイギリスの銀行家で、日露戦争の際に戦費不足に悩む日本が発行した外国債を引き受けた。戦後、日本はロシアから賠償金を得ることができずに長期にわたって金利を払い続けた。そこで日露戦争で一番儲《もう》かったのはロスチャイルド家といわれている。その本家の長女のミリアム・ロスチャイルドは昆虫学者で、世界の秘境に採集人を派遣して、チョウのコレクター垂涎《すいぜん》の希少種のチョウを採集し、実験材料にして論文を書いている。

1986年、彼女が78歳のとき、リンネ協会の『生物学誌』に投稿した論文に、ベイツ型擬態種とそのモデル種の体内のカロチノイドの濃度を比較したものがある。調べた種の中には、沖縄にもいる擬態種シロオビアゲハとモデル種ベニモンアゲハも混ざっていた。それによると、モデル種の体内には擬態種の10倍ものカロチノイドが含まれていた。

カロチノイドは赤い色素を発色し、斑点にも利用されると同時に抗酸化剤として作用する物質である。モデル種はまずい味がする。幼虫時代に食草から摂取し体内に蓄積した毒性物質のせいである。この毒性物質は太陽の紫外線を浴びると酸化して無毒化する。この酸化を防ぐのがカロチノイドだとロスチャイルドは主張した。それだけでなく、もしカロチノイドがなかったなら、紫外線を受けて細胞膜は破損され、動物の神経はボロボロになる。カロチノイドには抗腫瘍作用や免疫賦活作用もある。

擬態種の体内のカロチノイド含有量はモデル種の10分の1だった。この少ないカロチノイドを赤い斑紋に代表される警告色に転用したならどのような事態が起こるのだろうか。これに関しては、私は具体的なデータがないので話はここまでである。

しかし、伊丹《いたみ》市昆虫館の、紫外線が99%もカットされているガラス室で調べた、天敵なき世界の擬態種シロオビアゲハの原型メスと擬態型メスの寿命の比較は、原型が14・2日、擬態型が11・3日で擬態型のほうが短かった。特に、カロチノイドを利用する赤色斑点の多い擬態型の寿命は9・4日と、最も短かった。もし、紫外線がカットされていない自然界ならば、擬態型の寿命はもっと短くなる可能性がある。この結果はカカメガの調査結果と共に、２００５年にイギリスの『動物生態学誌』で発表した。

派手な目立つ色

ベイツ型擬態のように、擬態する種は擬態することで天敵不在空間というニッチを占めているが、モデル種のように、体内に毒性物質を蓄積してまずい味をしている種は、自身が天敵不在空間を作り出していることになる。毒ガやその幼虫、スズメバチ、フグ、口の周りに毒のある触手を持つイソギンチャクなどがそうである。そのような危険な種は一様に派手な目立つ警告色をしている。

派手な目立つ色が警告色であることを、我々は知っている。しかし、ダーウィン以前の時代の人々は知らなかった。派手な目立つ色の意味を最初に考えたのはダーウィンだった。彼は自然淘汰での説明を試みた。派手な体色の種は熱帯に多かった。そこで、ダーウィンは熱帯の明るく輝く環境では、派手な体色は適応的だと考えた。しかし、寒帯のイギリスにも派手な体色の昆虫がいることをベイツに指摘されて撤回した。ダーウィンは、次にオスに体色の派手な種が多いことに着目し、性淘汰で説明を試みた。しかし、メスにも派手な体色の種もいるし、繁殖に関係のない幼虫にも派手な体色の種がいるので、性淘汰でも説明できなかった。

思いあぐねたダーウィンは、１８６７年にウォーレスに手紙を書いて相談した。ウォーレスは、彼とベイツが熱帯で見た派手な体色のチョウは、変な臭いや味がした、と答えた。さらに、ロンドンの公務員でアマチュア博物学者のジョン・ウェアーが、鳥は夕暮れに白く輝いて目立つ体色の味のまずいガを食べないと言っている、と指摘して、派手な体色は、自分はまずくて食べられないぞと捕食者にアピールしている警告の信号で、自然淘汰で進化したのだと思う、と書いてあった。

ウォーレスは、派手な色が警告的な信号である、という彼の仮説の検証をウェアーに依頼した。ウェアーは自宅の鳥小屋で、10種の鳥と4種のガを用いて実験してウォーレスの仮説を検証した。さらに、毛やトゲに覆われた幼虫や、すべすべした表皮の幼虫も用いて実験し、鳥が忌避する個体はこのような物理的条件は関係なく、味のまずい派手な体色のガを避けていると結論した。そして、ダーウィンもウォーレスもウェアーも、鳥の本能が警告的な体色とまずい味を結び付けていると考えた。

しかし、ミューラーは、彼らと異なる考え方をした。鳥は本能ではなく、学習の結果、警告色を持つ種は味が悪いことを記憶するのではないかと考えた。したがって、味のまずい種が単独で鳥にその味のまずさを覚えさせるより、味のまずい種が相互に似ることで、味のまずさを覚えさせたほうが効果的だと考えた。味のまずい種同士が似るミューラー型擬態をそう考えて、ミューラーは正の頻度依存淘汰を数式で示した。

このミューラーの、本能ではなく学習と記憶でまずさを知るという考えが実際の生物で検証されるまで、さらに100年の時間が必要だった。1987年に、イギリス・サセックス大学のジョン・ギトルマンと、後にオックスフォード大学に移ったポール・ハーヴェイが『ネイチャー』に、鳥の学習と刺激の関係の論文を載せた。鳥は学習によって警告色を覚えても、復習の機会がないと記憶したことをすぐに忘れる。したがって、記憶を固定するためには何度も繰り返して学習する必要がある。その際に、派手な色は刺激が強く、記憶の持続時間が長くなることを明らかにした。

しかし、鳥が学習の成果をあげて記憶を定着させるまでに、犠牲となる個体が必要となる。つまり、犠牲者は警告色で味の悪さをアピールしながら自らは犠牲になって他個体を守ることになる。ならば、犠牲者となりやすく本来は広がるよりも自然淘汰で絶滅する可能性の高い警告的な色彩を持つ個体の遺伝子が、どのようなメカニズムで全体に広がり優勢になったかが、100年後に問題となった。

ダーウィンの自然淘汰の理論に従えば、最も多くの子供を残せた個体の子孫が繁栄する。そのように、生物は利己的に振る舞うはずだが、警告色を持つ種は利他的に振る舞っている。このことは、ミューラーの生きた時代には誰も問題にしなかった。ダーウィンも、利他的に振る舞う一部の犠牲者の存在は、種全体にとってよいことなので、適応的と受け取っていた。

この問題は、自分の子供のような直接の子供ではないが、自分が持つのと同じ遺伝子のコピーを共有する兄弟姉妹甥姪《おいめい》のような血縁者の生存や繁殖を有利にするなら進化するとされ、血縁淘汰と呼ばれるようになった。さらに、血縁者でなくとも、同じような警告色を持つ個体に対し、互いに利他的に振る舞うことで互恵援助する、という緑ひげ効果という考え方が生まれた。緑ひげという印象的な言葉を用いて、緑ひげを持つわけではないが、血縁者でない個体の同じ警告的特徴を象徴したのだ。いずれもオックスフォード大学のウィリアム・ハミルトンが1964年に提案している。緑ひげ効果という言葉は1976年にオックスフォード大学のリチャード・ドーキンスが、彼の著書『利己的な遺伝子』で名付けた。

以上が、自身が毒性物質を持って警告色を発する生物と、有毒の生物が有毒の生物に擬態して警告色を発するミューラー型擬態の生物と、無毒の生物が有毒の生物に擬態して警告色を発するベイツ型擬態の生物たちが作り出す、天敵不在空間というニッチである。いずれも鳥や昆虫やサルのような色覚を持つ捕食者に対する警告であり、捕食者の学習と記憶に依存している。

アリの作る天敵不在空間

天敵不在空間という語彙こそ使われなかったが、アリが作る天敵不在空間を利用する昆虫が沢山いるのは以前からよく知られていた。目立つという意味での代表格はアブラムシだ。アブラムシの天敵はテントウムシやクサカゲロウだが(図5―6)、アブラムシはお尻から糖をたっぷりと含んだ甘露をアリに提供するかわりに、アリは天敵を排除してアブラムシを保護する。これを相利共生という。

農業・食品産業技術総合研究機構の林正幸《はやしまさゆき》によると、アリに甘露を提供せず、共生関係を結ばないアブラムシの種も多く存在する。そのため、共生関係が結ばれるためには、アリはパートナーであるアブラムシを正確に認識・識別する必要がある。そのときに重要なのは学習と

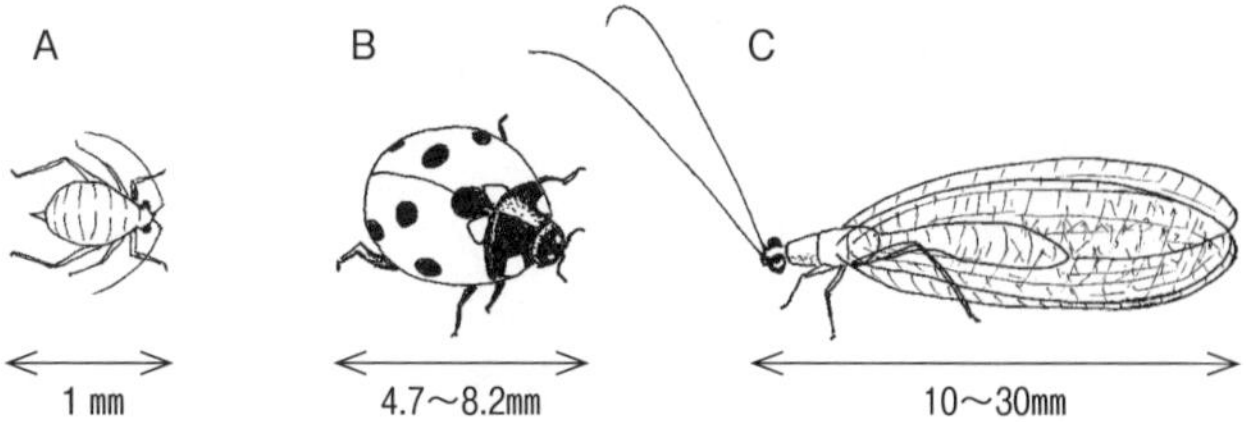

図5—6　アブラムシとその天敵の代表　(A)アブラムシ、(B)テントウムシ、(C)クサカゲロウ

記憶だという。生まれて一度もアブラムシと触れ合ったことのないトビイロシワアリの働きアリは、マメアブラムシに対して高い攻撃性を示した。しかし、甘露を受け取ると、そのアブラムシの匂い成分であり、体表を覆っている体表炭化水素の匂いを学習・記憶し、パートナーとして認識・識別するようになる。そればかりではなく、同じ巣に同居するアリ家族のメンバーで、アブラムシ未経験のアリにアブラムシ経験アリが口の中の食物を口移しすると、アブラムシ未経験のアリもアブラムシをパートナーとして認識・識別するそうである。その詳細なメカニズムはまだ分かっていないが、口移し行動により情報伝達が生じ、アブラムシとの共生関係が迅速に結ばれ維持できるそうだ。

京都大学農学部の大学院生だった坂《さか》田《た》宏志《ひろし》が明らかにしたクロオオアリとクリノオオアブラムシの共生は、他のアリとアブラムシの相利共生で語り継がれているような甘い関係ではなかった。確かにアリは、自分と仲間に甘露を提供しているアブラムシを認識・識別して保護しているが、アブラムシの密度が高くなると、これ以上の個体の保護は無理とばかりに殺して巣に持ち帰ってしまった。保護して甘露を受け取っていたアブラムシが甘露を出さなくなると、これも殺して巣に持ち帰った。まるで牧場で飼育している乳牛と一緒で、飼育数を調整し、乳を出さなくなった乳牛は肉牛として処分するのによく似ていた。

アリを利用した究極の天敵不在空間は、アリの巣の中だ。アリの種により異なるが、1つの巣の中にはアリは平均2万匹から10万匹いるという。九州大学の丸山宗利《まるやまむねとし》によると、アリはとても排他的で、自分の巣の中には他の生き物どころか別の巣のアリさえも受け入れない。侵入者はアリの攻撃を受けてたちまち殺されてしまう。しかし、仲間にして用心棒役として利用すれば、アリの巣の中は働きアリが運んでくる餌が沢山あるし、口移しに餌を与えてくれるアリもいるし、場合によっては丸々とした アリの幼虫が餌にもなる。そのようなアリの巣の中で生活する昆虫は世界で数千種とも数万種ともいわれている。具体的にはハネカクシやエンマムシのような甲虫やシミやアリヅカコオロギ、チョウやガの幼虫など。チョウの場合、アゲハチョウ科、タテハチョウ科、セセリチョウ科、シジミチョウ科、シジミタテハ科など様々な分類群が記録されている。

アリの仲間になるためには、甘露のような報酬物質を与えるか、アリを騙《だま》してアリに成りすます必要がある。アリの眼は光を感じる程度でよく見えないので、体のあちこちから発する、体表炭化水素やフェロモンの匂いを使って仲間同士の交信を行っている。したがって、そのような化学物質を身にまとえば、アリの仲間に成りすませる。さらに、アリの好む匂いやアリをなだめる物質を出して、アリをコントロールする種もいる。

アリが作るチョウ幼虫の天敵不在空間

ハーヴァード大学のナオミ・ピアスは、『青い山脈』『石中先生行状記《いしなかせんせいぎょうじょうき》』の著者として知られている作家の石坂洋次郎《いしざかようじろう》の孫娘である。彼女はアリとチョウの関係を、行動学、生態学、進化学、系統分類学、化学生態学など様々な角度から研究している。研究材料はチョウの中でも主にアフリカのシジミチョウ科のチョウと南米大陸にいるシジミタテハ科のチョウである。

シジミチョウ科のチョウは5000種以上いるが、そのうち少なくとも70％、3500種以上がアリとの関係があり、シジミタテハ科のチョウは1500種以上いるが、少なくとも20％、300種以上がアリとの関係があるという。

関係があるといっても、その関わりの程度は様々で、たとえば、チョウ幼虫の報酬物質の甘露という支払うべきコストと、その見返りのアリの保護というベネフィットが釣り合えば、チョウとアリの双方が利益を得る相利共生の関係になる。しかし、チョウのベネフィットが勝れば片利共生的な関係になり、チョウが全くコストを払わない場合は寄生という関係になる。このアリ関連種に共通しているのは、幼虫が報酬物質、基質振動、化学シグナルなどを生成して、アリを引きつけて操作し、ボディーガードとして機能させることだ。基質振動とは、目のよく見えないアリは、化学物質だけでなく、敵や味方が発する振動数も識別しているので、チョウの幼虫はアリと同じ振動数を発することで、アリに擬態できる。

たとえば、日本にもいるゴマシジミというチョウの成虫は、クシケアリの巣穴の近くにあるワレモコウという植物の蕾《つぼみ》に卵を産み付ける。チョウの幼虫は、卵から孵化して1齢幼虫になり、その後4回脱皮して5齢幼虫になり、5回目の脱皮を経て蛹になる。ゴマシジミの幼虫は1〜3齢幼虫まではワレモコウの蕾や花を食べ、4齢幼虫になるとワレモコウを離れて地上をさまよう。そのときに、クシケアリと出会うと、クシケアリによって巣穴の中に運ばれる。ゴマシジミの体からにじみ出る甘い液体につられて巣穴の中に運ばれるのだ。巣の中に運ばれたゴマシジミの幼虫は、甘い体液をアリに与える一方で、アリの卵や幼虫、蛹を食べて4齢、5齢時代を過ごし、巣穴の出口の近くで蛹になる。羽化して成虫になるとアリが一斉に襲い掛かって来るので、あわてて巣穴から飛び出していく。この関係は、相利共生的というよりは、寄生的な関係に近い。

また、アリとの関係がなければチョウのライフサイクルが成り立たない義務的関係と、なければなくとも生活が成り立つ任意的関係がある。シジミチョウ科の場合、38％が義務的な関係であり、シジミタテハ科の場合は32％が義務的な関係だった。ただし、任意的な関係といっても、常にアリの巣の近くでのみ生活する。たとえば、アフリカのキチョウシジミ族の幼虫は、アリの巣穴の近くやアリの通り道に生える地衣類を食べている。

「アリ植物」という植物が、熱帯に約５００種ある。蜜を出してアリを引きつけ、アリの巣穴となる体腔《たいこう》を設けてアリを住まわせ、植物に危害を加える昆虫や小動物を退けている。貧弱な土壌に生える「アリ植物」なら、アリの排泄物《はいせつぶつ》を肥料として利用している。このような「アリ植物」で生活するシジミチョウの幼虫もいる。オーストラリアやニューギニアには、幼虫の外皮が金鎖の鎧のようなうえ、密生した剛毛に包まれたシジミチョウの幼虫がいて、攻撃的なアリの群れの中でアリの卵や幼虫を捕食している。

このように、チョウとアリの関係は千差万別だが、いずれにしても、チョウはアリという獰《どう》猛《もう》な生物が作り出す天敵不在空間というニッチを利用している。

自衛するハダニ集団

ハチやアリなどの巣を作って集団で生活する生物は、巣それ自体が天敵不在空間になっている。ダニの仲間で、植物の葉だけを食べるダニがいる。ハダニといって、ほぼすべての農作物や果樹に被害を及ぼす大害虫である。害虫といっても６本脚の昆虫ではなく８本脚のクモの近縁グループだ。その中に、網を張って巣を作り、集団で社会生活しているハダニがいる。

北海道大学農学部の齋藤裕《さいとうゆたか》によると、札幌市の林地に自生するクマイザサというササの葉には主に８種のハダニが生息している。７種が葉裏にいて１種だけが葉表にいる。しかも、同じ１枚の葉に８種が同時に存在することも珍しくない。どのハダニも体長が０・５㎜程度の大きさである。ハダニの天敵は、ハダニだけを捕食する肉食性のダニで、齋藤の調査地のクマイザサにはハダニを襲う捕食性ダニは6種いた。0・6㎜程度の大きさの比較的大型の4種のカブリダニ類と、それよりも小型の2種のヒシダニ類である。

齋藤はこれらのハダニの中で数の多い6種のハダニと、ハダニの天敵の6種の捕食性ダニの関係を調べた。同じクマイザサでも葉裏の毛は疎毛の葉から密毛の葉までかなりのバリエーションがある。網を張って巣を作るハダニは3種いて、疎毛の葉裏を選んでいた。10〜20㎟の最も大きなサイズの巣を張るケナガスゴモリハダニはハチやアリのように社会性があり、複数のメスで巣を作り、巣の内部にトイレを作り、巣内の清掃に努め、集団で天敵に対応し、ほぼ完璧に6種の天敵を撃退していた。6〜8㎟の2番目のサイズの巣を張るササスゴモリハダニの巣は小さくて大型の4種のカブリダニ類は巣の中に入れなかった。小型の2種のヒシダニ類は巣の中に侵入できるが、ササスゴモリハダニは巣を分散することでヒシダニ類の被害を軽減していた。3〜5㎟の最も小さなサイズの巣を張るヒメスゴモリハダニは巣の中に成虫は同居せず卵と若虫しかいなかったが、大型の4種のカブリダニ類は巣が小さくて中に入れなかった。小型の2種のヒシダニ類に対しては、巣を分散することで被害を軽減していた。

単独生活をする3種のハダニの中で2種は密毛の葉裏を選んでいた。そのうちの1種ヒメササハダニは密毛を利用して個室型の巣網を張って大型の4種のカブリダニ類を排除していた。もう1種のケウスハダニは、密毛の頂端に卵を産み、密毛の頂端で静止した生活をして、密毛の根元を歩き回る捕食性ダニからの攻撃を軽減していた。

第6の種のイトマキハダニは、他の5種のハダニが楕円体の体型を持つのに比べ、ペラペラのヒラメのような扁平《へんぺい》な体型を持つことで葉裏に張り付いて、葉の一部に似た隠蔽型の擬態をしているように見えた。

以上の6種のハダニの生活様式は、食物資源の特徴や食物の取り方とは関係なく、種間競争の結果でもなく、天敵の捕食性ダニとの相互作用の結果進化してきた、天敵不在空間というニッチの利用だろう。

外来種の10分の1の法則

1996年に、イギリス・ヨーク大学のマーク・ウィリアムソンとアラステア・フィッターが、「外来種の10分の1の法則」という仮説をアメリカの生態学誌『エコロジー』に発表した。たとえば、1000種の外来種が人為的に持ち込まれたなら、その10分の1の100種が管理外の野外に逸出し、その10分の1の10種が野生化して定着し、その10分の1の1種が害獣・害虫・害草になる、という。その例として、イギリスの被子植物、マツ科植物、オーストラリアの牧草類、アメリカの陸棲脊椎動物類、昆虫類、魚類、軟体動物類、植物病原体類、ハワイの鳥類などを例示している。

100種が逸出すると10分の1の10種が野生化して定着するということは、残りの10分の9は定着できないということだ。その原因は、気候条件に適応できないとか、適当な食物資源が存在しないとかの、生存のための絶対的条件に欠ける場合もあるだろう。しかし、捕食者や捕食寄生者のような天敵に対し、原産地で獲得していた天敵不在空間を、持ち込まれた新たな世界では見いだせなかった結果とも思われる。天敵不在空間は天敵との時間をかけた相互作用の結果得られるニッチだからだ。

たとえば、西洋ミツバチは明治時代にアメリカから日本に持ち込まれた西洋ミツバチのイタリア亜種だが、日本で野生化した例はほとんどなく、わずかに小笠原《おがさわら》諸島のみなのである。したがって、養蜂家の保護がない限り絶滅してしまう。一方、日本には日本ミツバチという、西洋ミツバチとほとんど見分けのつかない野生のミツバチがいる。西洋ミツバチとは別種の東洋ミツバチの日本亜種である。なぜ日本ミツバチが日本の自然の中で生きていくことができ、西洋ミツバチが生きていけないのか、その秘密を玉川《たまがわ》大学の小野正人《おのまさと》の研究チームが明らかにし、1995年に『ネイチャー』で発表した。

ミツバチの天敵はオオスズメバチとキイロスズメバチというスズメバチである。スズメバチ類は集団でミツバチの巣を襲う前に、情報収集のための偵察役を派遣する。この両種のスズメバチの偵察役が日本ミツバチの巣に近づくと、スズメバチのフェロモンを感じ取った日本ミツバチは戦闘態勢に入り、偵察役を巣内におびき寄せて400〜500匹という数で襲い掛かり包み込み、胸の筋肉を震わせて体温を上げ、スズメバチを蒸し殺してしまう。これを「熱殺蜂《ねっさつほう》球《きゅう》」（図5—7）というが、蜂球の内部の温度は46度以上になるという。スズメバチの致死温度は45度で、日本ミツバチの致死温度は49度だから、微妙な温度差でスズメバチを蒸し殺すのだ。その結果、巣内の何万匹ものミツバチの命が守られる。これによって日本ミツバチは天敵不在空間というニッチをつくったのである。２０１８年の続報によると、熱殺蜂球形成に参加した働きバチは30分以上の高熱にさらされるため余命が短くなるという代償を払っていた。

一方の西洋ミツバチはスズメバチに集団で襲い掛かるという術を持たず、１匹１匹が順次飛び掛かり、瞬時に嚙み殺されてしまう。外来の地で天敵不在空間というニッチを見いだせなかったのだ。西洋ミツバチが小笠原諸島で野生化できたのは、小笠原諸島にはスズメバチが生息していないからだった。そこには、西洋ミツバチにとり、異なる天敵不在空間というニッチが存在していたのだ。

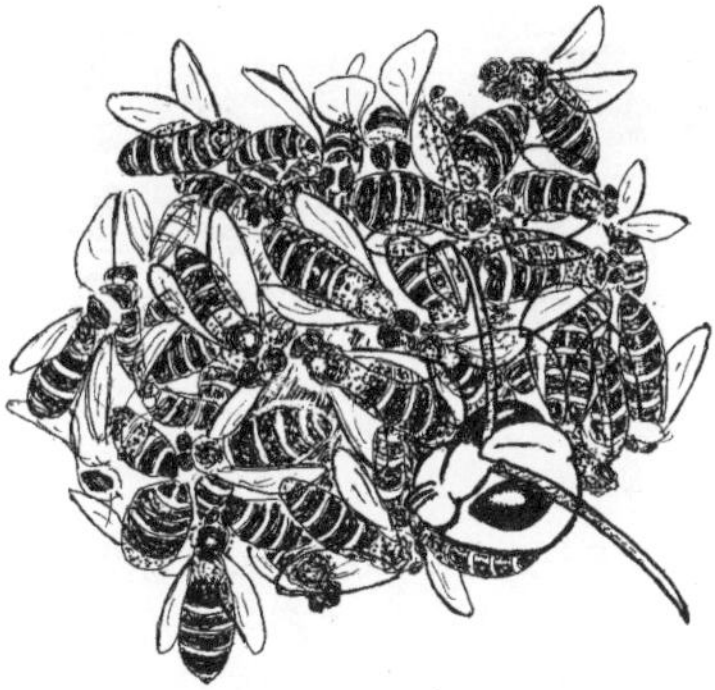

図５―７　**熱殺蜂球**　スズメバチに対する日本ミツバチの防御法で、飼育用の西洋ミツバチにはない

ベールに包まれていた天敵不在空間

以上の天敵不在空間は、誰の目にも明らかに天敵不在空間として映るだろう。たとえば、軒下のツバメの巣や屋根の隙間のスズメの巣は、カラスやネコという天敵から人間の目にかくまわれた天敵不在空間である。天井裏のイタチやムササビの巣も、ワシやタカやフクロウといった上空から襲う猛禽類から身を隠すための

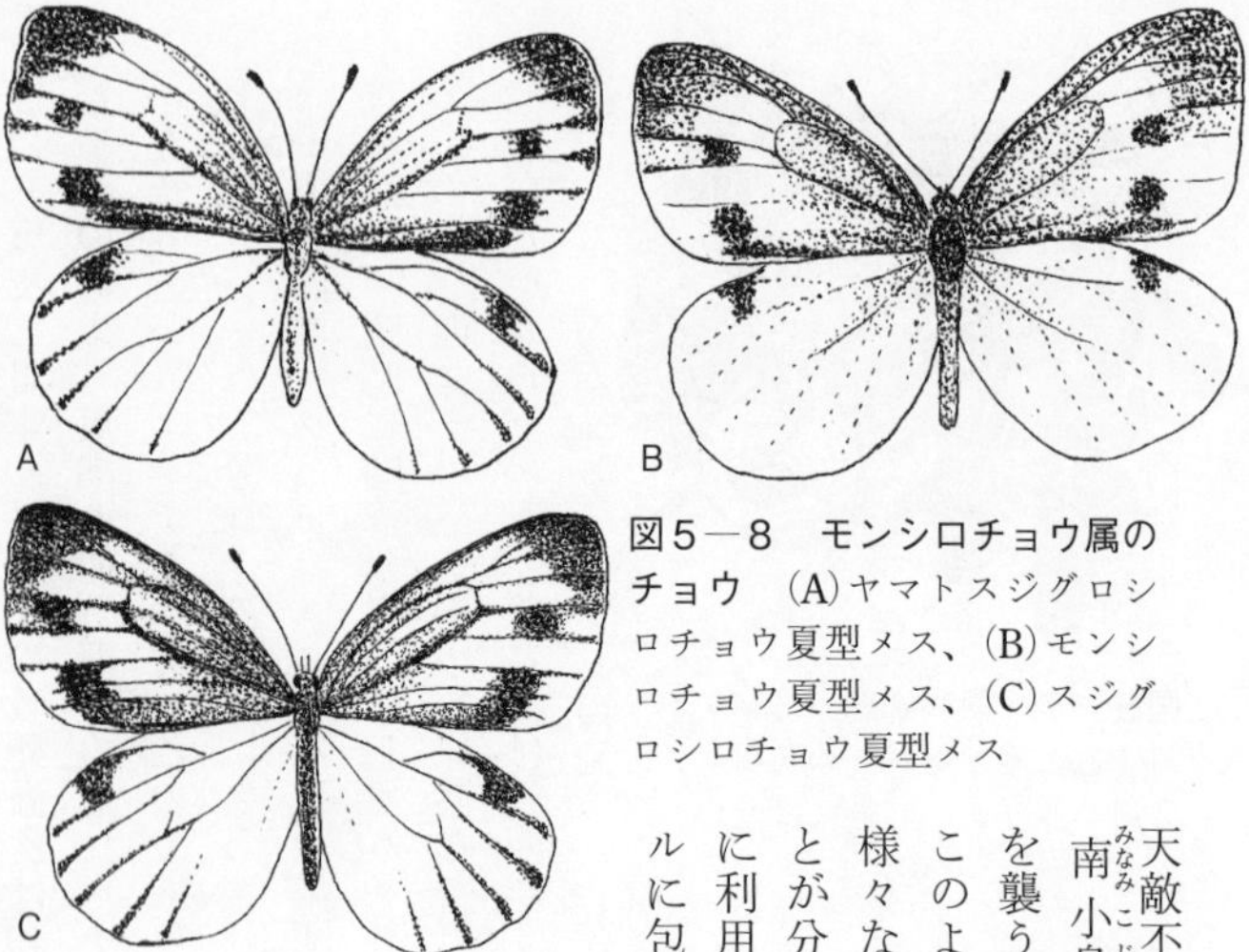

図5―8　モンシロチョウ属のチョウ　(A)ヤマトスジグロシロチョウ夏型メス、(B)モンシロチョウ夏型メス、(C)スジグロシロチョウ夏型メス

天敵不在空間である。一方、伊豆《いず》諸島の鳥島《とりしま》や尖閣《せんかく》諸島の南《みなみ》小島《こじま》のような絶海の孤島に棲むアホウドリも、それらを襲う猛禽類の存在しない天敵不在空間を利用している。
このように、天敵不在空間という意識を持ってみた場合、様々な生き物が天敵不在空間というニッチに棲んでいることが分かるだろう。しかし、それ以上に、多くの種が実際に利用している天敵不在空間は、誰も気づかないままベールに包まれている。

京都御所から北に延びる鞍馬《くらま》街道を北山《きたやま》に向けて北上すると、平野部の修学院《しゅうがくいん》と上賀茂《かみがも》、里山の静原《しずはら》と鞍馬、山間の貴船《きぶね》と花脊《はなせ》と続いていく。これらの地区にはモンシロチョウ属の3種のチョウが生息している。モンシロチョウ（以後モンシロ）、スジグロシロチョウ（以後スジグロ）、ヤマトスジグロシロチョウ（以後ヤマト）の3種（図5―8）で、スジグロがやや大柄であることを除けば、飛んでいる白い姿から見分けることはほぼ不可能である。幼虫はいずれも緑色のアオムシで、成虫以上に識別が難しい。しかし、成虫が野外で選ぶ産卵植物と移動習性は、3種で際立った違いを見せる。

3種のチョウの幼虫には共通の天敵がいる。最も強力な天敵はアオムシサムライコマユバチ(以後アオムシコマユバチ)という捕食寄生者(図4—4A)で、チョウの幼虫が1〜3齢の時期に約30個の卵を幼虫の体内に産み込む。チョウの幼虫が蛹になる直前の5齢幼虫の体内から脱出して黄色い繭を作り、その内部で蛹になる。緑のチョウの幼虫の体の横で黄色い繭の塊を見たことがあると思う。チョウの幼虫はその後に死ぬ。アオムシコマユバチの成虫は非常に移動性に富む。

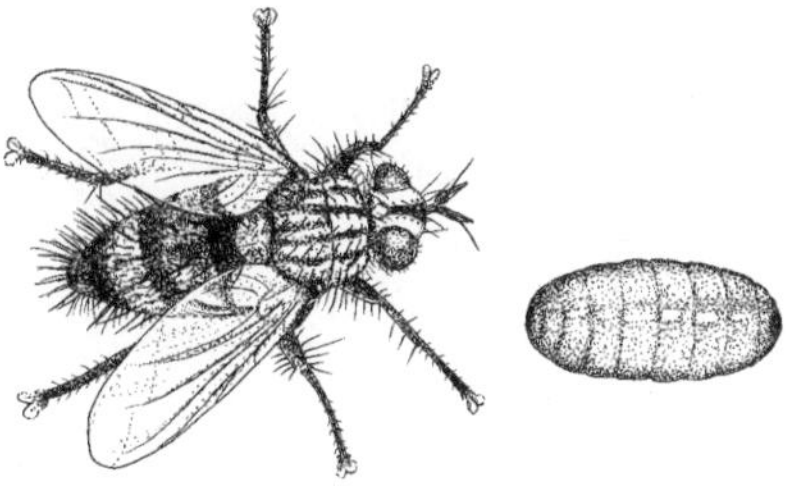

図5—9　捕食寄生者ノコギリハリバエとその囲蛹

次に強力な天敵は捕食寄生性のヤドリバエで、ノコギリハリバエ(以後ノコギリ)とマガタマハリバエ(以後マガタマ)の2種がいた(図5—9)。京都大学農学部の大学院生の巖《いわお》圭介《けいすけ》は、2種のヤドリバエはチョウの4齢幼虫と5齢幼虫に、前者は卵を、後者は1齢幼虫を産み込むことを明らかにした。後者の1齢幼虫は卵胎生といって、母親の体内で卵から孵化して生まれている。産み込まれたヤドリバエの幼虫は、チョウの幼虫が蛹になると蛹を内部から食い尽くして脱出し、地中で囲蛹《いよう》という小豆《あずき》のようなカプセル状の蛹になる。

マガタマの幼虫は最初に産み付けられた幼虫が後から産み付けら

れた幼虫を鋭い口針で刺し殺し、チョウの幼虫の体内には常に1匹しか寄生できない。しかし、ノコギリは4〜5匹の複数の幼虫がチョウ幼虫の体内で共存する。2種のヤドリバエが同じ幼虫に寄生した場合は、単独のマガタマは死に絶えるが、複数の幼虫のいるノコギリが勝ち残る。アオムシコマユバチとヤドリバエが同じ幼虫に寄生すると、アオムシコマユバチに目立った変化はないが、単独のマガタマは死に絶え、複数のノコギリは非常に小さな個体となって生き延びる。ヤドリバエ成虫は移動分散力が弱いことも分かった。

私が3種のチョウの天敵不在空間を調べはじめたのは、名古屋大学農学部の大学院を中退して、京都大学農学部の助手として赴任した直後だった。当時、京都大学理学部の大学院でコマユバチの行動を調べていた佐藤芳文に、アオムシコマユバチはヤマトに対して実験的には産卵し寄生が成功するのに、実際の野外ではほとんど寄生していない、と聞いていたからだ。

そこで、私は佐藤にこの問題を解決しようと共同研究を提案した。というのは、モンシロチョウ属の産卵植物はアブラナ科植物だが、実際に利用している植物は3種のチョウで異なっている（表5—3、A）。しかし、3種のチョウの幼虫にどの植物を与えても、成虫にまで育つ。だが、ヤマトだけが利用しているハタザオ属植物はどの幼虫にとっても最も劣悪な植物で、ヤマトでさえハタザオ属植物では発育に時間がかかるし、小さな蛹にしか育たなかった（表5—3、C、D）。

それだけでなく、自然環境を再現して実験的に昆虫の行動を観察するために、野外に設置し

表5—3　モンシロチョウ属の産卵植物(A)、潜在的な産卵植物(B)、幼虫の発育日数(C)、蛹体重(D)

	モンシロ				スジグロ				ヤマト			
	A	B	C	D	A	B	C	D	A	B	C	D
キャベツ	◎	◎	12	193	△	◎	14	206	×	△	14	179
ハクサイ	△	△	10	168	△	◎	12	233	×	○	13	219
ダイコン	△	△	11	163	○	○	14	224	×	○	14	209
イヌガラシ	△	△	11	179	○	○	14	237	△	○	13	218
ヒロハコンロンソウ	×	×	13	165	○	○	18	233	×	×	13	184
ワサビ	×	×	16	122	△	△	16	184	×	×	15	177
ハクサンハタザオ	×	×	23	98	×	×	18	195	◎	◎	14	165

(A)野外で利用している産卵植物（◎：大変よく産卵する、○：よく産卵する、△：産卵する、×：産卵しない）。(B)網室内での産卵植物。(C)メス幼虫の発育日数。(D)メス蛹の体重（mg）（Ohsaki and Sato, 1999を改変）

たステンレスの目の細かい金網で囲った網室《あみしつ》に、アブラナ科の様々な植物を鉢植えにして置き、ヤマトがどの植物を選んで産卵するかを調べると、ヤマトはハタザオ属植物だけでなく、アブラナ属のキャベツ、ハクサイ、ダイコン属のダイコン、という野菜類や、イヌガラシ属のイヌガラシという雑草もよく選んで産卵した。ただし、スジグロが利用しているタネツケバナ属のヒロハコンロンソウやワサビ属のワサビには産卵しなかった（表5—3、B）。ともかく、ヤマトはなぜ野外で質的に最も劣悪なハタザオ属植物だけに産卵するのか説明がつかず、不思議に思っていたからだ。

隠れるヤマトスジグロシロチョウ

ハタザオ属植物は、山間部の貴船と花脊にあって、谷沿いの山道の明るい林縁部の下草に覆われて隠れるように生えていた。そのため、なかなか

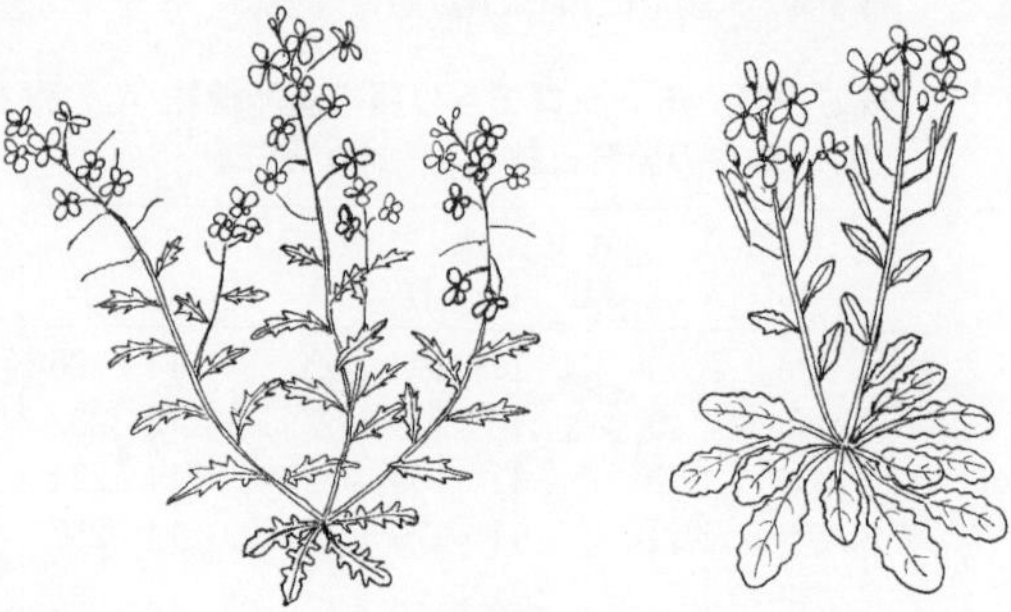

図5—10　ハタザオ属の植物　白い花を咲かす。
（左）ハクサンハタザオ、（右）スズシロソウ

探しにくかった。ハタザオ属は花の季節に花稈《かかん》という茎を伸ばしてその先端に白い花を咲かす。その様子が旗竿《はたざお》のように見えるので、ハタザオの名が付いた（図5—10）。その旗竿を伸ばしたときに、初めて草の下にこの植物が生えていることを知ることができた。

この自然環境で採集したヤマトの幼虫はアオムシコマユバチの寄生率が3％、マガタマハリバエの寄生率が2％で、かなりの低寄生率だった。ある日、貴船に来てみると、道沿いの林縁部の下草が刈り払われていて、ハタザオ属のハクサンハタザオが剝き出しになっていた。そのようなハクサンハタザオから採集したヤマトの幼虫は、アオムシコマユバチの寄生とヤドリバエの寄生を合わせた寄生率は83％と非常に高かった。したがって、ヤマトに対する捕食寄生者の寄生率が低いのは、ハタザオ属植物が他の植物に被覆されていて天敵に見つかりにくいことが原因だと推測できた。このことは、野外網室に作った異なる環境下での産卵実験で確認できた。ただし、隠れるといっても完全に隠れるのではなく、被覆する植物の粗い網目の下にいて、探し出すのにコスパが悪いという程度の隠れ方だ。

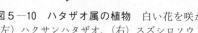

	産卵数					
	A	B	C-1	C-2	D	E
モンシロ	0.76	0.85	0.10	0.13	0	0
スジグロ	0	1.73	0.99	0.43	0	0
ヤマト	0	0	0.14	0.57	0.04	0

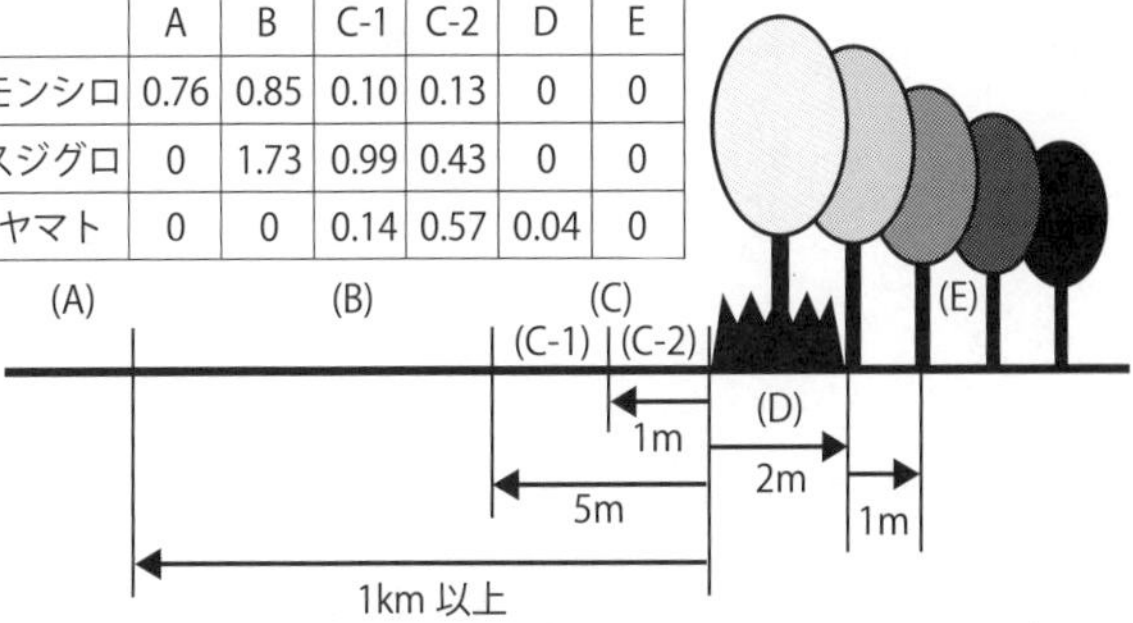

図5—11　モンシロチョウ属の3種のチョウの行動圏　3種のチョウの行動圏を明らかにするために鉢植えのダイコン苗を以下の6ヵ所に置いてチョウの産卵数から行動圏を調べた。(A)平野部の畑作地、(B)山間部の畑作地、(C－1)林縁より5 m離れた裸地、(C－2)林縁より1 m離れた裸地、(D)林縁の草むらの中、(E)林縁の草むらより1 m奥の林床。産卵数はダイコン1苗ごとの平均値 (Ohsaki and Sato 1999)

天敵は単位時間当たりの収量をいかに多くするかに努めている。これを最適戦略という。1966年に既出のマッカーサーとテキサス大学オースチン校のエリック・ピアンカが提唱した説で、この説に従うと、天敵にとって、ハタザオ属植物を利用するヤマトはコスト・パフォーマンスの悪い餌なので、忌避されているのだろう。

つまり、ヤマトはハタザオ属の植物を選んで産卵しているのではなく、他の植物に被覆されている環境に生えるアブラナ科の植物を選んで産卵しているものと思われた。このことを確認するために、ヤマトを含む、モンシロ属3種のチョウが、野外網室内で共通して産卵するダイコンの鉢植え苗を作り、ハタザオ属のハクサンハタザオの生える大原寂光院《おおはらじゃっこういん》に近い静市《しずいち》のキャンプ場で調べた（図5―11）。キャンプ場の広場の横には北山杉の林があり、その林床に下草はまばらにしか生えていない。しかし、広場に接する林縁部の約2m幅の部分には、密生した下草が生えていて、その密生した下草に覆われるようにハクサンハタザオがあった。その下草の底に鉢植えのダイコン苗を置いた（D）。さらに鉢植えのダイコン苗を、広場の林縁から1m離れた場所（C―2）、5m離れた場所（C―1）に置いた。加えて、幅約2mの林縁部から1m奥の林の中の下草の生えていない林床（E）にもダイコン苗を置いた。

ヤマトは林縁から1m離れた広場のダイコン苗に最も多くの卵を産んだ。林縁の下草の底に置いたダイコン苗にも産んだ。しかし、林の奥のダイコン苗には全く産卵せず、林縁から5m離れた広場のダイコン苗にはほとんど産まなかった。自然環境で、ヤマトが産卵したような場所に生えるアブラナ科植物は、林縁の下草の陰に生えるハタザオ属植物と、林縁に沿って緩やかに流れる谷筋に生えるタネツケバナ属のヒロハコンロンソウしか存在しない。ヒロハコンロンソウにはスジグロだけが産卵し、ヤマトは野外網室内でも産卵しなかった。

ヤマトが実験的には畑のアブラナ科植物を好むにもかかわらず、実際の野外で産卵しないのは、この山間部の林縁部という非常に狭隘《きょうあい》な環境を選ぶ結果であり、普段は接しないアブラナ科植物だったからだ。一方、普段は接する機会のあるヒロハコンロンソウには産卵しない。後述するが、ヒロハコンロンソウを利用しているスジグロ幼虫は、ヤドリバエによって80％近くも寄生されているので、ヤマトはヒロハコンロンソウの利用を忌避しているものと思われる。一方、下草の底に置いたダイコン苗よりは、林縁の外部に置いたダイコン苗により多く産んだ。その理由は、このダイコン苗がヤマトの行動圏内にある、最も発見確率の高く、コスパのよいアブラナ科植物だったからだろう。しかし、ヤマトが実際に利用しているハタザオ属植物は、林縁の下草の中にだけ生えている。このように、林の下草に覆われた環境は、天敵不在空間というニッチだった。

ちなみに、モンシロとスジグロは林縁から５ｍ離れたダイコン苗に最も多くの卵を産み、林縁のダイコン苗にはあまり産卵しなかった。

逃げるモンシロチョウ

次に、佐藤と私は、モンシロにも天敵不在空間があるはずだ、という仮説を立てて、調査を行った。モンシロは、修学院と上賀茂という平野部と、静原と鞍馬の里山の畑に生えるキャベツ、ハクサイ、ダイコンとイヌガラシに産卵していた。しかし、英名でキャベツチョウというほどに、キャベツを著しく好んでおり、野外網室内の産卵実験でも、キャベツを圧倒的に選んだ（表5―3、A、B）。

モンシロの原産地は地中海東岸のレヴァント地区といわれている。シルクロードが整備された１４００年前に東進を始め、１２００年前頃に唐《とう》の都の長安《ちょうあん》にまで分布を広げている。日本に侵入した時期ははっきりしないが、江戸時代の1770年頃に円山応挙《まるやまおうきょ》の絵に描かれている。しかし、キャベツが日本に持ち込まれたのは、その100年後の明治維新の直前の1850年頃で、さらに100年後の1950年代に食事の洋風化に伴い生産量が増え、1970年代に現在のようなポピュラーな作物になった。キャベツ以前にモンシロに利用されていた植物は定かではない。弥生時代に持ち込まれたダイコン説があるが、ダイコンが一般に普及したのは江戸時代以後だそうだ。元宇都宮中央女子高教諭の長谷川順一《はせがわじゅんいち》は、スカシタゴボウ、ミギワガラシ、オクヤマガラシなどの野草を利用していたのではないかと推測している。そのような経過を経て、モンシロは現在キャベツを主に利用しているが、キャベツ畑は平野部では収穫の後に整地され、キャベツのない状態ができる。そして、新たな畑が作られる。一方、里山の家庭菜園的な農地では、近隣に一年中新しい小さなキャベツ畑が作られる。

京都でのモンシロの年間世代数は6世代である。平野部で採取したモンシロの幼虫にはヤドリバエの寄生はなかった。アオムシコマユバチは約10～23%の幼虫に寄生していた。一方里山の家庭菜園的な農地では、ヤドリバエは約30%、アオムシコマユバチと合わせると82～87%寄生していた。特に、小さな畑が近隣に一年中作られるような場所では100%の寄生も見られた(図5—12)。

野外でモンシロを捕らえて翅に個体識別番号を付けて放し、その後も採っては放し、採っては放し、を繰り返す標識再捕獲法という調査をすると、羽化したばかりのメスは交尾をすると生まれた畑から分散移動し、数km離れた若い畑で産卵活動を始める。一方のオスは生まれた畑で平均10日ほどの生涯を過ごし、羽化してくるメスを待つ。以上のことで考察できるのは、交尾直後のメスは羽化地を離れて移動して、新しくできた畑に飛び込み産卵活動を続ける。そのような畑にはまだ寄生者はいない。

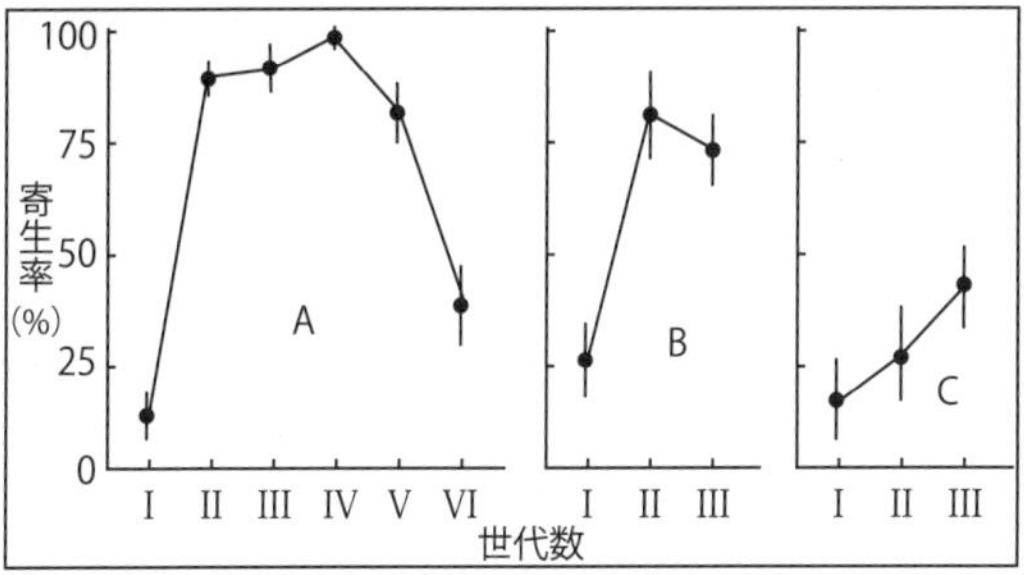

図5—12　モンシロチョウ幼虫に対するアオムシサムライコマユバチの寄生率　(A) 1年中周囲に小さなキャベツ畑があった (n=3)、(B)収穫前のキャベツ畑 (n: I = 22, II = 21, III = 9)、(C)収穫後に新たに栽培されたキャベツ畑 (n: I = 22, II = 19, III = 6 (Ohsaki and Sato 1990)

モンシロと他の2種で大きく異なる点は、モンシロはキャベツ畑のキャベツのように明るい日差しに生える植物に産卵する。一方、スジグロとヤマトは林間のヒロハコンロンソウや繁みの中のハタザオ属植物のような日陰の植物に産卵する。その結果、幼虫が過ごす生息場所の気温はモンシロのほうが約5度高い。3種のチョウは、卵として生まれ成虫として羽化するまでの成育時間は、同じ条件の実験室ではほぼ等しいが、京都での年間の世代数は、モンシロは約6世代、他は約3世代と倍の違いがある。幼虫の生息場所の温度が5度違うので、モンシロは他の2種より倍の速さで成育するからだ。

アオムシコマユバチはモンシロ幼虫のいない畑に

は呼び寄せられないが、新しくモンシロ幼虫が生息しはじめた畑を嗅ぎつけ、やがて寄主探索活動を始める。そのとき、モンシロ幼虫は産卵適期の1〜3齢期を日向《ひなた》の温かい生息場所ですばやく成長させて、アオムシコマユバチをやり過ごすことが期待できる。この捕食寄生者から逃げ、高速で成長するような生活がモンシロの天敵不在空間というニッチの利用だろう。

迎え撃つスジグロシロチョウ

スジグロの天敵不在空間については佐藤が手掛かりを持っていた。1971年の日本昆蟲《こんちゅう》学会誌に、東京学芸大学の北野日出男《きたのひでお》と学生だった吾妻完一《あずまかんいち》との共著論文に、スジグロ幼虫に寄生したアオムシコマユバチの卵は、スジグロの血液内に存在する、顆粒《かりゅう》細胞とプラズマ細胞などの血球に包囲され、死んでしまうとあった。これを血球包囲作用という。

事実、スジグロの幼虫は里山の静原と鞍馬で、アブラナ属のキャベツ、ハクサイ、ダイコン属のダイコン、イヌガラシ属のイヌガラシ、タネツケバナ属のヒロハコンロンソウ、ワサビ属のワサビと様々な植物から採集できたが、アオムシコマユバチは寄生していなかった。まるで、スジグロはアオムシコマユバチの寄生に対処できるから、質的条件の極めて劣悪なハタザオ属植物以外の、様々なアブラナ科植物を利用しているように見えた。このアオムシコマユバチの卵を殺せることが、スジグロにとっての天敵不在空間というニッチだった。

一方、スジグロ幼虫は多くの植物上でヤドリバエ類に30〜40%寄生されていた。この寄生率はモンシロ幼虫と全く等しく、ヤドリバエ類はスジグロ幼虫とモンシロ幼虫を区別できないようだった。しかし、モンシロが利用せずにスジグロだけが利用していたヒロハコンロンソウから採集した幼虫は80％近くがヤドリバエ類に寄生されていた。ヤドリバエ類はアオムシコマユバチと共生できずに常に負ける。したがって、アオムシコマユバチの卵を殺してしまうスジグロ幼虫はヤドリバエ類にとっては天敵不在空間になる。ヤドリバエ類は、スジグロだけが選ぶヒロハコンロンソウ上の幼虫を選ぶことで、スジグロ幼虫を識別しているようだ。

宙に浮く論文

以上の結果を幾つかに分けて論文化したが、1990年に集大成した論文を『エコロジー』に投稿した。2人の査読者からは色よい返事が返ってきた。しかし、担当編集者から一部の修正を命じられた。修正して返すと、さらに修正を命じられた。というような繰り返しを1年間で13度も行った。2年目に入ると、担当編集者からの手紙（メールの時代ではなかった）も来なくなった。3年目に入り、友人のアメリカ・デューク大学のマーク・ラウシャーに相談した。彼から編集担当者との交信をすべて送れと返事があった。彼はそれを携えて、編集長のコーネル大学のリー・ミラーに相談した。論文は、再投稿論文として、即日、受理され、4年目の1994年に掲載された。担当編集者との交信が途絶えた後に、その担当編集者の女性が、私たちの論文と類似の論文をドイツの生態学誌『オエコロジー』に投稿し、1992年に掲載されているのを知った。

私たちの論文が『エコロジー』に掲載されると、私は、翌年、南カリフォルニアの港町オクスナードのリゾートホテルで開かれた「植物と植食者の衝突」というテーマのゴードン研究会議や、北カリフォルニアのボデガ湾に臨むカリフォルニア大学デーヴィス校のボデガ海洋研究所の宿泊施設で開かれた、同様のテーマのボデガ野外セミナーなどに講演者として招待された。この研究所の所長は、「植食性昆虫に競争はない」と断言したストロングだった。

ゴードン研究会議は、自由な討論を通して最先端の科学者の交流・情報交換を促進させることを目的として毎年開かれており、同一テーマの会議は3～4年ごとに開催されている。毎年のテーマは、『サイエンス』に掲載される。各テーマの参加者は約100名で、そのうち講演者が約20名で、参加者全員が参加資格を書類審査され、同じ宿舎に泊まって5日間の会期中に寝食を共にする。

ゴードン研究会議では、ポスター発表もあった。私がポスター会場で発表を聞いていると、1人の若い女性の発表者が、私の胸の名札を見て目を輝かせ「ちょっと、待って下さい」と言ってその場を離れ、少し離れた場所で別のポスターを見ていた年配の女性を連れてきた。若い女性の目は依然として輝いていたが、連れてこられた女性は、バツの悪い顔をしていて、私に対して「I am sorry.」といった。私は驚いて、彼女の胸の名札を見た。そこには、交信が途絶えた『エコロジー』の担当編集者の名が書いてあった。私は「Not at all.」と応えた。

この論文が、宙に浮いたり、光を浴びたりした原因は、今までベールに包まれて見えなかった天敵不在空間を可視化したことにあった。

スジグロは価値がない餌

モンシロ属の天敵不在空間の論文が世に出た後に、行動生理学者の佐藤芳文が意外なことを言い出した。スジグロの血球包囲作用は動物が持つ先天的な非特異的免疫反応で、アオムシコマユバチの卵のような異物が侵入すると自然に排除してしまうという。彼はそれを十数年前の1976年から知っていたと言う。免疫反応は2種類あって、1つは前述の先天的な非特異的免疫反応で、もう1つは後天的に獲得する特異的免疫反応である。新型コロナウイルスに対する人間の免疫反応は後者で、ウイルスの基になる遺伝情報の一部（メッセンジャーRNAワクチン）を注射すると、人の身体の中でこの情報を基にウイルスのタンパク質の一部が作られ、それに対する抗体などができることで、ウイルスに対する免疫ができる。

つまり、アオムシコマユバチから逃げるモンシロや隠れるヤマトは、アオムシコマユバチにより先天的な防御反応を突破された過去があり、それで、逃げたり隠れたりするようになった。一方で、スジグロは先天的な防御反応が突破されないままでいる可能性がある。

では、アオムシコマユバチにとり、防御反応を突破したモンシロやヤマトと、防御反応を突破できないスジグロでは何が違うのだろうか。それは、天敵アオムシコマユバチと寄主となるチョウの幼虫が時間的にも空間的にも持続して共存できたかどうかだという。つまり、天敵が寄主の防御反応を突破できるのは、長い時間を共有して展開する進化的軍拡競争の結果だという。

第4章の「過去の競争の亡霊」で説明したように、進化的軍拡競争とは生物の進化において、ある適応とそれに対する対抗適応が競うように発達する共進化のプロセスを指す言葉である。モンシロ属幼虫は、体内に産み込まれたアオムシコマユバチの卵を血球包囲作用で殺してしまう先天的な血球細胞性免疫を持っていた。それに対し、アオムシコマユバチは、寄主制御物質を卵と一緒に寄主体内に注入し、卵や幼虫が血球包囲作用されることを防ぐ。このように、モンシロ属幼虫とアオムシコマユバチの間には、アオムシコマユバチは寄生する、モンシロ属の幼虫は寄生させない、という両者のイタチごっこともいえる進化的軍拡競争があった。その結果、アオムシコマユバチが優勢となり、現在は幼虫が寄生されるのがモンシロとヤマトで、寄生されないのがスジグロと考えられる。

モンシロもヤマトもアオムシコマユバチと共進化するだけの持続的に共存できる豊富な餌資源だったのだろう。一方のスジグロは、持続的には共存できない希少な餌資源だったので、アオムシコマユバチにとってはコストをかけるほど魅力的な餌ではなかったと考えられる。しかし、スジグロが希少な資源であった原因はこの時点では分からなかった。これについては、次章の「繁殖干渉という競争」で考えたい。

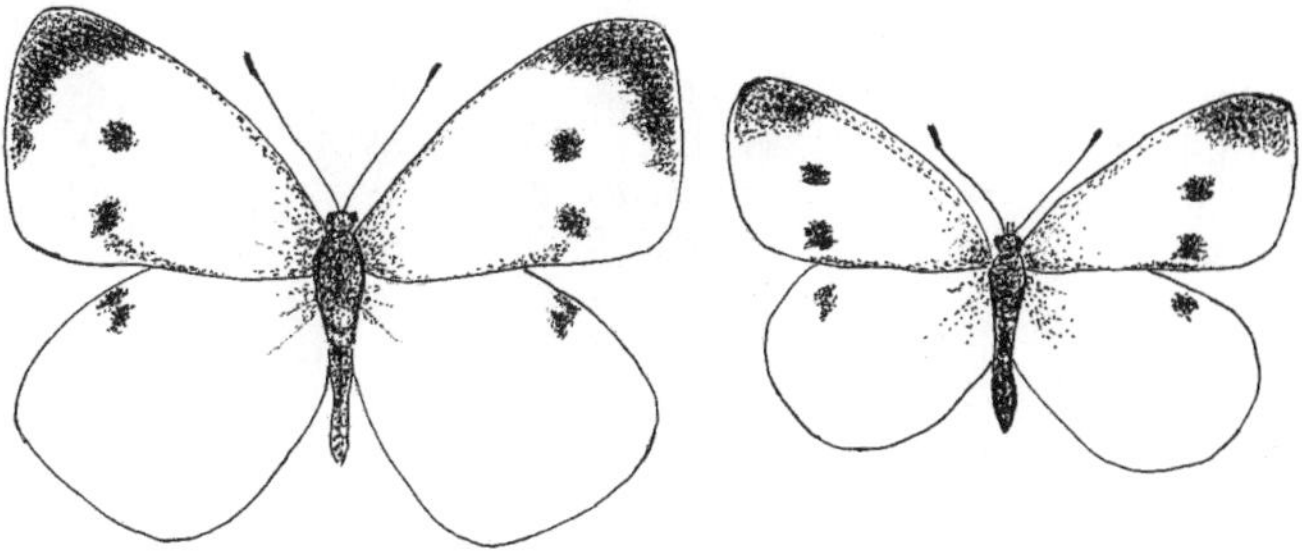

図5—13（左）オオモンシロチョウと（右）モンシロチョウ

長距離移動をするチョウ

ヨーロッパには、オオモンシロチョウ（以下オオモンシロ）というチョウがいる（図5—13左）。姿形はモンシロに瓜二《うりふた》つだが、大きさはモンシロよりかなり大きく、蛹の重さが4倍ある。産卵様式はモンシロとは異なり、モンシロが卵を1個1個の卵粒で産むのに対し、オオモンシロは100卵以上の卵塊で産む。モンシロの幼虫は緑色の隠蔽色だが、オオモンシロの幼虫は、3齢幼虫までは緑色で集団で生活するが、4齢5齢幼虫は黄と黒の縞模様《しまもよう》の警告色となり、バラバラに分散する。

オオモンシロの成虫は定まった生息場所を持たず、渡りをするチョウといわれている。200〜400㎞は移動するとか、800㎞は移動した、という話が本に書いてある。アブラナ科植物の耕作地や都市庭園に現れ、大発生したかと思えばどこかに去っていき、森の伐採地にキャベツを植えておくと、突然に発生する、ともある。その一方で、海や高山といった地理的制約の下で、季節的に定まった方向性のある渡りを示し、イギリスでは春と秋の年2回、ヨーロッパ大陸から移住してくるとある。また、冬の越冬地を目指して、元の場所に戻るような回帰移動が見られるという報告もある。

北海道と日本海を挟んだ対岸のロシアの沿海州には、1993年までオオモンシロはいなかった。しかし、1994年に突然現れ、1995年に大量に発生した。それまでシベリアで記録がなかったのは、食草とされるキャベツがそもそもなかったからだそうだ。

『ロサンゼルス・タイムズ』の1991年7月21日号に、「ソヴィエトにとって、それはキャベツの問題です」という記事が載った。当時の大統領ゴルバチョフが共産主義経済から市場経済への移行を目指し、経済は混乱し、小売価格は天文学的に上昇した。そして、1991年12月にソヴィエト連邦が崩壊してロシアを含む15の共和国が生まれた。それまでキャベツのような野菜の30%は、ダーチャという庭付きの個人の別荘で作られ、多くは輸入に頼っていた。しかし、ソヴィエトの解体により市場経済へ移行し、物価は一気に数倍に跳ね上がり、そのあおりで庶民の手から遠ざかった商品の象徴的な存在がキャベツだった。

ソヴィエトの北部に位置したロシアにとって、長い冬を過ごすうえでキャベツの存在は重要だった。冬になると緑黄色野菜がなくなるから、国民は保存食として、キャベツの酢漬けを作った。しかし、ソヴィエトの崩壊で、庶民にとり、キャベツは遠い存在になり、それが国民に大問題となった。特に、深刻なのはシベリアに住む人々で、多くの人々が、1992年の夏からシベリア鉄道の沿線でキャベツ栽培を試みた。それに連動してオオモンシロチョウも東進したものと思われる。国立民族学博物館の大石侑香《おおいしゆか》の「シベリアの大地で暮らす人々に魅せられて　第二十七回家庭菜園」を読むと、小さな農園で野菜作りをする人々のことが描かれていて、「キャベツ栽培も試みたが、（結球するほど）育ったことがない」という言葉を紹介している。

日本にもやってきた

1996年6月8日に小樽《おたる》在住の本間定利により、北海道の日本海に面した共和町《きょうわちょう》で初めてオオモンシロは採集された。北海道職員の上野雅史《うえのまさし》は直感的に、オオモンシロは高層の気流に乗って、日本海の対岸の、ロシアの沿海州から飛来したのではないかと考えた。上野は、1997年からオオモンシロの分布拡大の追跡調査を始め、北の大地を東進するオオモンシロを追い続けた。結局、目撃情報からも推測して、侵入4年後の1999年に北海道全域の当時の212市町村すべてにオオモンシロは分布するようになった。さらに、2000年には、青森県の津軽《つがる》半島、下北《しもきた》半島から、青森市に分布を伸ばしている。しかし、2007年頃をピークに、オオモンシロは急激に個体数を減らし、2012年頃には絶滅したのではないか、と疑われるほどに減少した。

アオムシコマユバチはヨーロッパにもいて、モンシロよりはオオモンシロの寄生バチといわれている。しかし、日本のアオムシコマユバチは、オオモンシロに寄生しないという話を聞き、佐藤と私は北海道大学で産卵実験を試みた。佐藤によると、アオムシコマユバチはアブラナ科植物についたモンシロ属の幼虫の食跡に反応して産卵活動をする。試験管の中に、オオモンシロ幼虫の食跡がついているキャベツの葉を入れて、葉の上にオオモンシロの2齢幼虫とアオムシコマユバチを置いてみた。すると、アオムシコマユバチはオオモンシロ幼虫に産卵管を差し込んだ。産卵管とはハチの針のことで、メスにしかない。アオムシコマユバチの産卵管を差し込まれたオオモンシロ幼虫を解剖顕微鏡のもとで解剖して卵を探してみたが、見つけ出すことはできなかった。つまり、多くのアオムシコマユバチはオオモンシロの幼虫に産卵管を差し込んだのだが、産卵はしなかった。産卵管にはセンサーがあり、恐らく、新規に参入したオオモンシロを自種の産卵対象の餌として認識できなかったのだろう。

京都大学農学部の大学院生だった田中晋吾《たなかしんご》は、1999年より6年間にわたって、オオモンシロとモンシロとアオムシコマユバチの関係を調べた。すると、はじめはモンシロだけにしか産卵しなかったモンシロ・スペシャリストのアオムシコマユバチが60%もいた。しかし、次第にモンシロ・スペシャリストは5%ぐらいに減り、モンシロだけではなくオオモンシロにも産卵するジェネラリストの比率が47%から90%に上がった。そして、最初はいなかったオオモンシロ・スペシャリストも5%ぐらい出現した。アオムシコマユバチの産卵対象の比重がモンシロからオオモンシロに移っていったのだ。

その原因は、オオモンシロの蛹の重さがモンシロの4倍もあったからだ。最適戦略の示すように、アオムシコマユバチにとって、大きなオオモンシロは小さなモンシロよりも価値のある餌資源である。つまり、オオモンシロの幼虫体内では、資源を巡るアオムシコマユバチの種内競争は緩和され、生存率が高くなり、個々のアオムシコマユバチの体重は増加した。生存率が高く、体重が増加したならそれだけ多くの卵を生産することができ、次世代の子供を多く残せる。

50ヵ国が参加しイギリスに本部を置く非営利組織の国際農業生物科学センター（ＣＡＢＩ）のオオモンシロの天敵リストには、寄生バチや寄生バエなどの捕食寄生者は36種、病原菌が18種、捕食者を８種挙げてある。どこにでもこれだけの天敵がいるというわけでなく、侵入する先々で、最初はオオモンシロの天敵でなかった他種の天敵が、オオモンシロが価値ある餌資源であることが分かり、利用を始めた結果であろう。オオモンシロにとり、同じ場所に長居するのは天敵の脅威が増すだけである。モンシロは羽化地から数km離れた場所に移り産卵活動を始めた。オオモンシロは数百km離れた場所で産卵活動を始めた。このように長距離を移動するというのも、天敵不在空間というニッチの利用だろう。

第6章　繁殖干渉という競争

競争はあった

　本章の目的は、競争はやっぱり存在した、ということを描くことにある。第2章、第3章では、マルサスやダーウィンが主張した資源競争を軸として、生き物のニッチを説明した諸説を紹介した。第4章では一転して、自然界では競争は存在しないという学説を紹介した。資源競争は生き物の密度が、資源の許容量よりも増大したときに起きる。しかし、自然界では、捕食者や捕食寄生者のような天敵類の働きや、嵐や火事などの自然災害の作用により、生き物の密度は低く抑えられており、資源競争が起きるような高密度にはなりえないという。第5章では、その結果、生き物の占めるニッチは天敵類からの被害を少しでも軽減できる天敵不在空間という形で形成されていることを示した。

　しかし、本章では、天敵不在空間を巡って、近縁種間で競争があることを紹介する。その競争は、高密度で起きる資源競争ではなく、低密度でも起きる繁殖干渉で、本意ではなく結果的

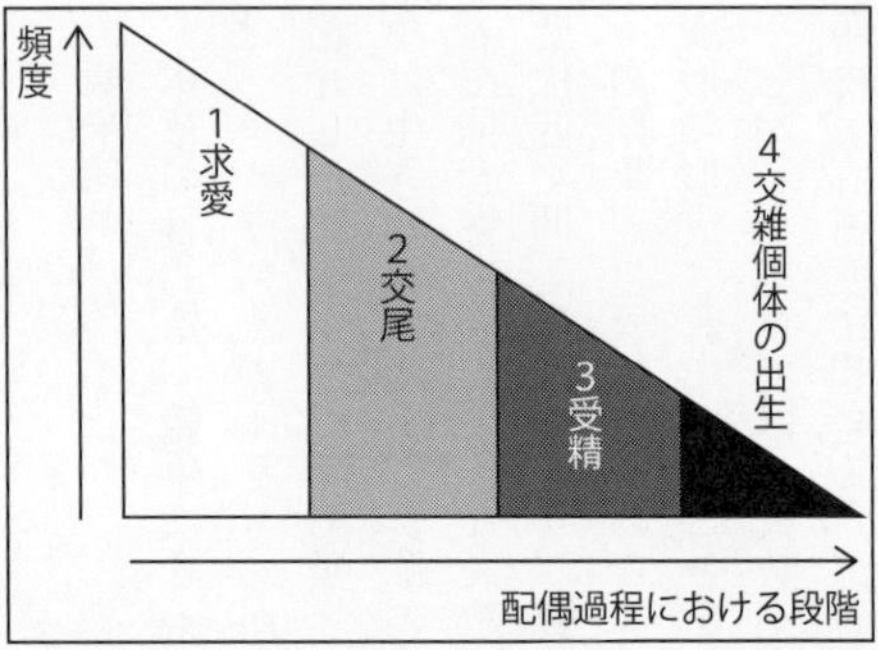

図6―1　4つの異なる段階で起こると考えられる繁殖干渉（高倉・西田　2018より）　しかし、私たちの研究以前に第1段階の求愛行動で起こる繁殖干渉の例は明らかになっていなかった

に競争が起こり、一方の種だけが、望む資源から競争排除されてしまう結果を伴っていた。

繁殖干渉とは

滋賀県立大学の高倉耕一《たかくらこういち》と西田隆義《にしだたかよし》が編集した『繁殖干渉』（2018）の冒頭で、繁殖干渉とは、オス（動植物を問わない）が間違って他種のメスに配偶（求愛や送粉）行為を行い、そのメスに対してなんらかの不利益を及ぼす現象である、と説明されている。彼らは配偶過程を以下の4段階に分けた（図6―1）。(1)求愛、(2)交尾、(3)受精、(4)交雑個体の出生。オスが間違って他種のメスに配偶行為を行ったときに、この4段階の過程のいずれかで破綻が生じ、他種のメスに不妊卵の生産や、時間やエネルギーのロスを強いるなどの不利益を及ぼすことになる。(4)交雑個体の出生とは、人為的な例ではあるが、オスのロバとメスのウマとの交雑種のラバや、1959年に兵庫県西宮《にしのみや》市の甲子園阪神《こうしえんはんしん》パークでオスのヒョウとメスのライオンの交雑から生まれたレオポンのように、生殖能力の低い一代雑種の子ができ、母親には子孫を残せないという不利益を被らせる。

私が初めて繁殖干渉の事例を知ったのは、鹿児島大学3年のときに読んだ、伊藤嘉昭《いとうよしあき》・桐谷《きりたに》圭治《けいじ》著『動物の数は何できまるか』（1971）で、アオクサカメムシ（以下アオクサ）とミナミアオカメムシ（以下ミナミアオ）という同属の2種のカメムシ（図6―2）の分布を決める要因が、この2種の種間交尾である、と書いてあった。

この研究をしたのは桐谷圭治（図6―3）で、本の出版当時、彼は2度目の赴任地の高知県農林技術研究所にいた。カメムシの研究をしたのは、1959年に京都大学農学部の大学院を中退して最初に赴任した和歌山県農業試験場でのことだった。彼のポジションは、農水省が重点研究テーマを指定して、地方の農業試験場に暫定的に設置する、農林水産省指定研究室の研究員だった。和歌山での指定研究は、イネの常発的害虫のサンカメイガというガの研究だった。

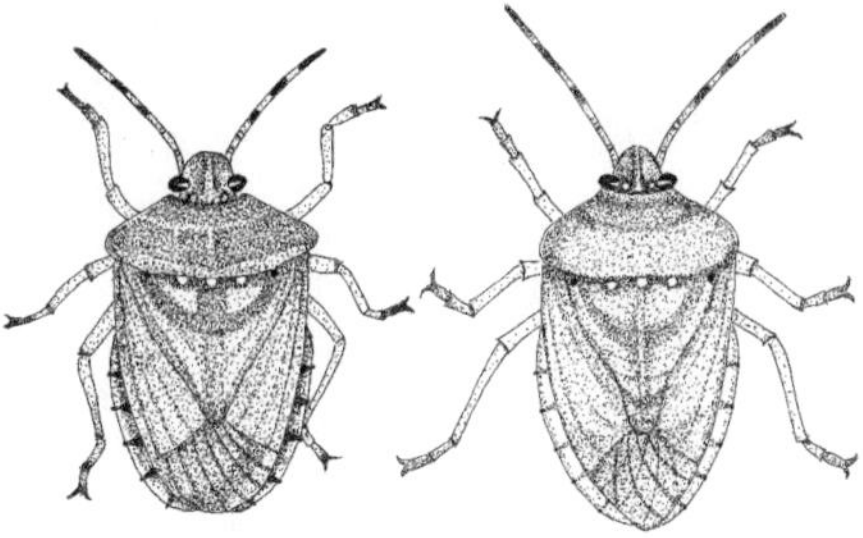

図6―2　（左）アオクサカメムシと（右）ミナミアオカメムシ

図6―3　桐谷圭治（1929〜2020）

しかし、強力な農薬の出現やイネの栽培技術の発達で、彼が和歌山に赴任した頃にはサンカメイガはほとんど姿を消し、かわってそれまで問題になっていなかったミナミアオが出現していた。

桐谷は、このミナミアオの研究と高知での稲作害虫ウンカとヨコバイの研究に「生命表解析」という日本では最初の研究法を導入した。その結果、捕食者である徘徊性のクモや、寄生バチや寄生バエなどの捕食寄生者の働く時期を明らかにし、それら天敵の効果を定量的に評価することができた。

当時、農業は化学農薬、特に有機塩素系の農薬万能の時代だった。しかし、農薬を散布する人々が農薬中毒になるとか、農作物の消費者の母乳から残留毒が検出されるなど、農薬の残留毒性が社会的に大きな問題になっていた。桐谷は「生命表解析」の成果を基に、化学農薬一辺倒ではなく、天敵の働きを利用する「減農薬」を説き、農薬の散布量や散布回数を半分以下に抑え、国に2年先駆けて高知県で有機塩素系の農薬の使用を禁じることにも成功した。また、イネの耐虫性品種を利用するなどの複合的な農法を導入し、有機農業のブームをもたらした。その後、桐谷はつくば学園都市にあった農業環境技術研究所の昆虫科長になり、農地に棲む生物と共存する「総合的生物多様性管理」の農業を提案した。

それらに先駆けての桐谷の最初の成果が、このミナミアオの研究である。当時、ビニールハウスの普及により早春の保温苗代が可能となり、冷害や台風の被害からイネを守るための早期栽培が普及していた。その結果、和歌山のような暖地帯では、早期、中期、晩期のあらゆる作期のイネが、同じ地域内に早春から晩秋まで見られることになった。このような状況は、穂を出したイネを特に好むミナミアオに絶好の舞台を提供した。それまで、和歌山県の南部で雑草や露地栽培の蔬菜類《そさいるい》で細々と成育していたと信じられている。

ミナミアオは南方系のカメムシで、四国南部、九州南部、沖縄、東南アジア、太平洋諸島、オーストラリア、北アメリカ南部から中南米、アフリカ、南ヨーロッパに分布し、和歌山県南部は分布の北限と考えられた。

一方のアオクサは、温暖圏のカメムシで、北海道、東北を除く、本州、四国、九州の日本全土に分布しており、多食性ながら、昔から豆類の害虫として知られていた。文献を見ると、1950年頃には和歌山県全域に分布していたアオクサが、1960年頃にはミナミアオに取って代わられ、和歌山県北部にのみ分布するようになっていた（図6—4）。桐谷が農業試験場のある和歌山県南部の朝来《あっそ》地区における両種の比率の変化を保存標本や野外調査から明ら

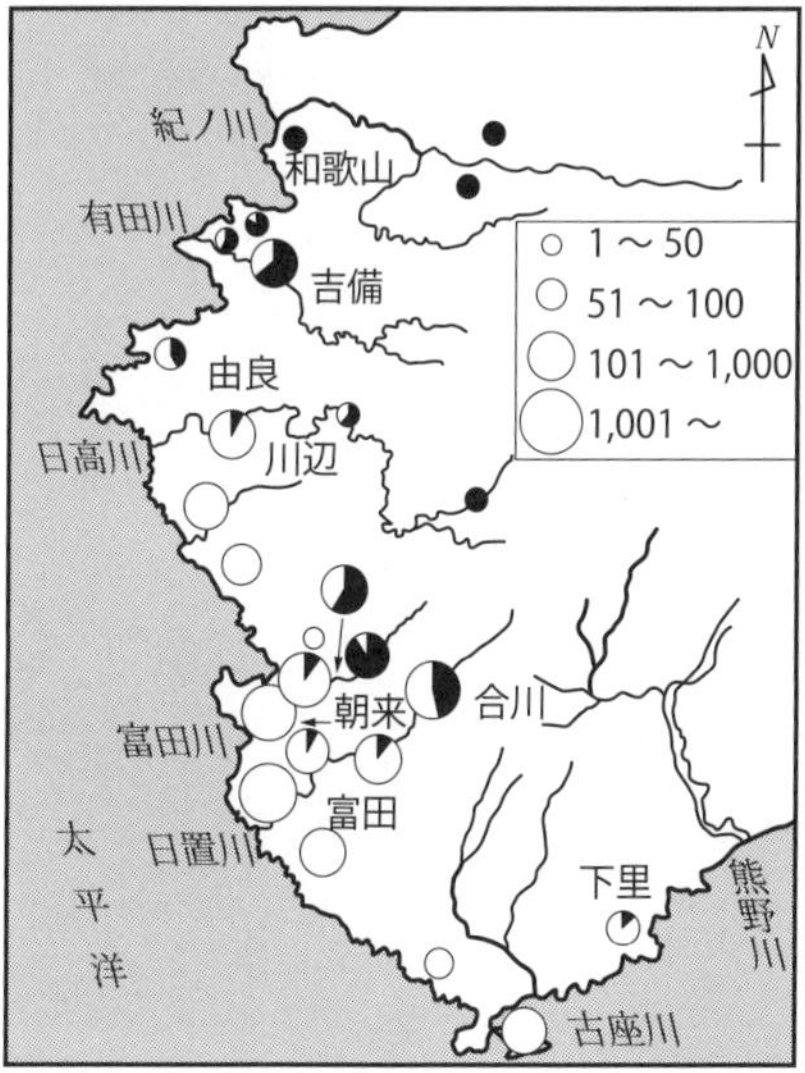

図6—4　アオクサカメムシ（黒）とミナミアオカメムシ（白）の分布境界（和歌山県内）（伊藤・桐谷 1971より）

かにしている。アオクサの比率は1953年に34％、1955年に28％、1957年に14％、1961年に1％未満と減少していた。

桐谷は、南部に分布するミナミアオの分布北限を決めているのは冬の寒さだろうと考えた。しかし、北部に分布するアオクサの分布南限を決めているのは気候とは関係なく、2種のカメムシの種間関係にあると考えた。両種の年間世代数はミナミアオが3世代、アオクサは2世代で、ミナミアオのほうが1世代多い。1回の産卵数はミナミアオが86・7卵、アオクサが61・5卵と、ミナミアオが1・4倍多い。したがって、両種の混生地域でミナミアオの比率が上昇してきたのは世代数と産卵数の違いで説明できる。しかし、それに伴って南部でアオクサが消滅したのは説明できなかった。

1961年と1962年に、桐谷はアオクサの比率が1％未満の朝来地区で、アオクサの交尾を7例観察した。7例ともすべてがミナミアオとの種間交尾だった。アオクサの周囲はミナミアオだらけで、アオクサは同じ種同士の交尾のチャンスがほぼなかったのだ。この種間交尾の結果は、アオクサがメスだろうとミナミアオがメスだろうと、不妊卵しか生まれない。このように、2種が相互に繁殖干渉を及ぼしあう場合、繁殖干渉は両種にダメージを与えるが、その場での少数派は絶滅の恐れがあり、多数派が有利になる。したがって、アオクサが比率の少ない南部のほうから絶滅したのは、この種間交尾のためだと考えられる。

カメムシの繁殖干渉は、「求愛」「交尾」「受精」「交雑個体の出生」と4段階に分けた配偶行動の3段階目の「受精」の段階で起こっていた。このとき、桐谷は繁殖干渉という言葉を全く使っておらず、「種間交尾」とだけ表現している。当時はまだ、繁殖干渉という語彙はなかったからである。

昆虫学研究室のセミナーで

1991年頃だったと思う。京都大学農学部昆虫学研究室のセミナーで、教授の久野《くの》英二《えいじ》(図6—5)が自身の最新の研究の紹介をした。「繁殖干渉を通しての競争排除」というテーマのセミナーで、このとき、日本語の「繁殖干渉」という、久野の造語が初めて出現した。内容は純粋な数理モデルで、フェルフルストのロジスティック方程式、ロトカ―ヴォルテラの競争方程式、などの微分方程式が形を変えて現れ、私には即座に理解できる内容ではなかった。ただ、内容の応用面で例示された、ギフチョウとヒメギフチョウ、ウスバシロチョウとヒメウスバシロチョウの2組のアゲハチョウ科の同属のチョウの分布が重ならない理由を、繁殖干渉のせいではないか、という久野の推測に私は興味を惹《ひ》かれた。

図6—5　久野英二
(1936〜2022)

『日本産蝶類《ちょうるい》標準図鑑』を見ると、ギフチョウは本州の西日本から北陸にかけて分布しており、ヒメギフチョウの本州亜種は東北と長野・山梨に分布している。両種の分布境界は、新潟・山形のギフチョウと秋田・山形のヒメギフチョウ、岐阜・富山・新潟のギフチョウと長野のヒメギフチョウというようにほぼ県境に沿って非常に細い帯状に分布の重なった

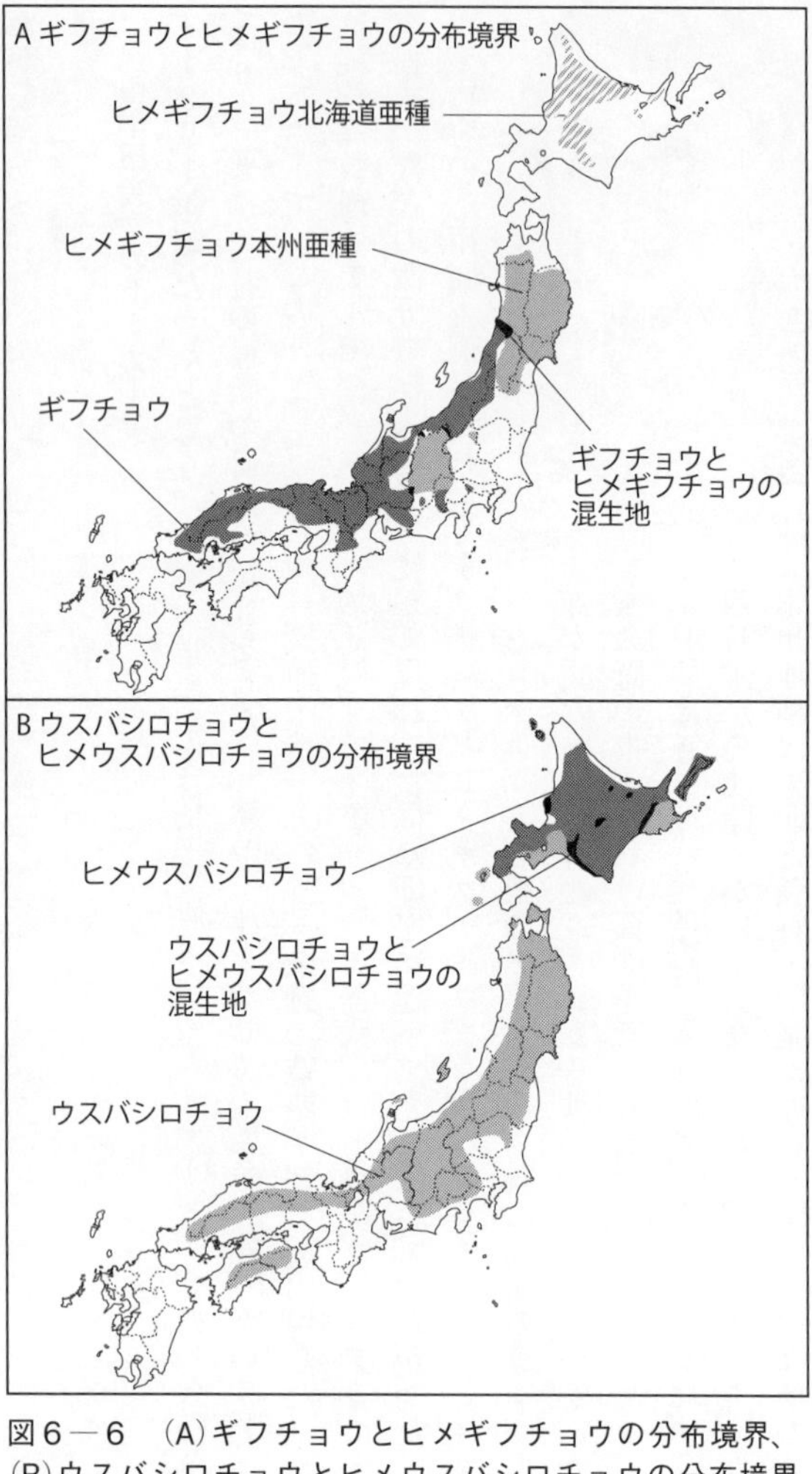

図6—6　(A)ギフチョウとヒメギフチョウの分布境界、(B)ウスバシロチョウとヒメウスバシロチョウの分布境界
(『日本産蝶類標準図鑑』2006より)

境界を形成している（図6―6A）。

ウスバシロチョウは本州と四国に分布し、ヒメウスバシロチョウは北海道に分布しているが、道央の胆振《いぶり》・日高《ひだか》の噴火湾《ふんかわん》に面した地域や道東の根室《ねむろ》・釧路《くしろ》の東端の地域にはウスバシロチョウが分布していて、やはり線状の非常に細い帯状に分布の重なった境界を形成している（図6―6B）。

この2組のチョウの分布境界が繁殖干渉が原因ではないかというのは、あくまでも検証されていない久野の推測である。普段の久野は、一日中、研究室の奥深くに籠もって数式をいじり、数理モデルの論文を書いていた。しかし、根は子供のころからの生粋のチョウマニアで、定年後の約20年間は、カメラを携えて野山を歩き回り、チョウの生態写真を撮る生活を送った。その彼が、近縁の2種のチョウの分布が重なっていないのはなぜなのだろうか、という日頃の疑問を解こうとしたのが、この繁殖干渉の理論モデルだったと思う。2組のアゲハチョウ科のチョウの分布境界は、南方性のチョウと北方性のチョウの分布の重なる地域で交雑が起こり、両種のメスに不妊卵ができるという繁殖干渉の結果、図鑑の分布図に見られる、非常に細い帯状の境界ができていると考えた。この分布境界は、和歌山の2種のカメムシの分布境界とよく似ていた。

私はそれまで「競争排除」のメカニズムをよく理解できなかった。ガウゼは近縁2種のゾウリムシで、小さな種が大きな種を排除することを示した。しかし、そのメカニズムは説明されておらず、想像するしかなかった。いわんや、チョウも「競争排除」しているといわれても、一体どのようなメカニズムで「競争排除」するのか全く想像できなかった。しかし、久野の示したセミナーのタイトルの「繁殖干渉を通しての競争排除」で、「交雑することで不妊卵ができ、個体数が多い種が勝ち残る」という「競争排除のメカニズム」はストンと腑《ふ》に落ちた。

そこで、私は桐谷の解説するカメムシ類の種間交尾と、久野の解説するアゲハチョウ科のチョウ類の繁殖干渉の類似性から、繁殖干渉を次のように理解した。(1)繁殖干渉は種間交尾の結果、不妊卵ができることで成立する。(2)繁殖干渉は両種に作用し、その場での多数派が勝つ。(3)分布の境界は細長い帯状の分布の重なりで形成される。

以上の理解は桐谷のカメムシや久野のモデルを説明できたが、後に私が関わるモンシロチョウ属の食草選択を説明する繁殖干渉を明らかにするうえでは、大きな障害になった。おかげで、十数年の無駄足を踏んだ。半端な知識による思い込みは、柔軟な思考を妨げ、研究の発展に支障をきたした。

大型のエゾスジグロシロチョウ

1997年のある日、佐藤芳文が、札幌にスジグロシロチョウ並みの大型のエゾスジグロシロチョウが発生している、しかも群れをなすように数が多いらしい、という話をもたらした。

京都の夏型のスジグロシロチョウの前翅長《ぜんしちょう》は約30㎜、エゾスジグロシロチョウの前翅長は約

27㎜で、エゾスジグロシロチョウが小型なのは、利用しているハタザオ属の植物の質的条件が劣悪なのが要因の1つだった。したがって、札幌のエゾスジグロシロチョウが大きいのは、利用している植物の質的条件がよいからだ、と考えられた。

当時、北海道のエゾスジグロシロチョウは第5章で既出の京都のヤマトスジグロシロチョウと同種の北海道亜種で、津軽海峡を境界にして、ヤマトスジグロシロチョウは同種の本州亜種と考えられており、両亜種ともエゾスジグロシロチョウという和名で統一されていた。しかし、2001年にミトコンドリアDNAの鑑定の結果、両亜種は別種ということになり、北海道の道央部の札幌より北に分布する種はエゾスジグロシロチョウ（以下エゾ）、南の渡島《おしま》半島、および本州、九州、四国に分布する種はヤマトスジグロシロチョウ（以下ヤマト）と名付けられた（図6―7）。しかし、自然条件下で両種は自然交配するし、その後、4世代まで累代飼育をした人がおり、それを根拠に、同種であることを強く主張する人もいる。私も、以下に話す研究を、両種を同種とみなして行ったので、同種であってほしいと思っているが、本文中では、ヤマトとエゾを区別して扱う。

佐藤芳文はさらなる情報として、2つの論文をもたらした。1つは、北海道大学農学部の学生だった長谷川順一の北海道鱗翅目同好会誌『Coenonympha』に掲載された「スジグロシロチョウとエゾスジグロシロチョウの前翅長の季節的変化及び雑記」（1966）という論文だった。別の1つは北海道大学理学部の大学院生山本道也《やまもとみちや》の『北海道大学理学部紀要』に掲載さ

図6―7　ヤマトスジグロシロチョウとエゾスジグロシロチョウの分布境界（『日本産蝶類標準図鑑』2006より）　両種は2001年まではエゾスジグロシロチョウの別亜種とされて津軽海峡を分布の境界とされていた

れた「日本北部の札幌で同じ地域に生息し、同じ植物を食べている2種のモンシロチョウ属のモンシロチョウとエゾスジグロシロチョウの個体群動態の比較」（１９８１）という論文だった。

前者の長谷川の論文には、長谷川が札幌市東部の藻岩《もいわ》山《やま》や定山渓《じょうざんけい》などの郊外７ヵ所で、１９６０年に23回、１９６１年に24回行った、卵と幼虫の採集調査の結果が報告されていた。彼は採集品を下宿に持ち帰り、成虫羽化まで飼育していた。スジグロとエゾの卵と幼虫は酷似しており、卵と幼虫での種の同定は不可能だったからである。その結果、両種のチョウはコンロンソウとキレハイヌガラシの両種の植物を主に利用していることが分かった。コンロンソウは北海道全域の森林地帯の林床に生えており、北海道はコンロンソウの島、という趣だった。

キレハイヌガラシの来歴は諸説ある。1997年に探し当てた文献には、1960年頃ヨーロッパから牧草の種子に混入して北海道に侵入したとあった。しかし、2022年にインターネットで調べたところ、大正時代の末、1920年頃には北海道で発見されていた、という記録があった。恐らく、種子が牧草に混じって牛や鶏に与えられ、牛糞《ぎゅうふん》や鶏糞《けいふん》などに混入して有機肥料として北海道全域に広がり、1960年頃には林縁部の畑や果樹園や花壇の雑草となっていた。2000年頃には関東にも分布を広げ、2020年頃には九州・四国でも見られるという。

後者の山本の論文には、北海道大学構内で、1971年から1979年までの8年間にキレハイヌガラシはエゾだけが利用しており、スジグロの利用は記録されていなかった。佐藤と私は、1960年にエゾとスジグロの両種がキレハイヌガラシを利用しているのに、その10年後の1970年代にエゾだけが利用しており、スジグロが利用していないことに興味を抱いた。そして、1997年現在もそうなのか、もしそうなのであれば、その理由を知りたいと思った。

産卵植物選択の進化

札幌の周囲の森の内部にはコンロンソウ（以後コンロンソン）が生えていた。湿った山地や谷の

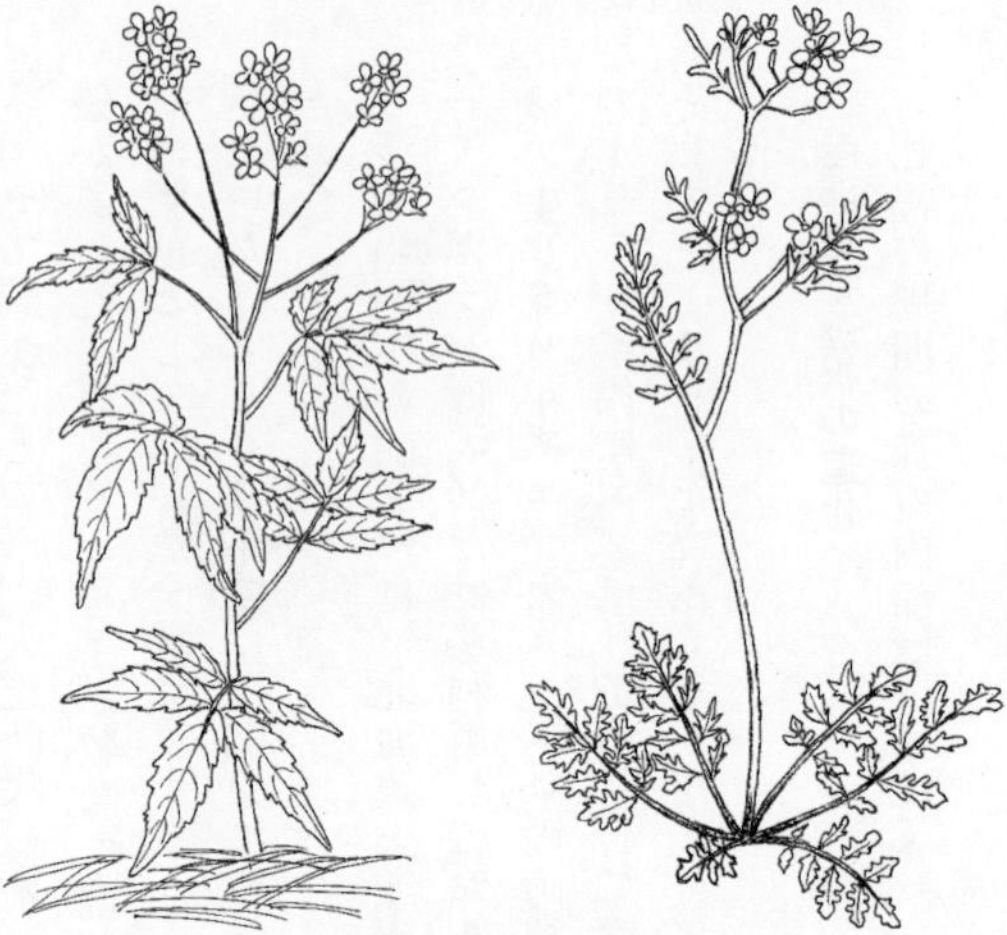

図6—8　（左）白い花の在来植物コンロンソウの草丈は25〜70cm、（右）黄色い花の帰化植物キレハイヌガラシの草丈は30〜60cm で群落を作る

流れに沿って群落を作る多年生植物で、草丈は25〜70cmぐらいあった。柄のある葉は1株に4〜7枚あって長さ4〜10cm、幅1〜3cm、先は尖っていて、白い花を咲かせていた（図6—8左）。

キレハイヌガラシ（以後、キレハ）は草丈30〜60cmで、長さ2〜3cmの裂けたような切れ込みのある細い葉を持ち、小さな黄色い花を咲かせた（図6—8右）。キレハは多年生植物で、地中5cmほどのところを横に伸びる根と地中深く伸びる根があり、土地が耕されることで横に伸びる根が切断されて盛んに萌芽《ほうが》し、密生して群落を作っていた。しかし、キレハの分布は森の隣地に広がる畑地、牧場、果樹園の森の縁までで、森や林の中には入っていかなかった。

佐藤と私はコンロンとキレハからモンシロ属の幼虫のアオムシを採集し、成虫まで育てて、2種の植物を利用しているチョウがエゾかスジグロかを調べた。両種の卵、幼虫、蛹は酷似していて、最初のうちは、成虫にしないと種の判別ができなかったからだ。そして、アオムシコマユバチとヤドリバエの捕食寄生者の寄生率も調べた。併せて、両種のチョウのメスを採集し、コンロンとキレハのどちらの植物を選んで産卵するのか、孵化したばかりの幼虫を、コンロンとキレハを別々に与えて飼育した場合、どのような重さの蛹ができるのかを調べた。

その結果分かったのは、エゾの幼虫はキレハだけから採集され、エゾの成虫の産卵植物選択実験でもキレハを選んで産卵した。蛹の重さは、キレハで育てた場合は平均184㎎、コンロンで育てた場合は132㎎で、キレハで育てた場合のほうが重く大きな蛹になった。キレハで採集した場合、捕食寄生者の寄生率は11・7%だった。

一方のスジグロは、幼虫はコンロンだけから採集され、成虫の産卵植物選択実験でもコンロンを選んで産卵した。蛹の重さは、コンロンで育てた場合は187㎎、キレハで育てた場合は238㎎で、コンロンで育てると軽く小さな蛹になった。コンロンで採集した場合、捕食寄生者の寄生率は61・4%だった。スジグロはアオムシコマユバチを血球包囲作用で殺すので、同じ条件ならエゾよりも寄生率は低いはずである。しかし、エゾの11・7%よりも高いのは、エゾの利用したキレハは小さな葉が密に繁茂して寄生者による探索が難しいことに対して、スジグロの利用したコンロンの葉は大きくて開いた形なので、寄生者による探索が容易なためであると考えられた（表6―1）。

ここで問題になったのは、キレハは近年日本に侵入した帰化種であることだった。ならば、エゾはキレハ侵入以前に何を利用していたのだろうか。京都ならハタザオ属の植物がある。北海道にも図鑑上では、ハタザオ属の植物があるが、私たちは数株のヤマハタザオとエゾハタザオを見つけただけで、これらがかつてエゾの主要な産卵植物だったとは思えなかった。長谷川の論文には、エゾもコンロンに産卵しているとあったので、キレハが全く侵入していない、国立公園の深奥部のコンロンに目星をつけて調べてみた。

大雪山《だいせつざん》国立公園の旭岳《あさひだけ》中腹、支笏洞爺《しこつとうや》国立公園の朝里岳《あさりだけ》周辺、大沼《おおぬま》国定公園の日暮山《ひぐらしやま》周辺のコンロンから採集したアオムシの5齢幼虫はすべてエゾだった。捕食寄生者の寄生率は平均86・2%だった。飛んでいるモンシロ属のチョウもほとんどがエゾだった。しかし、数は極めて少なかったが、スジグロも飛んでいて、コンロンに産卵する姿も観察できた。5齢幼虫だけでなく1〜4齢幼虫も採集したなら、スジグロの幼虫も採集できたと思われる。しかし、捕食寄生者の寄生率を調べるためには、ハエは4〜5齢幼虫に寄生するため、5齢幼虫だけを採集した。エゾとスジグロのメスのチョウを採集して、キレハとコンロンのどちらの植物を選んで産卵するかを調べると、2種のチョウは、ほぼ半々にキレハとコンロンの両方を選んで産卵した。

表6—1　エゾとスジグロの蛹体重と寄生率
(Ohsaki et al. 2020)

		蛹体重	寄生率
エゾ	キレハイヌガラシ	184mg	11.7%
	コンロンソウ	132mg	86.2%
スジグロ	キレハイヌガラシ	238mg	—
	コンロンソウ	187mg	61.4%

このように、コンロンしか存在しない地域のエゾとスジグロはどちらもコンロンだけではなく、今まで経験したことのないキレハにも産卵した。第5章の天敵不在空間の章で紹介したように、ハタザオ属だけを利用しているヤマトも、産卵実験では普段接する機会のない、キャベツ、ハクサイ、ダイコンによく産卵した。今まで未経験のアブラナ科植物にも産卵する、という習性があるようだ。一方、キレハとコンロンが近くにある札幌郊外で採集したエゾとスジグロは、エゾはキレハ、スジグロはコンロンと、それぞれ明瞭に分化した産卵選択をした。

モンシロチョウ属のチョウは、一度も経験していない新奇の産卵植物に出会うと、常に産卵する。モンシロチョウ属のチョウが産卵するアブラナ科植物にはカラシ油配糖体という化学物質が含まれていて、多くの昆虫には毒性物質として作用するそうだが、モンシロチョウ属のチョウの幼虫はカラシ油配糖体に対処する能力がある。そこでモンシロチョウ属のチョウはカラシ油配糖体を目印に、産卵植物を探し出す。はじめは、チョウは緑の葉に舞い降りて、前脚の裏にある感覚器でカラシ油配糖体の存否をチェックする。しかし、いちいちのチェックは産卵の効率を阻害する。次第に、チョウは産卵できる植物の葉の形を学習し記憶し、離れた場所から視覚的に産卵植物を探し出す。

普通、チョウの産卵植物はそれぞれのチョウの種特有の植物種に固定していて、誤った産卵はほとんど行わない。しかし、モンシロチョウ属のチョウはカラシ油配糖体を含む一度も経験したことのない新奇な植物に出会うと産卵してしまう。その結果、悪い植物に産卵した場合はその子孫は消滅する。しかし、より良い植物に産卵するとその子孫は繁栄する。そのようにして、モンシロチョウ属のチョウは産卵植物をより良い植物に更新し、進化してきた。

競争排除の勝者はエゾスジグロシロチョウ

キレハの侵入初期には、エゾもスジグロも、コンロンだけでなくキレハも利用するようになった。この変化はキレハの侵入後に北海道の各地で一斉に起こったものと思われる。エゾがキレハを利用すると、コンロンを利用した場合の蛹体重132mgに比べて184mgと重く大きな蛹ができ、寄生率は86・2%から11・7%と低下した。このことから、キレハは質的にも優れ、天敵不在空間も形成する、極めて優れた産卵植物であることが分かる（表6—1）。したがって、帰化種キレハの侵入により、エゾが産卵植物をコンロンからキレハに変えていったことはよく理解できた。

京都でもエゾ（ヤマト）は、質的条件は悪いが他の植物の下に隠れるように生えているハタザオ属植物に産卵することで、幼虫はアオムシコマユバチから隠れるという天敵不在空間を利用するようになった。このハタザオ属植物への変化の記録はないが、恐らく、ある時期に各地で短期間に進化したものと思われる。これも、モンシロチョウ属のチョウにそれまで経験したことのない新奇な植物に産卵するというメカニズムがあったからだろう。

同じことはスジグロにもいえるはずで、長谷川の論文にも1960年、1961年には、スジグロも優れたキレハを利用していた。それにもかかわらず、山本の調べた１９７０年代以後は、スジグロはキレハの利用を止めて、それよりも劣るコンロンの利用に切り替えていた（図６―９）。

このスジグロが、より優れたキレハをいったんは利用し、その後その利用を止めて、より劣ったコンロンの利用に切り替えたのは、スジグロだけに原因があると考えるのは無理で、エゾ

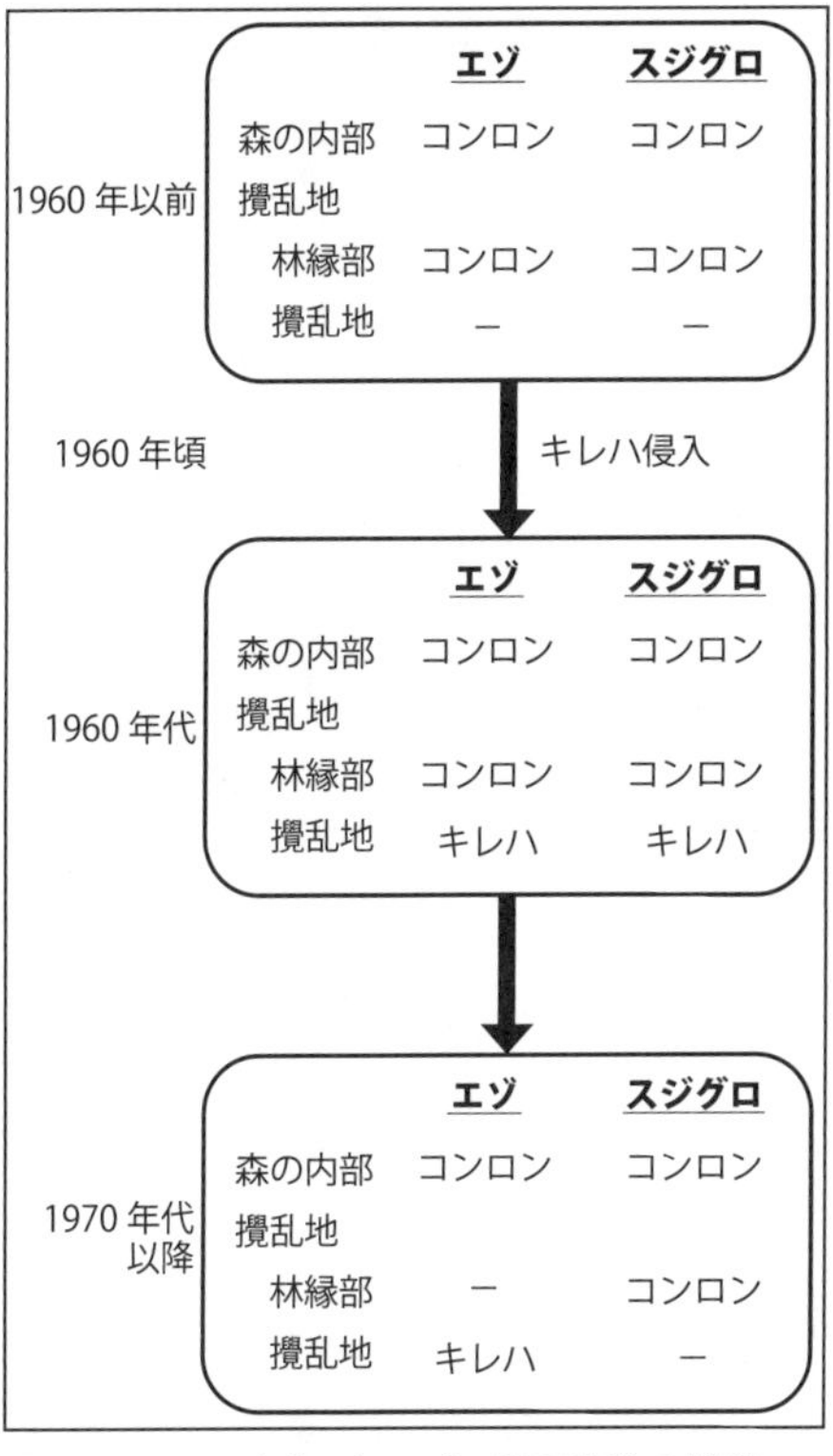

図6―9　スジグロとエゾの利用植物の推移
(上)1960年以前、スジグロとエゾは森林内に生える在来植物コンロンソウを利用していた。(中)1960年頃に森林の外の攪乱地に帰化植物キレハイヌガラシが侵入し、スジグロとエゾは共にコンロンソウとキレハイヌガラシの両種を利用した。(下)1970年代に入るとスジグロは森林内のコンロンソウを、エゾは攪乱地のキレハイヌガラシを利用するようになった (Ohsaki et al. 2020)

との種間競争に敗れ、競争排除されたと考えるのが自然だと思われた。

以上にまとめたことは、1998年から2005年にかけて、京都から北海道に出かけて調べた結果である。この間、最も時間をかけたのは、エゾとスジグロの幼虫の鑑別眼を鍛えることだった。北海道で行おうとしていた調査は、野外の植物からエゾとスジグロの幼虫を採集して、両種の幼虫がどの植物を利用しているのか、ハチやハエの捕食寄生者にどの程度寄生されているのかを明らかにすることだった。したがって、幼虫を見て、種名を決める必要があった。

後日、この研究を論文にまとめてイギリスの『動物生態学誌』に投稿したとき、査読者の1人の最初の指摘は、「幼虫の鑑定法を論文中に明記せよ」というものだった。私は「スジグロの幼虫の体色は緑色っぽくて、エゾの幼虫の体色は青っぽかった。その体色の違いで幼虫を分けて、その後に成虫の羽化を待ったが、鑑定を誤ったことはなかった」と書いて、納得してもらった。

と、書いてしまえば、そういうことなのだが、この体色の違いを鑑定できるのに2年かかっている。テレビのお宝鑑定番組を見ていても、私には真贋《しんがん》は全く分からない。しかし、専門家は「絵に力強さがない」「筆致に鋭さがない」と判別していく。鍛えぬいた鑑定眼があるのだろう。それと同じで、「スジグロの体色を見ていると、エゾよりは緑色っぽいな」とか、「エゾを見ていると、スジグロよりは青っぽいな」という鑑定眼が2年かけて鍛えられていった。

競争排除を繁殖干渉で説明できるか

久野英二の「繁殖干渉を通しての競争排除」の説明を思い出し、それまでメカニズムの分からなかった、エゾとスジグロの競争排除を、繁殖干渉で説明できると思った。そのときに、私は繁殖干渉を次のように理解していた。(1)繁殖干渉は種間交尾の結果、不妊卵ができることで成立する。(2)繁殖干渉は両種に作用し、その場での多数派が勝つ。(3)分布の境界は細長い帯状の分布の重なりで形成される。

そこで、(1)両種のチョウを野外網室に導入して、種間交尾をするかどうかを観察した。しかし、全く種間交尾はしなかった。(2)繁殖干渉は両種に作用し、その場の多数派が勝つというが、エゾとスジグロの場合は、多数派であってもなくてもエゾが一方的に勝っていた。(3)分布の境界は、アゲハチョウ科のチョウのような、西日本と東日本の間というような大きなスケールで成立しているのではなく、キレハの群落とコンロンの群落の間のような小さなスケールで成立していた。また、国立公園の深奥部のコンロンの群落では、エゾがより高密度でスジグロがより低密度という形で分布は重なり共存していた。つまり、私の理解した繁殖干渉では全く説明できない現象が生じていた。

しかし、データ的にはエゾとスジグロの間に競争排除が起こっているのは明らかで、メカニズムは不詳として、両種のチョウの産卵方法の最適化を基にした簡単な数理モデルを作って競争の存在を強調して、2006年にアメリカの生態学誌『エコロジー』に投稿してみた。編集長は「植食性昆虫に競争はない」と断定したストロングだった。論文は即座に掲載拒否された。普通、投稿論文は匿名の2人の査読者に回されて、掲載の有無を判断されるのだが、その気配もなく短時間で返された。掲載拒否の理由は「終わった問題だ」としてあった。

そこで、『エコロジー』のライバル誌のイギリスの『動物生態学誌』に投稿してみた。ここでは異例の6人の査読者にたらい回しにされて、2年後に掲載拒否された。査読者たちは全員「確かにデータは競争の可能性を示しており、非常に興味深い」というようなことを異口同音に書いてきた。しかし、その後の反応は大きく2つに分かれていた。1つは、「この数理モデルで競争を説明したことになるのかどうか、私には判断できない」というものと、「実際の生物で競争のメカニズムを説明したほうがよい」というもので、論文そのものを明瞭に否定した査読者はいなかった。しかし、6人目の査読者が、「この数理モデルは糞《くそ》モデルだ」と断じ、カナダ人の担当編集者が「実際の生物で競争のメカニズムを明らかにすることを勧める」と通告してきた。2008年のことだった。

西田グループの繁殖干渉研究

2009年に、同僚の西田隆義と雑談しているうちに、話題は繁殖干渉になった。そのときに彼から聞いた具体的な話はよく覚えていないが、繁殖干渉は受精を伴う交雑の前の段階でも起こっている、という言葉が耳の奥底に残った。彼は後に滋賀県立大学に移籍して、2018

年に『繁殖干渉』という本を編集、出版している。同書に紹介されている研究例は、共編集者の高倉耕一を含めて、すべて西田と彼の京都大学農学部時代の学生や仲間のものである。

西田が最初に繁殖干渉に興味を抱いたのは2004年頃のことだそうで、繁殖干渉モデルを作成した久野教授の先々代の内田教授の時代から、京都大学農学部昆虫学研究室で伝統的に累代飼育しているアズキゾウムシ（以下アズキゾウ）の飼育を任されたときのようである。このアズキゾウと近縁のヨツモンマメゾウムシ（以下ヨツモン）を用いて内田以下の先輩諸氏が個体群密度を変え環境条件を変えて資源競争を巡る種間競争の実験を行って、輝かしい成果を積み上げた歴史がある。しかし、その内容には矛盾したことも含まれており、その矛盾点に関心を抱いた西田は、両種の関係には、資源競争だけでなく、繁殖干渉も作用しているのではないかと考えた。資源競争は産卵数や幼虫の死亡率に影響を与え、繁殖干渉は成虫の繁殖成功度に影響を与える。

これら2種のマメゾウムシで実験を行ったのは、大学院を修了して研修員をしていた岸茂樹《きししげき》ら（2009）だった。実験結果は西田の見立て通りで、繁殖干渉の役割は大きいことが分かった。2種のオスは同種・異種のメスに対し見境なく交尾をするが、異種間の交尾で精子の注入はないという。普通、アズキゾウのメスは1回だけしか交尾をせず、ヨツモンのメスは多回交尾をして卵を産む。しかし、アズキゾウのオスと交尾したヨツモンのメスはその後の交尾が阻害され産卵数が減少する。アズキゾウのオスの交尾器の先端に鱗のようなトゲがあり、そのトゲがメスの交尾器を損傷し、その後の交尾を不可能にすると考えられた。これが、交尾段階で引き起こされたアズキゾウのオスによるヨツモンのメスに対する繁殖干渉である。従来、資源競争だけで考えられてきたこの2種のマメゾウムシの関係で、岸らが繁殖干渉の存在を検証したことは、以後の彼らの研究に大いに影響を与えた。

テントウムシは幼虫も成虫もアブラムシを食べる。普段よく目にするのはナミテントウ（以後ナミテン）で、様々なアブラムシを食べるジェネラリストだ。一方、アカマツ林のマツオオアブラムシに特化しているスペシャリストのクリサキテントウ（以後クリサキ）がいる。両種のテントウムシに様々なアブラムシを与えて飼育すると、両種にとって、マツオオアブラムシを与えた場合の卵の孵化率は悪く、マツオオアブラムシは質的に悪い餌だということが分かる。しかも、マツオオアブラムシは足が長くて逃げるのが速く、クリサキでさえ取り逃がすことがある。それなのにクリサキがマツオオアブラムシのスペシャリストになっているのは繁殖干渉の結果だった。

大学院生の鈴木紀之《すずきのりゆき》ら（2012）は、シャーレの中で両種のテントウムシの配偶実験を行った。ナミテンもクリサキもよく種間交尾をした。ただ、ナミテンのオスは同種のメスに偏った選択をしたが、クリサキは両種のメスを区別なく選択した。両種のメスのテントウムシが1回しか交尾をしなかった場合、他種と交尾したメスは不妊卵しか産まなかった。しかし、両種のメスのテントウムシは多回交尾をし、1回でも同種個体との交尾をすると、交尾の順番に関係なく孵化卵を産んだ。これを同種精子優先というそうだ。その結果、同じ種のメスを偏って選ぶナミテンは同種間の交尾の機会が多く孵化卵を産む確率が非常に高くなる。それに比べれば、両種のメスを区別なく選ぶクリサキは、ナミテンに比べれば同種間の交尾の機会は減って孵化卵を産む確率は低くなる。その結果、クリサキに一方的に不利な繁殖干渉が起こる。クリサキはこの繁殖干渉を避けるために、ナミテンが好まないマツオオアブラムシのスペシャリストになって、アカマツ林に棲むようになったと考えられる。

タンポポでも繁殖干渉が存在した。日本の代表的な在来種のタンポポは、関西タンポポ、東海タンポポ、関東タンポポで、文字通り異なる地域にある。一方、外来種のタンポポの代表は西洋タンポポで、日本全域にあり、日本のタンポポの８割がたが西洋タンポポでないかといわれている。大阪市立環境科学研究所にいた高倉耕一（２００９、２０１２）は、西洋タンポポ優勢のメカニズムを、関西タンポポを用いて調べ、西洋タンポポによる繁殖干渉が原因であることを明らかにした。西洋タンポポは受粉のいらない単為生殖で種子を作り繁殖する。一方の関西タンポポは同種他個体の花粉を受粉して胚珠発生するが、西洋タンポポの花粉を受粉すると種子ができない。花粉は昆虫により媒介されるが、その距離は１・５〜５ｍの範囲内だという。そんな距離でも西洋タンポポは勢力を広げていった。

しかし、東海タンポポは、同様に同種他個体の花粉を必要とするが、西洋タンポポの花粉を受粉しても影響を受けなかった。西洋タンポポの花粉は雌しべ先端の柱頭につくと、底部にある胚珠まで、花柱の中を花粉管を伸ばして受精しようとする。関西タンポポに対しては胚珠まで花粉管が届いて受精し胚珠を不稔にするが、東海タンポポに対しては途中で力尽きて影響を及ぼさないことを、名古屋大学の西田佐知子《にしださちこ》ら（2015）が明らかにしている。

春の訪れを真っ先に知らせてくれるコバルトブルーの小さな花で、公園や空き地などの日向に2月ごろから咲きはじめるオオイヌノフグリは、100年ほど前に日本に侵入してきた外来植物である。それ以前には、小さなピンクの花を咲かせるイヌノフグリが本州以南の各地に分布していたが、今はほとんど姿を消して絶滅危惧種となっている。この分布の交代劇を高倉ら（2015）は繁殖干渉が原因と考え、イヌノフグリがまだ残っている可能性を求めて、広島県の川の護岸や、瀬戸内海の島々を訪れた。

両種の花は自家受粉で種子を残す。しかし、両種の花粉を混ぜて、それぞれの雌しべに人工授粉を行うと、オオイヌノフグリは統計検定に掛からない程度のわずかな不稔を起こすが、イヌノフグリは約40%が不稔になった。イヌノフグリは一方的な繁殖干渉を受けたのである。この招かれざる受粉は、自然界では、恐らく春先に飛ぶ1㎝にも満たないヒラタアブが行っていると推測されるが、その拡散距離は1m未満だという。しかし、その結果、100年経った現在、イヌノフグリは日本のほとんどの地域で姿を消している。

高倉と西田が編集した繁殖干渉の研究例では、「求愛」「交尾」「受精」「交雑個体の出生」の4段階に分けたうち、タンポポとイヌノフグリの2例は、第3段階の「受精」で起きていた。

これは、桐谷のカメムシや久野の繁殖干渉モデルの想定と同じだった。しかし、マメゾウムシの繁殖干渉は、今まで知られていなかった第2段階の「交尾」で起きていた。また、クリサキテントウは、シャーレの中の実験では第3段階の「受精」で繁殖干渉が起こっているが、実際の野外では、「受精」を避けるために棲み分けを行っていた。

繁殖干渉という競争は、帰化種や分布を広げた侵入種と先住者である在来種が1つのニッチを巡って引き起こしている。クリサキとナミテントウのように潜在的に繁殖干渉の可能性を秘めながらも自己のニッチを確保している種同士の間では、競争はすでに終わっていて、繁殖干渉が棲み分けの進化的要因になっているのであろう。

高倉と西田は「繁殖干渉をめぐる誤解」という節を設け、さらに「繁殖干渉は交雑だという誤解」という項も設け、繁殖干渉の頻度は、「求愛」「交尾」の順に初期の段階ほど高いのではないかと予測していた。

チョウの求愛行動

モンシロチョウ属のエゾ、スジグロ、モンシロの3種の求愛行動は、オスがメスを見つけると、メスの近くに飛んでいき、メスの周囲で静止飛翔（ホバリング）を始める。このとき、メスに交尾の意思がない場合、メスは近くの植物上に着地して腹部を垂直に持ち上げ、腹部末端がオスの腹部末端と接触しないように努める。これはメスの交尾拒否行動で、このとき、多く

図6—10　ヤマトスジグロシロチョウのオスの求愛行動を拒否するスジグロシロチョウのメスの交尾拒否行動

のオスはメスから去っていく（図6—10）。しかし、中には執拗《しつよう》に求愛行動を続けるオスがいて、腹部末端の接触、連結さえ試みる。その場合、交尾の意思のないメスは、その場から飛び去っていく。

この求愛行動は必ずしも同種間だけで行われるわけでなく、異種間でも行われ、メスの交尾拒否行動で終わる。この異種のオスの求愛行動が繁殖干渉となり、メスに時間とエネルギーのロスを強いる。しかし、この繁殖干渉となる異種間の求愛行動に、他種を良い資源から競争排除するような威力があるとは、論文が掲載拒否され、その後の展望を見いだせていない2009年の段階では、私には想像もできなかった。

西田と繁殖干渉の話をした直後のある日、京都大学理学部の大学院を修了して、文科省奨励研究員として研究室に在籍していた井出《いで》純《じゅん》哉《や》が、書き上げたばかりの論文を見てくれと持ってきた。彼の論文はベニシジミというチョウの求愛行動についてだった。オスのベニシジミは縄張りを作ってメスを待ち受けている。メスが現れるとしつこい求愛行動を仕掛けるので、交尾意思のないメスは交尾拒否行動を示すことに追われ、そのためメスの産卵数が減ってしまう、とあった。つまり、オスの求愛行動が、メスの産卵数を減らしてしまう。彼はこのオスの行動を「セクシャルハラスメント」と表現していた。

私はこの論文を読んでいて、閃《ひらめ》くものがあった。「そうか、エゾのオスの求愛行動がキレハで産卵行動しているスジグロのメスの産卵数を減らしているなら、スジグロのメスはキレハを去って、コンロンで産卵数を回復する可能性があるな」という閃きだった。

2009年当時、モンシロのメスは、1回の交尾で一生分の精子をオスより授受して交尾囊に蓄え、産卵のたびに、交尾囊に蓄えた精子を移送して卵に精子を降りかけて受精卵を作ると考えられていた。したがって、一度交尾を終えたメスにとって、それ以上のオスの求愛行動は、産卵活動を行ううえで、迷惑このうえない振る舞いで、また、誤って他種のオスと交尾をしてしまえば、自分の子供を残せなくなるから、メスは慎重に自種のオスを選ぶと考えられていた。

一方のオスは、メスに対してメスの一生分の精子を授受するために、精包という精子の塊をメスに授受する。精包は、安易に生産できるものではなく、オスは1〜2日をかけて作る。これは、京都大学農学部の大学院にいた香取郁夫《かんどりいくお》が明らかにした。その大事な精包をオスは安易にメスに渡さず、自分の子供をより多く産んでくれるメスを選んで求愛行動をする。より多くの子供を産むメスとは、より大きなメスだ。ただし、オスはメスと異なり交尾は一生の間に何度もできるので、メスほど厳密に同種のメスを識別せずに、似たようなメスに求愛行動をすることがよくある。

以上の交尾の話は基本的には誤りではないが、2018年に筑波《つくば》大学の渡邉守《わたなべまもる》が、『チョウの生態「学」始末』という本で、モンシロのメスは一生の間に平均3回の交尾をすると書いていた。モンシロの場合、交尾時にオスが注入する物質は精子だけではないそうで、約1時間続く交尾行動の中で、精子は交尾終了20分前ごろから注入されるという。最初に注入されるのはオスの附属腺物質で、次に精包物質、最後に精子がメスの交尾口から交尾囊に注入される。オスの附属腺物質と精包物質はアミノ酸や様々な栄養素を含む高タンパクのゾル状で、交尾囊の中では、最奥に附属腺物質が置かれ、次に精包物質が交尾囊の中一杯に注入される。この精包物質の表面はその後徐々に固まり、袋状の「精包」というカプセルになる。このカプセルの中に精子が注入される。しかし、精子はその後、精包からすみやかに貯精囊に移動し、産卵の際にその都度卵に振り掛けられる。1回の交尾で精包に蓄えられる精子の量は、メスの生涯産卵数の10倍はフォローするという。

しかし、メスは多回交尾を繰り返す。多回交尾の理由をスタンフォード大学の大学院生だったキャロル・ボッグスが明らかにした。彼女は放射性同位元素でラベルしたオスの附属腺物質と精包物質がメスの体内でどのように使われるかを調べた。精包は交尾囊の中で破られ、中の精包物質と残っていた精子、それとオスの附属腺物質はメスに吸収され、メスの体細胞へ回ったり、成熟卵を作る栄養源になっていることが分かった。チョウは卵殻になるタンパク質を幼虫時代に食べた植物から摂取するが、成虫になると花蜜などの炭水化物だけになるので次第にタンパク質や栄養源が不足する。それをオスとの多回交尾で補充する。空になった精包は、新たな交尾のたびに交尾囊の奥に押し込められていた。

仮説を立てる

以上の事実から立てられる仮説は、小型のエゾのオスは、非常に類似した、より大型のスジグロのメスに求愛行動をする。しかし、１回の交尾で一生分の精子を授受されるスジグロのメスにとっては、たとえ多回交尾をするにしても、１回の交尾が非常に大切で、誤った交尾を避ける必要がある。さらに、ひとたび交尾を終えたスジグロのメスにとって、産卵行動を阻害するエゾのオスの求愛行動は、一生に産卵できる卵の数を減らしてしまう。だから、スジグロのメスは、エゾのオスのいない場所で産卵活動を行うはずとなる。このことが、北海道では、スジグロは、エゾが生息しているキレハから離れて、エゾのオスに邪魔されないコンロンに産卵するようになった要因である。

この仮説の最初の検証実験は２００９年に試みた。実験材料として、京都のスジグロとヤマトを用いた。ヤマトは２００１年までは北海道のエゾと同種とみなされていて、ミトコンドリアＤＮＡの分析の結果、別種とされたので、外形、大きさからエゾと区別はできなかった。したがって、実験の結果、求愛行動の段階で繁殖干渉が起こり、ヤマトがスジグロを競争排除することが検証されたなら、それにかわる代替仮説がない限り、北海道でのエゾによるスジグロの競争排除は、求愛行動の段階で起こる繁殖干渉だといえるだろう。

当時、研究室にイランのテヘラン大学から、博士研修員のアラシュ・ラセクフが来ていた。

イランでは博士学位を取得後、大学教員として就職する前に、6ヵ月の海外研修が義務づけられている。通例ならば英米で研修するところを、イランを巡る国際情勢の悪化で、英米に行けず、アラシュは私のところに来ていた。そこで、私はアラシュと、ベニシジミの求愛行動を調べた井出純哉、ヤマトの幼虫の形態の可塑性を調べて博士学位論文を作成中の研修員の大秦正《おおはたまさ》揚《あき》の3人を集め、繁殖干渉に関する私の計画を話した。

ヤマト幼虫の形態の「可塑性」について次に説明しよう。京都には、ヤマトが利用するハタザオ属植物は2種あった。硬くて物理的防衛の強いハクサンハタザオと柔らかく化学的防衛の強いスズシロソウで、相互に異なる地域に生えていた。ハクサンハタザオに産み付けられた卵から孵化したヤマトの幼虫は口が発達した大きな頭部を持っていた。スズシロソウに産み付けられた卵から孵化したヤマトの幼虫は内臓消化器が発達した長い胴体を持っていた。しかし、産み付けられた植物とは異なる植物を幼虫に与えると、次第に新しく与えられた植物に適応した体型に変化した。幼虫の形態に可塑性があったのだ。

3人の強力な助《すけ》っ人《と》を得て、研究は順調に進展するはずだった。しかし、なかなか思惑通りにいかず、幼虫の大量飼育に失敗してしまい、アラシュはイランへ帰国となり、井出は久留米《くるめ》工業大学に就職し、大秦は博士学位論文作成の佳境に入り、実験は頓挫した。

2010年になり、すでに博士号を取得していた大秦が研究室にやってきて、改めて繁殖干渉が話題になった。季節は秋で、京都大学における私の定年退職が1年半後に迫っていた。私は、現役中に何とか仮説を検証するつもりだというと、大秦は材料のスジグロとヤマトをすぐに用意できるといった。

繁殖干渉の非対称性

秋の深まったある日、繁殖干渉の検証実験は伊丹市昆虫館の温室を使わせてもらい、大秦と行った。伊丹市昆虫館は、伊丹空港から西に3㎞程の、緑深い昆陽池《こやいけ》公園のほとりにある。温室は高さ15ｍの半球状のガラス室で内部の広さは600㎡、200種ほどの原色の草花や樹木を配置し、14種約1000匹の南国のチョウを放してあった。

大秦はスジグロとエゾの羽化直後の個体を、それぞれ約100匹用意した。幼虫は京都大学の25度の恒温室で飼育したそうで、羽化直前の蛹を12度の低温恒温室に入れて羽化を抑え、実験日に合わせて一斉に羽化させた。

昆虫館の温室に一斉に放された両種のチョウは、3日目から求愛行動を示しはじめた。結果は仮説通りだった。大型のスジグロのオスは小型のヤマトのメスには目もくれず、スジグロのメスだけに求愛した。しかし、小型のヤマトのオスは、大型のスジグロのメスに対し、激しい求愛行動を示した。スジグロのメスは、最初は静止して交尾拒否行動を示したが、そのうち、その場から飛び去ってしまった。羽化直後のチョウを用いたので、同種間の交尾はよく見られたが、異種間の交尾は一度も見られなかった。交尾は1時間以上続くから、異種間交尾があったなら、見逃しているはずはない。

伊丹市昆虫館での観察実験を終えた後に、大秦に「これで、ヤマトの求愛行動が、スジグロの産卵行動に影響するデータが取れれば万全だな」と話すと、大秦は、そのデータはすでに取ってあると言い出した。3人の博士研修員が京都大学の野外網室で繁殖干渉の観察実験を行っていたのは、研究室の大学院生や若手の教員の関心を集めていたそうで、夜、酒を飲んだ折には、論議の的になっていたという。その際に、西田隆義から、「間違った求愛行動の非対称性を示すことができたとしても、それが相手種の適応度に負の影響を及ぼしている、とは、研究例が少ないだけに、まだ同意は得られないだろう」と指摘されたそうだ。

非対称性とは、「同じではない」、ということだ。スジグロのオスもヤマトのオスも共にそれぞれ異種のメスに誤った求愛行動を示したならそれは対称的な行動である。しかし、スジグロはヤマトには求愛行動を示さないがヤマトはスジグロに求愛行動を示すなら、それは非対称的な行動である。後に明らかになったアズキゾウムシとヨツモンマメゾウムシ、ナミテントウとクリサキテントウ、西洋タンポポと関西タンポポ、オオイヌノフグリとイヌノフグリ、これらすべての繁殖干渉も、前者による後者への非対称の繁殖干渉で、後者のメスに不利益を与えていた。

西田はさらに、誤った求愛行動が実際の産卵数の減少を引き起こすことを示さなければ、繁殖干渉の負の効果を証明したことにならず、科学誌に投稿しても受け入れられないだろう、とも指摘したという。そこで、大秦は、繁殖干渉の観察と並行して、産卵実験を試みた。西田の慧眼《けいがん》と大秦の実行力に驚きながら、そのデータを見せてもらった。

大秦は、京都大学の野外網室で、スジグロとヤマトの産卵数を、それぞれ3通りに分けて調べていた。(1)同種のオスと一緒の場合。(2)異種のオスと一緒の場合。(3)メスだけを放した場合。すべてのメスは同種のオスと交尾済みだった。

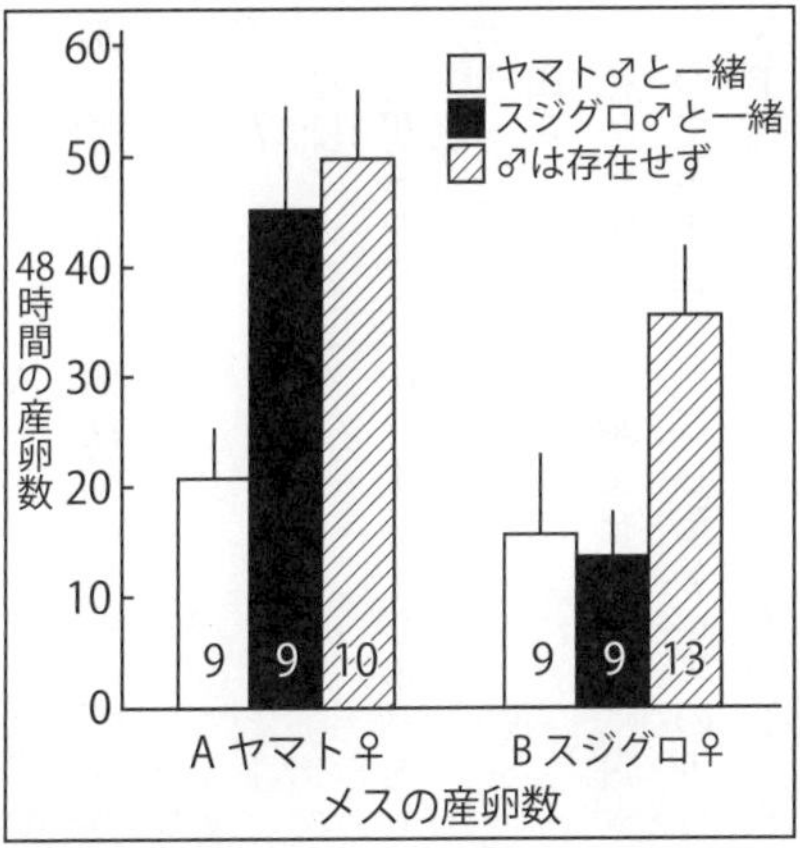

図6—11　(A)ヤマトスジグロシロチョウと(B)スジグロシロチョウの産卵数
(Ohsaki et al. 2020)

メスだけを放して求愛行動を仕掛けるオスがいない場合の産卵数に比べ、ヤマトは、同種のヤマトのオスがいる場合には、産卵数は半減した。しかし、異種のスジグロのオスの影響は全く受けていなかった一方、スジグロのメスは、同種のスジグロのオスがいる場合も、異種のヤマトのオスがいる場合も、産卵数は半減した。オスの求愛行動で、産卵の機会が半減したのだ(図6—11)。

ヤマトとスジグロが同じニッチにいる場合、ヤマトとスジグロのオスはスジグロの産卵活動を阻害する。したがって、スジグロのメスは異なるニッチに移動する。しかし、ヤマトはスジグロのオスに全く影響されずに産卵活動を続けられる。この、ヤマトのオスの求愛行動がスジグロの繁殖活動に負の影響を与える一方で、スジグロのオスはヤマトの繁殖活動に全く影響を与えていないという繁殖干渉の非対称性が、ヤマトがスジグロを競争排除している原因だった。

私はこの結果を受けて、北海道のエゾとスジグロの産み分けは、繁殖干渉で完全に説明できたと思った。西田と繁殖干渉の話をした翌年の秋のことだった。

山また山

私が繁殖干渉の論文を本格的に書き出したのは、京都大学の定年退職後だった。定年後は、かつて1年間を過ごしたケニアのカカメガの森で、JICAプロジェクトの現地担当者として5年間滞在することになっていた。その出発の直前に東日本大震災が起こり、政府予算の各種プロジェクトの見直しがあり、ケニアでのJICAプロジェクトは頓挫した。しかし、山形大学がケニアのジョモ・ケニヤッタ農工大学と提携することになり、私に国際交流担当現地駐在にならないか、という誘いが来た。

ジョモ・ケニヤッタ農工大学はケニアの首都ナイロビの郊外にあり、赤道直下で標高は1300mを超えていた。したがって、一年中、春のように快適な気候が続き、住み心地がとてもよいので、即答で引き受けた。しかし、山形大学は現地駐在型の海外提携校を次々に増やし、そちらにも行ってくれ、あちらにも行ってくれ、ということになった。断る理由もないので、その要請に応じているうちに、駐在校はどんどん増えてゆき、結局は8ヵ国になった。毎年、そのうちの3〜4ヵ国を自分で選び、2〜3ヵ月間ずつ滞在することになった。

落ち着いて論文が書けるようになったのは、ラトヴィア大学の一室だった。バルト海に面した首都リガにあるラトヴィア大学本部は、1869年に建てられた半地下4階建てのレンガ作りの建物で、ゴシック様式の窓は上部が半円形で、壁は分厚く、外見は大変に重厚で厳かだった。しかし、内部は白い漆喰《しっくい》の明るい近代的な部屋が並んでいた。その中の一室の海外交流室に机を得た。事務担当の女性との相部屋で、20畳ほどの広さの部屋には様々な鉢植えの植物が室内一杯に置かれ、すこぶる落ち着いた居心地のよい環境だった。

繁殖干渉の論文は完成し、2012年にラトヴィア大学の一室からオンラインでアメリカの生態学誌『エコロジー』に再度投稿した。返事がきたのは、インドネシアの旧都ジョクジャカルタにあるガジャマダ大学農学部本部の客員教授室にいたときだった。白い漆喰でできた3階建ての校舎の屋根はくすんだ赤い寄棟造りで、椰子《やし》の木に囲まれていた。結果は、掲載拒否だった。

編集長は依然として、植食性昆虫に競争はない、と断じたストロングで、担当編集者はストロングの研究室の出身者だった。今回は、2人の査読者のコメントが添付されていて、1人のコメントは、教科書に載るような美しい事例だ、と褒めていた。しかし、もう1人のコメントは、繁殖干渉の実験を行ったのが、野外の紫外線が非常に少ないガラス室の温室だったことを問題にしていた。同属のモンシロチョウではオスの翅の色が紫外線を浴びると変化することを、東京農工大学の小原嘉明《おばらよしあき》が明らかにしていた。したがって、野外の自然環境とは異なる条件で得られた結果をもって、野外の現象を検証したとはいえない、と断じていた。担当編集者の結論も、この査読者のコメントを指摘して、このようなコメントがあるので採用はできないとあった。

スジグロとヤマトの非対称性の産卵数を示した実験は、野外網室で行っていたから、冷静に判断すれば、このようなコメントにはなりえないと思ったが、結論を受け入れるしかなかった。

6年後の2018年3月に、山形大学で2度目の定年退職を迎えた。そこで、京都先端科学大学に就職していた大秦正揚に連絡し、5月に京都大学の野外網室で繁殖干渉の再実験をすることにした。久しぶりに訪れた野外網室は、基礎物理学研究所の東裏手の理学部付属植物園に接した実験遺伝学の農場の隅に移設されていた。1×1×1・8mの大きさで6室あった。この網室は、私の科学研究費補助で、約40年前に設置したものだった。実験をした2日間は、農場の奥まった隅にある野外網室に、人の近づく気配は全くなかった。材料は今回も大秦が用意した。

実験は網室内にスジグロとヤマトのメスを常時4匹ずついる状態にし、そこに、スジグロかヤマトのオスを導入してオスの求愛行動とメスの反応を調べた。結果は、8年前に調べた伊丹市昆虫館の結果と全く一緒で、大型のスジグロのオスはスジグロのメスだけに求愛した。一方、小型のヤマトのオスは、これもヤマトのメスを無視して、大型のスジグロのメスばかりに求愛した。

この結果をまとめて、『エコロジー』に3度目の投稿をした。結果はまたもや掲載拒否だった。このときの編集長は依然としてストロングで、今回の担当編集者もストロングの研究室の出身者だった。査読者のコメントは、1人は言葉を尽くして褒めていた。美しい結論だとも書いてあった。もう1人のコメントも、褒めてはいたのだが、ただ最後に一言、「北海道の個体群で見られた現象を、京都の個体群を用いて検証したことにいささかの懸念がある。その懸念を払拭するために、京都の個体群を用いた正当性を説明する文章を入れるべきだ」とあった。担当編集者はこの一言を指摘して、「懸念が残る論文は、『エコロジー』に採用できない」と書いてきた。

『エコロジー』の担当編集者は、さらにこうも書いていた。「私の下した決定に、あなたは悔しい思いをしたことと思う。私もこの論文はとてもよい論文だと思う。しかし、『エコロジー』には非常に優秀な数多くの論文が投稿され、ページのスペース争いが激しい。したがって、懸念の残る論文は採用できない。この決定は軽いものではない。私にとっても非常に重い決定だった」。

アメリカの博物学者

アメリカには、老舗といわれている生態学誌が2誌あった。1つは1920年創刊の『エコロジー（生態学）』、もう1つは1867年創刊の『アメリカン・ナチュラリスト（アメリカの博物学者）』で、有名な論文を輩出していた。第2章で紹介したハッチンソンの「聖ロザリアへのオマージュ」も、第4章で紹介した「緑の世界仮説」もこの『アメリカン・ナチュラリスト』に掲載された。しかし、私はこの生態学誌に投稿することに抵抗があった。「私はアメリカ人ではない」という思いである。しかし、「植食性昆虫に競争はない」と断言するストロングが編集長の『エコロジー』に掲載拒否され、この論文をぜひともストロングのいるアメリカの生態学誌から発表したいと思った。

そこで、『アメリカン・ナチュラリスト』への投稿を決め、投稿に際しては、『エコロジー』で指摘された「北海道の個体群で見られた現象を、京都の個体群を用いて検証した正当性を説明する文章を入れるべきだ」に留意して、京都個体群の説明を増やし、京都個体群を用いて検証した正当性の説明を加えて投稿した。

しばらくして、『アメリカン・ナチュラリスト』の担当編集者になったフロリダ大学のアリス・ウィンからメールが来た。「投稿してきた論文は『アメリカン・ナチュラリスト』の読者にとても適した内容で、ぜひ掲載したい。しかし、問題が2つあるので、この問題を解決してから再投稿してほしい」とあった。

問題の1つは、論文の内容が生物学に偏っている、というものだった。「『アメリカン・ナチュラリスト』は理論誌なので、生物学的内容は極力絞ってほしい。そうでないと、査読に回したら、査読者に掲載を拒否されるかもしれない」と書いてあった。京都個体群を用いて検証した正当性の説明に力が入り、バランスの悪い論文になっていたのかもしれない。

『アメリカン・ナチュラリスト』に修正原稿を再投稿した際に、査読者の1人のAが、エゾの天敵不在空間の利用について説明した部分を取り上げて、「この生物学的な描写は初学者の学生には興味深い内容になっていると思うが、不要だ、削除すべきだ」と、コメントしていた。このときには、副担当編集者のカリフォルニア大学ロサンゼルス校のグレゴリー・グレサーが、この論文にとって重要な内容だと、フォローしていた。

担当編集者が指摘した第二の問題は、英語にあった。「著者の言いたいことは、私はよく分かった。しかし、読者に十分に伝わるかどうかは疑問だ。ネイティブスピーカーと相談して、言いたいことが十分に伝わる英語に直してほしい」とあった。

そこで、30年来の付き合いの、アメリカ・デューク大学のマーク・ラウシャーに、英語のチェックを依頼した。彼は「この論文は引用度が高くなるだろう」といって快諾し、熱を入れて論文をチェックしてくれた。そこで、共著者に加わるように再依頼した。彼はアメリカ進化学会の現役の会長で、かつて科学誌『エヴォリューション（進化学）』や『アメリカン・ナチュラリスト』の編集長も歴任していた。

『アメリカン・ナチュラリスト』の査読では、『エコロジー』で問題になった、北海道の個体群の現象を京都個体群で検証したことは全く問題にされなかった。しかし、査読者の1人のAが、それまで一度も言及されなかった、エゾがコンロンからキレハを利用するようになったことを、論文の考察で「進化した」と表現したことを問題にした。査読者Aは、「進化とは、遺伝的な裏づけのある変化であるが、著者はその検証実験をしていない」と指摘していた。査読者Aは、繁殖干渉の結果、2種のチョウが異なる食草を利用しているのは認めていた。しかし、産卵植物選択実験で、エゾがキレハを選び、スジグロがコンロンを選んだのは、幼虫時代に育った食草を成虫になって選んだだけの「条件付け（コンディショニング）」の可能性が高いと指摘した。さらに「進化を検証するためには、孵化したばかりの幼虫を第3の植物で飼育して、成虫になったなら、はたして現在利用している食草に産卵するかどうかの遺伝的裏づけを検証する実験が必要である」と主張していた。

この進化論議に対しては、アメリカ進化学会会長のラウシャーが丁寧に対応した。直接的な検証実験はしていないが、状況的には進化した可能性は高い。その論拠は、⑴国立公園内の個体群は、幼虫時代にコンロンで育っているが、コンロンに条件付けされずに、キレハにも産卵している。⑵食草の分化は50年前に起こっており、条件付けなら、少しぐらいの例外があってもよいが、きれいに産み分けを行っている。⑶産卵選択実験の論文を4編引用して、その論拠をさらに強化している、というものだった。

論文が匿名の2人の査読者に渡されるとき、著者名も匿名にされる。したがって査読者たちは、論文の内容から著者は日本人であると想像しているはずだが、共著者にアメリカ進化学会会長のラウシャーがいることを知らない。ラウシャーの対応に対する2人の査読者の反応は興味深いものだった。直接に問題を提起した査読者Aは、天敵不在空間の言及を削除する要請も受け入れられなかったので、以後の査読を拒否した。もう1人の査読者Bは、第1回目の査読時にはこの問題に全く触れなかったのだが、修正原稿のラウシャーの文言に鋭い批判を向けてきた。「内容は冗長（redundant）で理解できない。結論はずさん（sloppy）で読むに耐えない」。

この査読者のコメントに対し、共著者がラウシャーであることを知っている副担当編集者のグレサーが、コメントしていた。「私は査読者のコメントを念頭に置いて、注意深く論文の考察を読んだ。考察は非常に分かりやすく説得力のあるよい内容だと思う。これは非常に優れた論文だ」「万一進化でなかったとしても、変化したのが重要で、進化の検証実験をしていないことは、この論文の価値をいささかも損ねない」。この副担当編集者のコメントに、担当編集者のウィンも同意のコメントを書いていた。論文は受理された。求愛行動の段階で繁殖干渉が起こり、産卵植物の選好性が変わることを示した初めての例となった。

２０２０年に論文は『アメリカン・ナチュラリスト』に掲載された。同年に、ストロングは20年務めた『エコロジー』の編集長を退任した。それと因果関係があるのかどうか分からないが、２０２１年から毎月、『エコロジー』編集部から論文投稿を勧めるメールが来るようになった。

論文が明らかにしたこと

エゾがスジグロを追い出していることは検証された。これまでは植食性昆虫には競争排除はない（「緑の世界仮説」）といわれてきたが、植食性昆虫にも競争排除はあったのだ。しかし、これまでは資源競争という観点からの高密度で起きる競争排除を論じていた。私たちが明らかにしたのは、繁殖干渉という観点からの低密度で起きる競争排除だった。しかも、交尾や受精段階ではなく、求愛行動の段階で起こる繁殖干渉である。今後、自然界を求愛行動の段階で起きる繁殖干渉という観点で見たときに、今まで見えていなかった競争排除の例が数多く見えてくると思う。

たとえば、ニッチを同じくする近縁種は共存できない、というのがガウゼの競争排除則だが、北海道の国立公園の原生林では、同じコンロンを利用するエゾとスジグロが共存していた。しかし、スジグロの密度はとても低かった。自然界には、餌となる植物がふんだんにあるのに、個体数の少ない非常に稀《まれ》な種がいる。なぜなのか不思議に思っていた。しかし、こういう種の中に、繁殖干渉で絶滅こそしていないが、数が抑え込まれている種が存在する可能性がある。

繁殖干渉は、単にメスの産卵数を減少させるだけでなく、メスの交尾率も落としていた。ストックホルム大学のフライバーグら（2013）は、ヨーロッパ各地に生息するヒメシロチョウ属の2種のチョウが、同じような生息場所でも地域によって優占種が異なることを説明するために、長さ30ｍ、幅８ｍ、高さ４ｍの半円筒形の野外網室を設置した。そして、２種のチョウの密度を変えて網室内に導入した。

一方の種を単独で導入したときには交尾率は80％だった。しかし、他種を同時に5倍の密度で導入したところ、低密度の種の交尾率は10％に落ちた。この場合、両種のオスがお互いのメスに対して誤った求愛行動をするという対称的な繁殖干渉をしたものと思われる。その結果、数の多い種が勝って数の少ない種の交尾率を落としていた。

要は、繁殖干渉で負けた場合、代替可能な植物があるなら、別のニッチに移って栄えることが可能だが、代替可能な植物がないときには、交尾率も落ちて、個体数の稀な種になって共存するか、絶滅しているのだろう。

過去の競争の亡霊はいた

第5章の天敵不在空間で説明したように、スジグロはモンシロチョウ属の最大の天敵であるアオムシコマユバチの卵を、スジグロ幼虫の体内において血球包囲作用で殺している。だから、モンシロのように逃げるとか、ヤマトのように隠れるとかをしないで、迎え撃つ天敵不在空間というニッチを利用していると説明した。その説を覆す気はない。しかし、北海道では、スジグロはエゾとの競争に敗れていた。その検証実験を、京都のスジグロとヤマトを用いて行った。スジグロに対するヤドリバエの寄生率は、京都の里山の静原・鞍馬では、キャベツ、ハクサイ、ダイコン、イヌガラシなどのモンシロも利用する植物では16〜35％、スジグロだけが利用するヒロハコンロンソウでは80％近くの値だった。しかし、もしヤマトが利用しているハタザオ属の植物を利用したなら、ヤマトに対する寄生率から類推してスジグロに対する寄生率は2〜3％となる。

つまり、京都でもスジグロはヤマトの利用している天敵不在空間を利用したほうが有利なのだが、現在はそのニッチを争った形跡は全然ない。しかし、北海道ではスジグロとエゾが争った近現代の歴史があり、スジグロはエゾに敗れた。その検証実験に京都の個体群を用いた結果、スジグロはヤマトと争えば負けることが検証された。

恐らく、歴史的には京都でもヤマトとスジグロは「隠れる」という天敵不在空間を争ったのだろう。その過去の競争の亡霊を私たちは見たと思う。

都市から消えたスジグロシロチョウ

京都大学理学部の日高敏隆《ひだかとしたか》と、彼の研究室の出身者5人の共著論文に「大都市におけるモンシロチョウとスジグロシロチョウの分布の変遷、I．東京都の場合」（2008）がある。東京では、1950〜60年代はモンシロが多くいたが、1960〜70年代にスジグロが増えて1980年代にピークに達した。しかし、1990年代になると、モンシロが急増して、スジグロの比率が下降し、2000年以降はモンシロばかりで、スジグロはあまり見られなくなってしまった（図６―12）。

１９６０年代からスジグロが増え出した原因として、彼らは、高層建築が増えたことによる日陰の増大で、スジグロの棲みやすい環境が増えたことと、都市公園などにアブラナ科植物のオオアラセイトウ（ムラサキハナナ）が大量に植栽されるようになったからだと推測している。

しかし、このような現象が東京都の特別区だけではなく特別区外でも見られることと、１９９

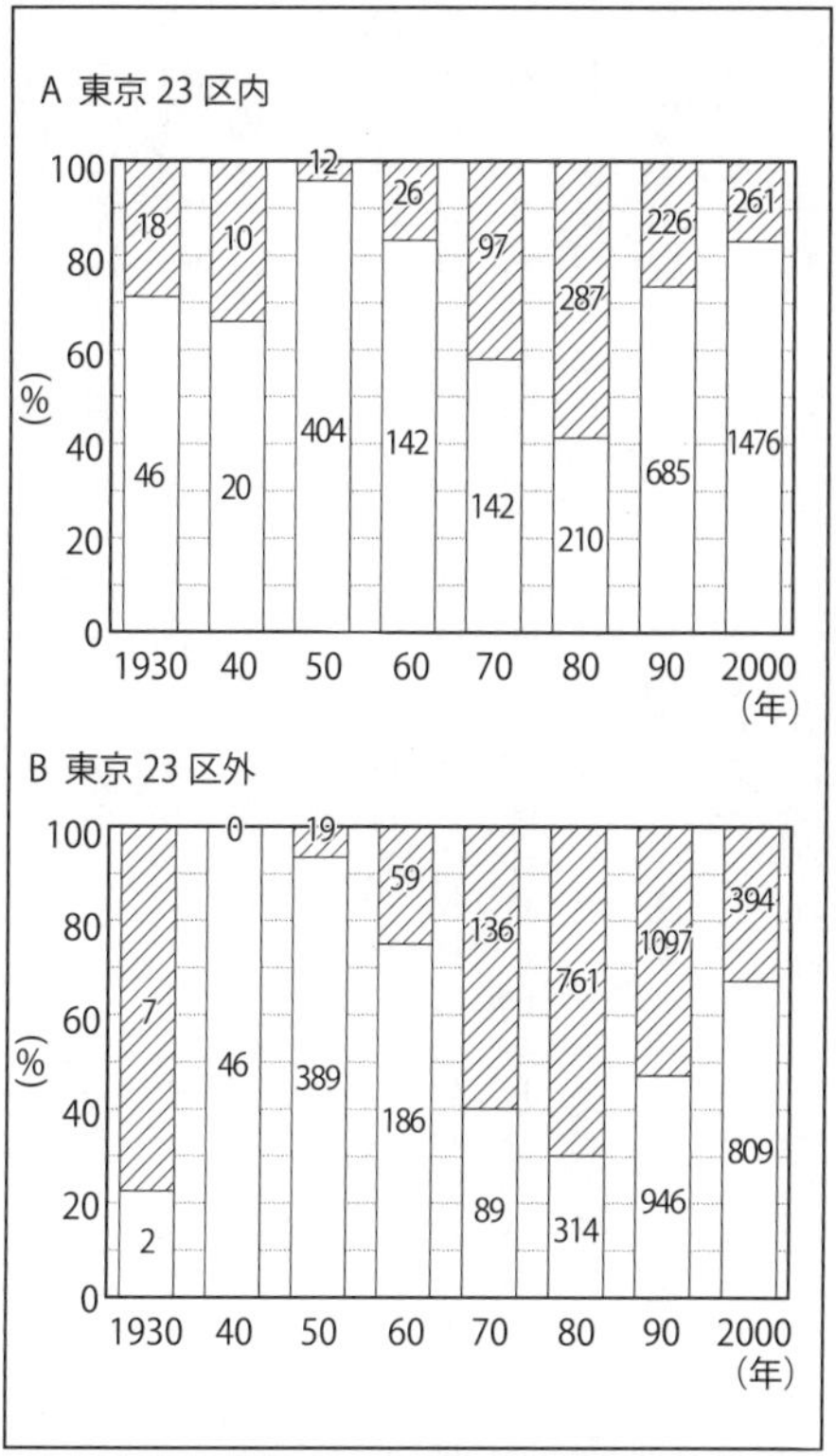

図６―12　東京都の23区と23区外における、モンシロチョウとスジグロシロチョウの1930年から2000年にかけての発生変動　斜線部：スジグロシロチョウ、白色部：モンシロチョウ（小汐ほか 2008を改変）

0年代を境に特別区でも特別区外でもスジグロが減少した要因は不明としていた。
この現象は、繁殖干渉という角度から見るとよく説明できる。恐らく、1950〜60年代は、東京都市部にもキャベツ畑があってモンシロも少なからずいたのだろう。その結果、大型のスジグロのメスは小型のモンシロのオスの非対称性の繁殖干渉を受けて個体数を抑え込まれていた。1960〜80年代にスジグロが増えた原因は、都市化の波でキャベツ畑が減少したことと、農薬の散布量が増えて、モンシロの個体数が減少したことにあると思う。その結果、スジグロはモンシロの繁殖干渉を受けなくなり、路傍や庭の隅や開発中の空き地に生えるイヌガラシなどのアブラナ科人里植物を利用して、個体数を増やしたのだろう。

1990年代を境にスジグロが減少したのは、市民農園整備促進法が制定され減農薬のキャベツ畑が出現し、都市公園も整備されてオオアラセイトウなどのアブラナ科の園芸植物が植えられ、モンシロの個体数が急増したのだろう。すると、モンシロのオスによるスジグロのメスに対する繁殖干渉が増え、スジグロは競争排除され、個体数が減る原因になった可能性がある。モンシロの消長は利用できる植物の消長にプラスに同調し、スジグロの消長はモンシロの消長にマイナスに同調していると思われる。

総合研究大学院大学の蟻川《ありかわ》謙《けん》太《た》郎《ろう》（2009）は野外網室を用いた実験で、モンシロのオスがスジグロのメスに求愛行動を示すと述べている。東京農工大学の小原嘉明は『入門！　進化生物学』（中公新書、2016年）で、キャベツ畑に迷い込んだスジグロのメスに、モンシロのオスが執拗に交尾を仕掛け、同種のメスに対するのと見分けがつかないと書いている。これに対し、スジグロのメスは常に交尾拒否をするとも書いている。元鹿児島県立博物館館長の福田《ふくだ》晴夫《はるお》は2020年に『チョウが語る自然史』（南方新社）を出版した。その裏表紙を飾る写真に「スジグロシロチョウのメスを追うモンシロチョウのオスたち」というタイトルを付けていた。説明には「明るい草地はモンシロチョウの縄張り、少し暗い草地に棲むスジグロシロチョウのメスが迷い込んだか。モンシロのオスたちは、それを同種のメスに間違えたのか？　不審の侵入者として追い出そうとしているのか」とあった。

3人の記述は、キャベツ畑にやってきたスジグロのメスに対して、モンシロのオスが繁殖干渉をすることを描写している。このように、近縁種のメスを追いかけるオスの姿は以前からよく観察されていた。しかし、このオスの誤認求愛行動が、相手の種の個体数を減らしたり、絶滅に追い込んだり、産卵植物を変更させたりする威力があるとは、誰も思いもしなかった。

スジグロが希少種の理由

モンシロ、スジグロ、ヤマト（エゾ）の中で、スジグロだけがアオムシコマユバチの寄生を受けないことはすでに述べた。スジグロ幼虫の体内に産み付けられたアオムシコマユバチの卵は、先天的な免疫防御反応の血球包囲作用で殺される。一方で、モンシロとヤマト（エゾ）の幼虫に産み付けられた卵は、無事に育ち寄生に成功する。

アオムシコマユバチにとり、防御反応を突破したモンシロやヤマト（エゾ）と、防御反応を突破できないスジグロでは何が違うのだろうか。それは第5章で述べたように、天敵アオムシコマユバチと寄主となるチョウの幼虫が時間的にも空間的にも持続して共存できたかどうかだ。つまり、天敵が寄主の防御反応を突破できるのは、長い時間を共有して展開する進化的軍拡競争の結果だという。モンシロもヤマト（エゾ）も、アオムシコマユバチと共進化するだけの持続的共存ができる豊富な餌資源だったのだろう。一方のスジグロは、持続的には共存できない希少な餌資源だった。では、なぜスジグロが希少な資源であったのだろうか。それは繁殖干渉という競争の存在が明らかになるまで分からなかった。

スジグロが希少な資源である理由は、スジグロが、モンシロやヤマト（エゾ）という他のモンシロ属のチョウによる非対称的な繁殖干渉で一方的に負けているのが一因だろう。

外来種の10分の9の法則

第5章で1996年にヨーク大学のウィリアムソンとフィッターが提案した「外来種の10分の1の法則」を紹介した。人為的に持ち込まれた外来種の10分の1が管理地から逸出し、その10分の1が自然界で野生化して定着し、その10分の1が害獣・害虫・害草になるという仮説だ。

したがって、管理地から逸出した外来種の10分の9は野生化できずに絶滅していく。その原因は様々で、気候条件に適応できないとか、適当な食物資源が存在しないとかの、生存のための絶対的な条件に欠ける場合もあるだろう。また、西洋ミツバチが野生化できない理由は、日本ミツバチがスズメバチに対して「熱殺蜂球」のような手段で天敵不在空間というニッチを作り出しているのに、西洋ミツバチはそのような天敵不在空間というニッチを持ち合わせていないからだ。このように、外来種は侵入した自然界で適当な天敵不在空間というニッチを見いだせない可能性がある。

しかし、外来種は近縁の在来種を繁殖干渉で競争排除している可能性もある。外来種の西洋タンポポは、在来種の関西タンポポを非対称性の繁殖干渉で競争排除して分布を広げていた。外来種のオオイヌノフグリも在来種のイヌノフグリを非対称性の繁殖干渉で競争排除していた。非対称性の繁殖干渉は、たとえ少数派でも他種に一方的に作用する繁殖干渉だ。

その一方、記録には残されていないが、外来種も日本の在来種に繁殖干渉により競争排除されている可能性もあるだろう。この場合、外来種は在来種に比べて個体数は絶対的に少数派だから、非対称性だけでなく、双方向に作用する対称性の繁殖干渉によっても人知れず競争排除されている可能性がある。天敵不在空間はEnemy-free spaceの訳で、直訳すれば敵不在空間である。もともとは対象となる敵のいない空ニッチを指す語彙だった。しかし、多くの外来生物には迎え撃つ敵が存在し、天敵不在空間というニッチを得られないのだろう。

近年の人や物の交流は、外来種の侵入の機会を飛躍的に増やしている。セイタカアワダチソウ、オオキンケイギク、ブラックバス、アメリカザリガニなど、すでに定着した種も少なからずいるが、現実には多くの外来種は定着できずに消滅していく。そこには、繁殖干渉という人知れない競争で、静かに活躍する在来種の見えない姿があるのかもしれない。

栄枯盛衰は世の習い

現在分かっている繁殖干渉は3通りに分けることができる。(1)帰化種と先住の在来種の争い(オオイヌノフグリ対イヌノフグリ、西洋タンポポ対日本タンポポ)。(2)分布を広げた在来種と先住の在来種の争い(ミナミアオカメムシ対アオクサカメムシ)。(3)侵入した帰化種が餌資源となって新たに作り出したニッチを巡る在来種間の争い(キレハイヌガラシを巡るエゾスジグロシロチョウ対スジグロシロチョウ)。いずれも1つのニッチを巡っての競争で、敗者は別の新たなニッチを探し出すか、希少種になるか、絶滅する。

一方、繁殖干渉の潜在的可能性が検証されたものの、異なる独自のニッチを占めていて、現在は繁殖干渉をしていない種がいる(ナミテントウ対クリサキテントウ、ヤマトスジグロシロチョウ対スジグロシロチョウ)。これらの種の間には過去に繁殖干渉という競争があって、その結果、現在の棲み分けが実現しているものと思われる。このことから、現存する生物群集の多くの種は、過去に近縁種との間でニッチを巡る繁殖干渉という競争があり、競争排除の勝利者となった種か、あるいは敗者になっても新たなニッチを見いだした種か、希少種として生きながらえている種なのだろう。歴史的に見れば個々の種の栄枯盛衰は世の習いであると思われる。

終章　たどり来し道

オックスフォード進化論争

1859年に『種の起源』が公表された当時、欧米のキリスト教社会では、多くの人々が『旧約聖書』の「創世記」の記述通りに世界は神により創造され、それ以来、変わることなく続いてきたと信じていた。したがって、信仰心の深い人々は進化論に対して激しい拒絶反応を示したが、『種の起源』を読んだ人の多くが、進化論は彼らの世界観を一変する知的革命をもたらすものと驚きながらも、生物進化を自明のものとして受け入れた。

『種の起源』発表翌年の1860年に、オックスフォード大学に新設された自然史博物館でイギリス学術振興会の年次集会が開かれ、進化論に賛成する人々と反対する人々の論争が行われた。会場には約1000人の聴衆が集まり、他に1000人以上が会場に入れなかったそうだ。これが世にいう「オックスフォード進化論争」である。

賛成派の中心論客は、人間とゴリラの脳の解剖学的知見から両者に類似性を見いだしていた王立鉱山学校（現ロンドン大学インペリアルカレッジ）のトマス・ヘンリー・ハクスリーだった。反対派の中心論客は英国国教会オックスフォード教区の大司教でオックスフォード大学のクライストチャーチ大聖堂の大司教を兼ねるサミュエル・ウィルバーフォースや、ビーグル号の船長でダーウィン・フィンチの標本をイギリスに持ち帰ったロバート・フィッツロイだった。ウィルバーフォースは、ハクスリーに対し「あなたのご先祖はゴリラだそうだが、それは祖父方ですか、祖母方ですか」と尋ねたという逸話が残っている。フィッツロイは聖書を掲げ「もしダーウィンが『種の起源』を書いたことを当時知っていたなら、彼をビーグル号に乗せなかったであろう」と述べたそうだ。この論争直後には、両派は自分たちの勝利を信じていたという。ハクスリーはこの論争後の1864年に、進化論に賛同する仲間と9人でXクラブという月1回の夕食会を兼ねた研究発表会を結成し、進化論の普及に努めた。彼らの研究成果を集めた論文集は、1869年に創刊された科学誌『ネイチャー』に発展している。

進化論の日本上陸と競争理論

「オックスフォード進化論争」の十数年後に、進化論は明治政府に請われて来日した外国人教師により日本にもたらされた。進化論に初めて接した日本人の反応は、ヨーロッパ人とは極めて異なっていた。作家山本七平《やまもとしちへい》の『静かなる細き声』（1992）に、「徳川から明治に移るころ、日本の学生が進化論の話を聞いても少しも驚かず、これが逆に外国人教師を驚かせたという話を聞いた」という記述がある。

日本に初めて進化論を紹介したのは、通説では1877年にアメリカから来日して東京大学法理文学部の教授となった、大森《おおもり》貝塚の発見者エドワード・モースといわれている。しかし、古生物学者で科学史家の矢島道子《やじまみちこ》（2001）によると、1874年に来日して、東京医学校（東京大学医学部の前身）予科で博物学を教えたドイツの動物学者フランツ・ヒルゲンドルフが初めて進化論を紹介したという。『種の起源』発表15年後のことだ。彼の博物学の講義を受けた森鷗外《もりおうがい》のノートが東京文京《ぶんきょう》区立森鷗外記念館に残っていて、縦20㎝、横13㎝のノートに、動物学24ページ、植物学16ページ、鉱物学12ページが書き記されている。進化論は動物学の中の脊椎動物学のところにあって、進化論の敵対者、天変地異説のキュヴィエから始まり、ダーウィンの名を挙げ、進化論の証拠を、(A)変化を肯定する直接的証拠と(B)間接的証拠に分けて説明している。

山本七平は、日本人学生が進化論に驚かなかったのは、日本の伝統的な宗教的世界観・人間観に、何らかの点で進化論とマッチする考え方があり、その宗教の延長線上で進化論を受け入れたのではないかと述べている。その根拠として、江戸時代の石門《せきもん》心学者鎌田《かまた》柳泓《りゅうおう》の『心学《しんがく》奥の桟《おくのかけはし》』（1822）を紹介している。すなわち、「一種の草木変じて千草万木となり、一種の禽獣《きんじゅう》虫魚変じて千万種の禽獣虫魚となるの説」を挙げて、植物、動物の単一起源説を述べている。

その本文は、京都大学の柴田《しばた》実《みのる》により『日本思想体系42　石門心学』(1971)に収められている。これを、さらに現代語訳を試みた。

「松樹は数種ある。女松・男松・五葉・一葉、また白松という葉がみな白いものも稀にある。また蝦夷松《えぞまつ》はその葉が杉に似ているという。思うに、寒国ゆえにそうなったのだろう。また同じ松でもその形状は土地によって様々に変化している。京都の植木屋がいうところの河内松《かわち》・山科松《やましな》などもそうだろう。思うに、そのはじめはただ1種の松樹である。土地が異なるため変化して、種々の形状となったのである。これをもって推測すれば、杉や槙《まき》などの葉の細長い種はみな松樹より変化して出現したのだろう。それから枝葉の長短や方円の違いが出てきたのだろう。

近年浪華《なにわ》でアサガオを観賞するため、種々の花葉を変出して増やし数百種となり、その形態は千態にもなっている。これから推測すると、およそ天下のあらゆる千草万木はみな1種の植物から変化したものということができよう。また、生きとし生けるもの、たとえば、禽獣・魚・スッポン・昆虫の類も、みな異類が互いに交わって無量の形状・性情を変化し出したものであろう。たとえば唐犬と和犬を交配すれば必ず半犬が生まれるようなものだ。これをもってみれば、天下の生物《しょうぶつ》有情非情ともみな一種より散じて万種となったものであろう。

人身の如《ごと》きも、そのはじめは禽獣であり、胎内で転々変化して生じたものである。ただし、人間は万物の中で最も尊いものであるから、人間の発生は最も後だったのである。その過程を論ずれば、ただ一虚の中から天地・日月・星宿・水火・禽獣・虫魚・草木・人類にまで変化したのである」。

１８５９年の『種の起源』発行に37年先立つ１８２２年に、このような書籍を書いていた日本人がいた。日本人が古代から現在に至るまで受け入れてきた神道の考え方は、人だけが特別な存在ではなく、自然万物に神が宿るとしている。この考え方は、生きとし生けるものすべてが同じ生命を持ち変化していくという進化論の受け皿として適しており、同じ日本人の森鷗外や他の多くの学生が、進化論の講義を淡々と受け止め、ノートを取った背景になったのかもしれない。本稿を読んでくれた西田隆義は、日本には欧米にはいないサルがいたのも大きいのではないかとコメントした。なるほどと思った。

東北大学の日本宗教史と日本近代科学史家のクリントン・ゴダールは、「しかし、日本人が進化論を抵抗なく受け入れたという説は全くの神話であり、その受容の歴史には、仏教、神道、キリスト教、哲学、マルクス主義、国体論などあらゆる思想やイデオロギーとの衝突や交渉がみられた」と『ダーウィン、仏教、神』（２０２０）で主張している。確かに、人文社会科学系の思想家にとっては、彼らの思想と進化論との齟齬《そご》や乖離《かいり》の溝に戸惑ったことは、容易に想像できる。

しかし、自然科学を学ぶ学生にとり、新しい欧米の学問として博物学の中で講じられた進化論は、学ぶべき科学知識とみなされたと思う。その進化論の柱となる思想は、自然淘汰とニッチを巡る生存競争や種間競争の存在だった。

ダーウィンが進化論を発表してから100年以上の間、生存競争や種間競争などの競争理論は、シャーレや試験管の中で行われた室内実験や、数理的に解析された世界で鮮やかに検証され、表立った反対を唱える者はいなかった。特に、1934年に発表されたガウゼの競争排除則、「同じようなニッチを利用する近縁の2種は共存できず、種間競争によって一方が他方によって排除される」という仮説は、ほぼ定説として広く受け入れられるようになった。

競争の否定

しかし、1900年代の後半になると、野外研究者の間に、実際の自然界では、生物は餌資源を巡って競争を起こすような高密度にはなりえず、資源競争は存在しないのではないかといわれるようになった。

1960年にミシガン大学の3人の生態学者により、植物を食べる動物や昆虫には競争はない、という「緑の世界仮説」が提唱された。地球は緑に覆われていて、植物を食べる昆虫や動物に、植物を巡っての競争があるとは思えない、という主張である。1984年にフロリダ大学のストロングらによって出版された『植物を食べる昆虫』は、植物を食べる昆虫には、鳥やクモや昆虫類などの様々な捕食者や寄生性ハチや寄生性ハエなどの捕食寄生者がいて、植物を食べる昆虫の密度は競争が起こるよりもずっと低いレベルに抑えられていることを、数々の例で示した。さらに、２００６年には、デューク大学のターボーらは、ベネズエラの堰止湖《せきとめこ》に出現した捕食者なき島に取り残されたホエザルやイグアナ、その他の小動物が、異常に繁殖して植物を食い尽くして飢餓状態になったことを示し、逆説的に捕食者が存在する通常の自然界では、植物を食べる動物は捕食者により密度が低く抑えられて競争は起こりえないことを示した。

１９７８年には、カリフォルニア大学のコネルは、サンゴ礁と熱帯降雨林を調べ、サンゴは、嵐の波、陸地の洪水による淡水や堆積物の流入、捕食者の群れの出現により、たえず攪乱されていること、熱帯降雨林も、暴風、地滑り、落雷、昆虫の食害などにより、攪乱が繰り返されていることを明らかにした。その結果、安定した環境では、高密度に強い種の寡占独占が起こるが、中規模に攪乱する不安定な環境では、競争の起こるような高密度に達する種は存在せず、環境に必ずしも適応していない種も存在でき、種の多様性が最も高くなる、という中規模攪乱仮説を提唱した。

ニッチを巡って競争排除が起こるというガウゼの法則も、実際の野外ではなかなか起こりえないのではないかと考えられるようになった。では、種のニッチはどのように構成されているのだろうか。１９８４年にヨーク大学のロートンは、天敵による被害を最少に防ぐことのできる天敵不在空間が、種が選ぶべきニッチではないかと提唱した。

私はチョウの研究者である。自然界の実態を考えるときに研究者は自分が研究材料とする生物を基にして考えざるをえない。それまで、近縁のチョウのニッチが異なるときに、彼らの間にどのような形の競争があったのか、私は競争排除則では何のイメージも浮かばなかった。しかし、ニッチは天敵不在空間という仮説に出合ったとき、納得のいくものがあった。

今西錦司の棲み分け理論

京都大学の今西錦司は、欧米の生態学者よりも一足早く、1933年に、自然界には競争は存在しないと主張していた。彼は後に日本の霊長類学の草分けとなるが、当時は昆虫生態学者だった。

京都市中を流れる鴨川《かもがわ》は、京都御所の北東部で高野川《たかのがわ》と合流するが、慣例的にその上流域を賀茂川《かもがわ》という。今西は上流域の賀茂川の川底の石に生える藻類を食べる4種のヒラタカゲロウ類の幼虫の分布を調べ、4種の幼虫はランダムな分布をしているのではなく、川岸に近い流れのゆるいところから、流心部の流れの速いところにと、流速の違いに従い、それぞれ整然と並んでいることを明らかにした。彼は、この分布の違いについて、1941年の『生物の世界』で、4種のヒラタカゲロウの幼虫は「棲《す》み分《わ》け」をしているとし、いわゆる「棲み分け理論」を展開した。

今西の棲み分け理論は、以下のように要約できる。生活内容を同じくする生物は、自己の個体を維持するべく個体間の平衡状態を求め、そのことが必然的に同種の個体の集まりを作らせる。こうした集まりが生物の「社会」あるいは「社会生活」であり、「種社会」を形成する。

幾つかの異なる種社会同士の間には、生活形や形態が似つつも異なり、互いに分布が重ならない「棲み分け」が存在する。棲み分け関係にある種を「同位種」、それらの集まった、種社会より1ランク高次の社会を「同位社会」と呼ぶ。

今西は『生物の世界』以後、『主体性の進化論』（1980）など、多くの著作を次々と発表し、その中で、棲み分け理論を中心に、個体差の否定と、個体差に働く自然淘汰と資源を巡る競争理論を基にしたダーウィンの進化論を否定し続けた。その主張は自然観察を基にしたもので、実証的な科学的実験の結果に基づくのではなく、『善の研究』で有名で生物学にも関心のあった京都大学の禅仏教哲学者西田幾太郎《にしだきたろう》の影響を受けたと自認するように、謎めいた難解な哲学的思弁で構成されていた。その結果、日本ではジャーナリストをはじめとする人文社会科学系の人々の支持を受け、「棲み分け」という言葉は社会現象として日本社会に広がっていった。

その一方で、「競争排除則」などを信じる正統派進化論者、特に若手の自然科学者の痛烈な批判を受けた。そして、進化論の基本となる遺伝学の著しい発展があり、突然変異はランダムに起こることが立証されると、突然変異のランダム性を否定して、ある定まった方向に進化するとした今西の定向進化説などに、大きな破綻があることが科学的に明らかになった。

しかし、彼の主張の中には、ナチュラリストとしての鋭い観察力を感じさせる面が幾つも見られる。たとえば、4種のヒラタカゲロウ幼虫の棲み分け現象だが、次のように考えれば説明がつく。4種のヒラタカゲロウは異なる河川で異所的種分化を起こし、それぞれが微妙に異なる流速環境に適応するようになった。そして、賀茂川で同所的に生息するようになったときに、4種のヒラタカゲロウは同じような環境を選んだが、それぞれが微妙に異なる流速に適応していたので、棲み分けが実現した。この説明はコネルの中規模攪乱仮説を援用したものだが、それを今西は、難解な語彙を造語して、哲学的に述べていたと思う。恐らく、ヒラタカゲロウの幼虫は流速の異なる川底の小石を利用して、魚類からの捕食を避けるそれぞれの天敵不在空間をニッチとしているのだろう。

ただし、今西は次のようにも言及している。下流になって中間に位置する種がいなくなれば、両側の種が分布を広げる。夏になり水が涸《か》れて流速が著しく減じても一度固定した棲み分けはある程度まで継続する。これは、マッカーサーの圧縮仮説を想起させる競争の存在を示唆している。中規模攪乱仮説で競争の存在を否定しているコネルも、海の岩礁で棲み分けをする2種のフジツボの間で競争が存在することを立証している。異なる種の分布の接点では、競争が起こっている可能性がある。

主体性の進化論

私が今西の説で「なるほど」と思ったのは、彼の主体性の進化論で強調される言葉だ。今西は、ダーウィンの自然淘汰説は、生物に対する環境の働きかけだが、生物は主体的に環境を選び取っていること、進化とは個体から始まるのではなくて、種社会を形成している種個体の全体が、変わるべき時が来たならば、みな一斉に変わるのであることを言っている。後者は、今西進化論の中でも最も批判されている言葉だ。しかし、私は以下のような観察をしている。

1960年頃に、北海道で外来植物のキレハイヌガラシが侵入してきたときに、それまで在来種のコンロンソウを利用していたエゾスジグロシロチョウ（以下エゾ）が各地で一斉にキレハイヌガラシを利用するようになった。一方、いったんはエゾと同様にキレハイヌガラシを利用したスジグロシロチョウ（以下スジグロ）が、各地で一斉にキレハイヌガラシの利用を止めてコンロンソウを利用するようになった。それは、キレハイヌガラシを巡ってスジグロのメスはエゾのオスの繁殖干渉を受けて、キレハイヌガラシでの産卵効率が悪化したため、エゾが利用しなくなって産卵のコスパのよくなったコンロンソウにスジグロのメスが一斉に移ったからだ。

この行動の変化は、1個体の変化が次第に個体群全体に広がったというよりは、種個体の全体が短期間で一斉に変わったというべきだろう。ただし、今西はこの変化を、同じ種の個体間では自然淘汰は働かず、どの個体も同一の突然変異を現すと説明している。しかし、この場合はまず各個体が主体的に行動を変化させたのだろう。

この、モンシロチョウ属のチョウの主体性に関与するメカニズムは、第6章で述べたように、アブラナ科植物に含まれるカラシ油配糖体に反応して産卵するモンシロチョウ属のチョウは、新奇なアブラナ科植物に常に産卵する。その後、その新奇な植物がより適した植物なら、子孫はその植物を一斉に選ぶようになり、適していないなら一斉に選ばなくなる。短期間に自然淘汰が働くのだろう。それまで各個体群に蓄積していた中立的な突然変異の中で、状況に適応した変異が一斉に働いたのかもしれない。

そこには、本書の随所で触れた、生物に備わっている学習力と記憶力が作動しているのかもしれない。昆虫でさえ、本能の介在するのはほんの初動だけで、その後は学習と記憶によって生きる方法を学んでいく。京都大学農学部の大学院生だった香取郁夫によると、羽化したばかりのモンシロチョウは、花にまでは本能でやって来る。しかし、花のどの部位に蜜があるのかは、口吻《こうふん》をあちこちに当てずっぽうに伸ばして探り、1時間ほどかけて蜜のあり場所を探り当てていた。そして、1度覚えた花を繰り返して訪れるが、その花のシーズンが終わりかけて採餌効率が落ちると、新たな花で採餌を試みる。そのときには、最初の花のときに比べると短時間で蜜のあり場所を探し当てていた。花には蜜標という蜜のあり場所を知らせる印があり、その形や色は種によって異なるのだが、一度蜜標を覚えたモンシロチョウは、応用力を働かせて蜜のあり場所を直ちに探し当てるようになる。採餌効率の違いにより、選ぶ花の種を変える。あるいは、産卵効率の違いで産卵植物を変えるメカニズムとか、学習と記憶に頼る生き方は、昆虫のような生物にも主体性があるように見える。

今西の進化論は観察が基になっており、観察によって見つけ出された事象を科学的実証実験で解析するよりは、哲学的思弁で説明を試みている。ゴダールは『ダーウィン、仏教、神』の最後の章を今西錦司に当てて、今西は自然を宗教的ビジョンで説明する人として描いている。しかし、彼のナチュラリストとしての眼は確かで、現代でも示唆に富む記述が残されている。

やはり競争はあった

現代の進化論の大勢は、高密度における資源競争はなかなか起こりえない、ということになっている。しかし、低密度で密《ひそ》かに起こる繁殖干渉という競争があることを本書の第6章で紹介した。繁殖干渉はオスが他種のメスに干渉することで不利益を及ぼす現象で、干渉されたメスは子供ができないか、不妊の子供を産む。高倉・西田によると、繁殖干渉が起こる段階は4通りあって、⑴求愛、⑵交尾、⑶受精、⑷交雑個体の出生、である（図6―1）。また、繁殖干渉には、一方の種だけが干渉して勝つ非対称性の繁殖干渉と、双方の種が干渉しあい、数が多い種が勝ち残る対称性の繁殖干渉がある。

私が初めて繁殖干渉の存在を知ったのは、桐谷圭治が1971年に明らかにした近縁2種のカメムシの棲み分けをしているような分布が、⑶の受精の段階で起こる対称性の繁殖干渉の結果であるという研究によってだった。ただし、このときには繁殖干渉という日本語はなく、種間交尾とだけ表現されていた。

繁殖干渉という日本語が出現したのは、1992年に久野英二が繁殖干渉の理論モデルを発表した際だった。彼は具体的な例として、チョウの棲み分けを受精の段階で起こる対称性の繁殖干渉で説明していた。桐谷のカメムシの例と同様だった。私は１９９７年に、北海道におけるスジグロシロチョウとエゾスジグロシロチョウの棲み分けが、競争排除の結果だと推測し、その競争排除のメカニズムが非対称性の繁殖干渉だと考えた。しかし、いくら目を凝らして見ても両種は交尾をする気配がなく、桐谷や久野のいう、受精の段階で起こる繁殖干渉では説明できなかった。

２０１０年になり、このスジグロとエゾの棲み分けが、それまで例のない(1)の求愛行動で起こる繁殖干渉の結果であるという確証を得て、アメリカの生態学誌『エコロジー』に論文を投稿した。編集長は、植物を食べる昆虫に競争は存在しないことを明言しているストロングで、だからこそ『エコロジー』に投稿した。論文は、実験を温室で行ったことで野外の実態を反映していないと指摘されて掲載を拒否された。そこで、２０１８年に野外の網室で再実験をして『エコロジー』に再投稿したが、実験材料に京都個体群を用いたことが北海道個体群の棲み分け現象を説明したことになるのか懸念が残ると指摘され、掲載を拒否された。結局、２０１８年に『エコロジー』のライバル誌の『アメリカン・ナチュラリスト』に投稿先を変え、ようやく受理されて、２０２０年に掲載された。

スジグロとエゾの棲み分けを知った１９９７年からは23年後のことで、求愛行動の段階で起こる非対称性の繁殖干渉の結果と確信した２０１０年からは10年後のことである。この間、分子遺伝学は長足の進歩をしていて、私のチョウの繁殖干渉解明ののろさに我ながらあきれる。しかし、それまでの長い間、人々が気づかなかったことを初めて明らかにするには、そのような時間が必要なのだろう。

２０１０年代に、西田グループにより、⑵の交尾、⑶の受精の段階で起こる繁殖干渉の事例が幾つか明らかになっていた。特に、日本タンポポが西洋タンポポにより駆逐され、在来種のイヌノフグリが外来種のオオイヌノフグリに入れ替わったのは、受精の段階で起こる非対称性の繁殖干渉であることが明らかになった。

⑴の求愛段階で起こる繁殖干渉の解明は最後になったが、私たちのスジグロとエゾの棲み分け研究によって明らかになったのである。チョウの棲み分けが求愛段階の非対称性の繁殖干渉によって起こるという事実は、些細《ささい》なことと思われる人がいるかもしれない。しかし、生物の世界の様々な場所で、このような繁殖干渉から引き起こされる競争が日々繰り返されているものと思われる。これらすべては、高密度で起こる資源競争とは異なり、低密度で引き起こされるニッチを巡る競争である。

現在分かっている繁殖干渉は、帰化種と先住の在来種の争い、分布を広げた在来種と先住の在来種の争い、侵入した帰化種が新たに作り出したニッチを巡る在来種間の争いなどで、いずれも天敵不在空間という1つのニッチを巡っての競争である。敗者は別の新たなニッチを探し出すか、希少種になるか、絶滅する。

一方、異なる独自のニッチを占めていて、現在は繁殖干渉をしていない近縁種がいる。しかし、実験的には繁殖干渉の潜在性が検証されており、これらの種には過去に繁殖干渉という競争があって、その結果として現在の棲み分けが実現しているものと思われる。このことから、多くの種は、過去に近縁種との間でニッチを巡る繁殖干渉という競争があり、競争排除の勝利者か、敗者になったが希少種として生きながらえているか、あるいは新たなニッチを見いだした種なのだろう。

生物の多様性を語るとき、希少種と普通種の存在理由、帰化種の隆盛、在来種の衰退、在来種による帰化種の侵入阻止、などなどの現象がとりあげられる。そのメカニズムを探るときに、繁殖干渉という視座は重要である。特に今まで見過ごされ、人々の意識になかった求愛行動の段階で起こる繁殖干渉という視点を持つことで、新たな地平が切り拓かれていくだろう。

あとがき

現在、人類は、遠い宇宙の果てや、原子より小さなミクロの世界のような、肉眼では絶対に見えない世界をも観察している。しかし、肉眼で観察できるマクロの生物の世界であるにもかかわらず、それも、現に身近で目の当たりにしているにもかかわらず、見過ごされていた世界がある。人々の盲点と思われる世界である。第5章に描いた、「天敵不在空間というニッチ」、第6章で描いた、「繁殖干渉という競争」の中には、そのような盲点があり、これまでの著者の研究で、それを明らかにした、という小さな達成感があった。

その盲点を主題に本書を書いているうちに、それまで、人々はその盲点をどのように捉えていたのかが気になり、歴史を振り返ってみた。本書は生態学の研究史を辿ったような構成になっているが、著者にとっては、順序は逆で、それまで教科書や専門書のような2次資料でしか知らなかった世界を、原著論文のような1次資料で読み返してみた。その結果、第4章「競争は存在しない」、第3章「ニッチと種間競争」と辿り、最後は、近代生態学の始祖とも言うべきダーウィン、ラマルク、リンネ、という、生身の人間としては実感できない人物の肉声にまで辿り着いてしまった。それが第2章「生き物の居場所ニッチ」である。

第2章を書き終えてみると、居場所ニッチを占める生き物とは何かが気になりだした。そこで書いたのが第1章「「種」とは何か」である。それまでは生態学の研究者である私とは縁のなかった「分類学」という世界だったが、書いているうちに興に乗った。そのようにして生物学の歴史を遡ってみた結果、分かったことは、「私は時勢とは関係なく、自分の興味の赴くままの研究をしている」つもりだったのが、「生物学の研究史の中で、大きな流れの渦の中に漂う小舟に乗っているに過ぎない」ことを自覚させられた。

本書には様々な研究者が登場し、彼らの代表的な研究が紹介されている。しかし、単にその成果だけでなく、研究に至る動機、研究のプロセス、その結果を受け継いだ新たな研究にも言及した。さらに、等身大の研究者の姿もリアルに描いてみた。

第6章では、「植食性昆虫に競争はない」と断じたカリフォルニア大学デーヴィス校のドナルド・ストロング教授が20年間も編集長を務めたアメリカの生態学誌『エコロジー』に何度も投稿しては跳ね返されたことを書いた。著者は同誌に、ストロングの説に修正を迫る「植食性昆虫にも繁殖干渉という競争がある」という主張を掲げて、巨大な風車に挑むドン・キホーテのように投稿を繰り返した。まるでストロング自身が巨大風車のような仇役《かたきやく》のように見えていた。

ところで本書では、挿絵の肖像画の人物の活躍した年代の指標として、その人物の生年と没年を書き添えた。しかし、在命と思われるストロングの生年だけが、最後までどうしても分からなかった。そこで、本稿の締め切り前日、彼の居住地のカリフォルニアの深夜に、ストロングに直接に生年を教えてくれとメールを出した。カリフォルニアの夜が明けた直後に彼からメールが戻って来た。メールの冒頭「あなたは良い研究をしていますね」と書かれてあった。意外に良い人だと思った。

本書は、畏友本川達雄《もとかわたつお》氏（東京工業大学名誉教授）が中公新書編集部の酒井孝博氏を紹介して下さったので形になった。また、本書が形になるまでに、複数の校閲者や図版制作の関根美有氏をはじめ、何人もの裏方の方々の驚くべき労があった。

本書で用いた私自身のデータは、主に佐藤芳文氏（京都医療科学大学名誉教授）や大秦正揚氏（京都先端科学大学講師）との共同研究で得たものである。両氏には本書全般に亘って丁寧なコメントも頂いた。

私の守備範囲外の第1章「「種」とは何か」については、分類学者である湯川淳一《ゆかわじゅんいち》先生（九州大学名誉教授）、齋藤裕氏（北海道大学名誉教授）、西田佐知子氏（名古屋大学准教授）にもコメントを頂いた。湯川先生は私の学部学生時代の恩師で、当時は鹿児島大学講師だった。私は先生に勧められて名古屋大学大学院に進学し、昆虫生態学研究の道を歩み出した。先生には、御自身も学生時代に参加した、第6章のミナミアオカメムシとアオクサカメムシの種間交尾の研究についてもコメントを頂いた。齋藤氏には第5章のハダニの天敵不在空間の研究データをお借りした。

かつて、京都大学で研究室を共有した西田隆義氏（滋賀県立大学名誉教授）には、本書の全編を通して読んで頂き、真摯なコメントを頂いた。また、過去の研究の様々な局面で深い論議をして頂いた。

弟の次郎は本書全般についてコメントし、本書のタイトル案も提案してくれた。妻の美貴子には、本書に収めた研究者の肖像画や昆虫類の挿絵を描いてもらった。また、書き上げた直後の原稿に対し、様々な感想を述べてもらった。以上の方々に対し、深甚なる感謝を申し上げる。

2023年11月

大崎直太

大崎直太（おおさき・なおた）

1947年，千葉県館山市生まれ．鹿児島大学農学部卒業，名古屋大学大学院農学研究科博士課程後期課程中退．京都大学農学部助手，米国デューク大学動物学部客員助教授，京都大学大学院農学研究科講師，准教授，国際昆虫生理学生態学研究センター（ICIPE，ケニア）研究員，山形大学学術研究院教授を歴任．農学博士．専門・昆虫生態学．

著書『擬態の進化——ダーウィンも誤解した150年の謎を解く』（海游舎，2009）
『蝶の自然史——行動と生態の進化学』（編著，北海道大学図書刊行会，2000）
『アフリカ昆虫学への招待』（分担執筆，京都大学学術出版会，2007）
『ボルネオの生きものたち——熱帯林にその生活を追って』（分担執筆，東京化学同人，1991）他．
訳書『地理生態学——種の分布にみられるパターン』（ロバート・H・マッカーサー著，監訳，蒼樹書房，1982）

生《い》き物《もの》の「居場所《いばしょ》」はどう決《き》まるか
中公新書 2788

2024年1月25日発行

著　者　大崎直太
発行者　安部順一

本文印刷　三晃印刷
カバー印刷　大熊整美堂
製　　本　小泉製本

発行所　中央公論新社
〒100-8152
東京都千代田区大手町 1-7-1
電話　販売 03-5299-1730
　　　編集 03-5299-1830
URL https://www.chuko.co.jp/

Published by CHUOKORON-SHINSHA, INC.
Printed in Japan　ISBN978-4-12-102788-7 C1245

中公新書

自然・生物

s1

2305 生物多様性 本川達雄
2414 入門！進化生物学 小原嘉明
2433 すごい進化 鈴木紀之
2763 「利他」の生物学 鈴木正彦 末光隆志
1647 言語の脳科学 酒井邦嘉
2731 物語 遺伝学の歴史 平野博之
2736 ウイルスとは何か 長谷川政美
2656 本能―遺伝子に刻まれた驚異の知恵 小原嘉明
1709 親指はなぜ太いのか 島泰三
1087 ゾウの時間 ネズミの時間 本川達雄
2419 ウニはすごい バッタもすごい 本川達雄
2677 エビはすごい カニもすごい 矢野勲
877 カラスはどれほど賢いか 唐沢孝一
2759 都会の鳥の生態学 唐沢孝一
2485 カラー版 目からウロコの自然観察 唐沢孝一

1860 昆虫―驚異の微小脳 水波誠
2693 カラー版 クモの世界―糸をあやつる8本脚の狩人 浅間茂
2539 カラー版 虫や鳥が見ている世界―紫外線写真が明かす生存戦略 浅間茂
2259 カラー版 スキマの植物図鑑 塚谷裕一
1706 ふしぎの植物学 田中修
1890 雑草のはなし 田中修
2174 植物はすごい 田中修
2328 植物はすごい 七不思議篇 田中修
2491 植物のひみつ 田中修
2644 植物のいのち 田中修
2732 森林に何が起きているのか 吉川賢
2589 新種の発見 岡西政典
2572 日本の品種はすごい 竹下大学
2735 沖縄のいきもの 盛口満
1769 苔の話 秋山弘之
939 発酵 小泉武夫
2408 醤油・味噌・酢はすごい 小泉武夫

348 水と緑と土（改版） 富山和子
2672 南極の氷に何が起きているか 杉山慎
1922 地震の日本史（増補版） 寒川旭
2788 生き物の「居場所」はどう決まるか 大崎直太